国家出版基金项目
NATIONAL PUBLICATION FOUNDATION

有色金属理论与技术前沿丛书

硫化矿物浮选固体物理研究

THE SOLIDE PHYSICS OF SULPHIDE MINERALS FLOTATION

陈建华　著

Chen Jianhua

中南大学出版社
www.csupress.com.cn

中国有色集团

内容简介

　　硫化矿浮选是一个电化学过程，硫化矿物的半导体性质是电化学浮选的核心基础。本书从固体物理方面系统研究了硫化矿物的浮选行为和药剂作用机理，全书共分为6章，第1章介绍了固体物理概念和密度泛函理论；第2章介绍了与硫化矿浮选相关的固体物理参数及其在矿物浮选中的应用；第3章讨论了硫化矿物表面结构和电子性质，并对矿物表面原子反应活性进行了表征；第4章讨论了硫化矿物晶体电子性质和可浮性的关系，从电子态密度、费米能级和前线轨道等方面对硫化矿物的浮选行为进行了阐述；第5章讨论了浮选药剂分子与矿物表面相互作用的电子转移机制，从固体物理方面阐述了浮选药剂与硫化矿物的作用机理；第6章讨论了晶格缺陷对硫化矿物可浮性的影响，研究了晶格缺陷对硫化矿物性质、表面结构、药剂吸附热力学和电化学行为的影响。

　　本书可用来作为选矿专业教师、学生、研究生以及研究院所和矿山企业的技术人员学习和参考使用。

作者简介

About the Author

陈建华，男，1971年出生于四川西昌，博士，教授，博士生导师。1989年考入中南大学矿物工程系，1999年获得中南大学矿物加工博士学位，2002—2003年留学瑞典吕勒奥工业大学化学和冶金系，2011年入选"教育部新世纪优秀人才支持计划"。中国矿业联合会资源委员会和选矿委员会委员，中国有色金属学会选矿学术委员会委员，第十二届广西青年五四奖章获得者。主要从事矿物浮选理论与工艺、新药剂开发以及浮选机流体力学计算等研究工作。在国内外期刊上发表学术论文200多篇，其中国际期刊70多篇，被SCI收录50多篇，SCI他引次数达到300多次，出版学术专著六部，获授权国家发明专利20多项，获省部级科技进步一等奖1项，二等奖2项。

学术委员会

Academic Committee

国家出版基金项目
有色金属理论与技术前沿丛书

主　任
王淀佐　中国科学院院士　中国工程院院士

委　员 （按姓氏笔画排序）

于润沧	中国工程院院士	古德生	中国工程院院士
左铁镛	中国工程院院士	刘业翔	中国工程院院士
刘宝琛	中国工程院院士	孙传尧	中国工程院院士
李东英	中国工程院院士	邱定蕃	中国工程院院士
何季麟	中国工程院院士	何继善	中国工程院院士
余永富	中国工程院院士	汪旭光	中国工程院院士
张文海	中国工程院院士	张国成	中国工程院院士
张懿	中国工程院院士	陈景	中国工程院院士
金展鹏	中国科学院院士	周克崧	中国工程院院士
周廉	中国工程院院士	钟掘	中国工程院院士
黄伯云	中国工程院院士	黄培云	中国工程院院士
屠海令	中国工程院院士	曾苏民	中国工程院院士
戴永年	中国工程院院士		

编辑出版委员会

总序

当今有色金属已成为决定一个国家经济、科学技术、国防建设等发展的重要物质基础，是提升国家综合实力和保障国家安全的关键性战略资源。作为有色金属生产第一大国，我国在有色金属研究领域，特别是在复杂低品位有色金属资源的开发与利用上取得了长足进展。

我国有色金属工业近30年来发展迅速，产量连年来居世界首位，有色金属科技在国民经济建设和现代化国防建设中发挥着越来越重要的作用。与此同时，有色金属资源短缺与国民经济发展需求之间的矛盾也日益突出，对国外资源的依赖程度逐年增加，严重影响我国国民经济的健康发展。

随着经济的发展，已探明的优质矿产资源接近枯竭，不仅使我国面临有色金属材料总量供应严重短缺的危机，而且因为"难探、难采、难选、难冶"的复杂低品位矿石资源或二次资源逐步成为主体原料后，对传统的地质、采矿、选矿、冶金、材料、加工、环境等科学技术提出了巨大挑战。资源的低质化将会使我国有色金属工业及相关产业面临生存竞争的危机。我国有色金属工业的发展迫切需要适应我国资源特点的新理论、新技术。系统完整、水平领先和相互融合的有色金属科技图书的出版，对于提高我国有色金属工业的自主创新能力，促进高效、低耗、无污染、综合利用有色金属资源的新理论与新技术的应用，确保我国有色金属产业的可持续发展，具有重大的推动作用。

作为国家出版基金资助的国家重大出版项目，《有色金属理论与技术前沿丛书》计划出版100种图书，涵盖材料、冶金、矿业、地学和机电等学科。丛书的作者荟萃了有色金属研究领域的院士、国家重大科研计划项目的首席科学家、长江学者特聘教授、国家杰出青年科学基金获得者、全国优秀博士论文奖获得者、国家重大人才计划入选者、有色金属大型研究院所及骨干企业的顶尖专家。

国家出版基金由国家设立，用于鼓励和支持优秀公益性出版项目，代表我国学术出版的最高水平。《有色金属理论与技术前沿丛书》瞄准有色金属研究发展前沿，把握国内外有色金属学科的最新动态，全面、及时、准确地反映有色金属科学与工程技术方面的新理论、新技术和新应用，发掘与采集极富价值的研究成果，具有很高的学术价值。

中南大学出版社长期倾力服务有色金属的图书出版，在《有色金属理论与技术前沿丛书》的策划与出版过程中做了大量极富成效的工作，大力推动了我国有色金属行业优秀科技著作的出版，对高等院校、研究院所及大中型企业的有色金属学科人才培养具有直接而重大的促进作用。

王淀佐

2010 年 12 月

前言 /

/ Foreword

自从 20 世纪 20 年代矿物浮选技术问世以来，浮选就以其高效率、低成本受到矿业界的青睐，浮选理论和技术得到了迅速发展，目前全世界每年经浮选处理的矿石有数十亿吨。早期浮选技术的发展主要来源于浮选药剂的发现和使用，1922 年发现氰化物能够有效抑制闪锌矿和黄铁矿，开发出了优先浮选工艺；1925 年凯勒和路伊斯发现黄药可以选择性捕收硫矿物后，开启了有色金属矿浮选的规模化和工业化生产，同时药剂用量由全油浮选的每吨矿石 10 ~ 100 kg 降至每吨矿石几十 ~ 几百克，被认为是现代浮选技术的伟大开端。1930 年人们开始使用皂类捕收剂和阳离子胺类捕收剂，浮选技术在非金属矿中获得应用。在浮选理论方面，1919 年著名的表面化学家朗格缪尔发表了《浮选的表面现象机理》，从表面和界面上研究了矿物浮选的机理。此后浮选理论得到迅速发展，1932 年美国高登出版了《浮选》，1933 年苏联列宾捷尔出版了《浮选过程的物理化学》，1938 年澳大利亚瓦克出版了《浮选原理》。这些系统性研究成果的出版为浮选这门新兴学科的建立奠定了基础。

浮选是一个选择性富集目的矿物的过程，浮选的选择性来源于药剂分子和矿物表面的相互作用，这种选择性作用可以是捕收剂、抑制剂单独作用，也可以是二者的综合作用。在一般的研究中主要考虑药剂分子与金属离子的作用，如塔加尔特提出的溶度积学说，认为药剂与矿物金属离子生成的化合物溶解度越低，药剂的捕收剂性能越强。利用这一学说可以解释油酸能够很好捕收钙类矿物，对硅酸盐矿物捕收作用较弱，而黄药能够很好捕收金属硫化矿物，却不捕收脉石矿物等浮选现象。另外还有捕收剂的化学作用、螯合作用、配位作用等其他学说，都是从药剂分子和金属离子的作用来解释浮选药剂的选择性。这些学说把矿物表面金属原子看做单一的离子状态，没有考虑矿物表面结构和相邻配位原子对金属原子性质的影响，因此也就不能解释为何黄药能捕收硫化铜、硫化铅和硫化铁矿物，却不能捕收氧化铜、氧化铅和氧化铁矿物的浮选现象。

事实上矿物晶体和表面性质是大量原子相互作用的综合体现，离开晶体和表面的整体结构来讨论单一原子的性质是没有意义的。首先矿物晶体和表面的原子处于周期性势场中，晶体中的电子不再属于任何一个单一原子，而是表现出共有属性，固体的能带结构是晶体中所有电子相互作用的结果。其次矿物表面具有一定的空间结构和配位结构，表面原子的性质取决于矿物表面空间结构和原子配位情况，如铁原子在赤铁矿晶体中和在黄铁矿晶体中就表现出完全不同的性质，在浮选中使用的药剂也完全不同。普拉蒂普认为浮选药剂的选择性取决于药剂分子和矿物表面结构之间的"空间结构化学相容性"，即浮选药剂分子和矿物表面的作用需要在空间结构上和性质上相互匹配，才能发生有效作用。虽然早在 1917 年朗格缪尔就开始注意到固体表面结构对吸附的影响，但遗憾的是到目前为止矿物浮选表面结构和电子性质的研究仍然进展缓慢，远远落后于表面科学、材料科学以及界面科学在表面理论和技术方面的发展。正如 Furstenau 在《浮选百年》中写到"我们现在处于这样一个阶段，即浮选过程进一步完善需要对其基本理论要有一个更深刻的了解时期"。因此在以往浮选化学体系研究的基础上，有必要对矿物的晶体结构、表面结构以及电子性质进行深入细致的研究，促进矿物浮选基础理论的发展。

矿物的固体物理性质对于硫化矿浮选具有特别重要的意义。首先硫化矿物具有半导体性质，硫化矿浮选是一个电化学过程，电化学作用是硫化矿浮选的基本特征；其次从磨矿到矿物浮选分离等硫化矿选矿过程中都普遍存在电化学反应或电化学作用，如硫化矿物与磨矿介质间的伽伐尼作用，浮选药剂与硫化矿物表面的电化学反应，不同硫化矿物颗粒之间的电偶腐蚀作用，以及硫化物表面与氧气和水介质之间的电化学反应等，这些反应都涉及到硫化矿物半导体能带结构和电子性质。因此硫化矿物的半导体特性是硫化矿浮选电化学的核心基础，研究硫化矿物的固体物理性质(能带结构、电子态以及电子转移等)能够从理论上阐述清楚硫化矿浮选过程中电子转移的机制。本书系统总结了作者近年来的研究成果,从固体物理、晶体化学、表面科学以及量子力学等方面阐述了硫化矿物晶体性质与可浮性的关系。同时书中还对固体物理的概念和参数进行了详细讲解,希望能够有助于读者学习和理解。

本书的研究工作获得了国家自然科学基金的资助(50864001、51164001、51364002、51304054),以及教育部新世纪优秀人才支持计划的资助(NCET - 11 - 0925),在此表示感谢。另外还要感谢李玉琼博士、陈晔博士、赵翠华博士、蓝丽红教授等人为本书所做的贡献。

由于时间仓促和作者水平有限,本书作为学术探讨,难免存在错误和不严谨之处,恳请读者批评指正。

陈建华

2015. 10. 18

目录 / Contents

第1章 固体晶体结构   1

1.1 固体物理发展简介   1

    1.1.1 晶体的微观结构   1

    1.1.2 晶体中的电子运动   2

1.2 晶体的结构   3

    1.2.1 空间点阵结构   3

    1.2.2 晶胞结构   5

    1.2.3 晶面和晶面间距   5

1.3 倒易点阵和第一布里渊区   6

    1.3.1 倒易点阵   6

    1.3.2 第一布里渊区   6

1.4 布洛赫定理   8

1.5 密度泛函理论   9

    1.5.1 密度泛函理论简介   9

    1.5.2 密度泛函理论 Thomas-Fermi 模型   11

    1.5.3 Hohenberg-Kohn 定理   12

    1.5.4 Kohn-Sham 方程   13

    1.5.5 交换 – 相关泛函   13

参考文献   14

第2章 固体能带结构及性质   16

2.1 固体能带的起源   16

2.2 能带结构   18

2.3 禁带宽度   20

2.4 半导体导电类型   22

2.5 Fermi 能级 24

2.6 有效质量 28

2.7 态密度 29

2.8 Mulliken 布居 36

　　2.8.1 Mulliken 布居理论 36

　　2.8.2 Mulliken 电荷 37

　　2.8.3 Mulliken 重叠布居 37

2.9 前线轨道 38

参考文献 40

第3章　硫化矿物晶体电子结构与可浮性 42

3.1 硫化铜矿物晶体结构及电子性质 42

　　3.1.1 常见硫化铜矿物晶体结构 42

　　3.1.2 硫化铜矿物能带结构 44

　　3.1.3 硫化铜矿物成键分析 47

　　3.1.4 硫化铜矿物电子性质与可浮性 51

　　3.1.5 费米能级 52

　　3.1.6 前线轨道 52

3.2 硫化铁矿物晶体结构及电子性质 54

　　3.2.1 硫化铁矿物晶体结构及可浮性 55

　　3.2.2 硫铁矿物能带结构 57

　　3.2.3 硫铁矿自旋极化研究 59

　　3.2.4 硫铁矿物成键分析 59

　　3.2.5 键的 Mulliken 布居分析 61

　　3.2.6 前线轨道 61

3.3 硫化铅锑矿物晶体结构与电子性质 62

　　3.3.1 脆硫锑铅矿浮选行为 63

　　3.3.2 晶体结构的影响 63

　　3.3.3 电子态密度 66

　　3.3.4 前线轨道分析 67

3.4 毒砂和黄铁矿晶体结构与电子性质 69

　　3.4.1 毒砂和黄铁矿晶体结构 70

　　3.4.2 毒砂和黄铁矿电子结构 72

　　3.4.3 毒砂和黄铁矿的费米能量 75

3.4.4 毒砂和黄铁矿的前线轨道 76

3.5 单斜和六方磁黄铁矿晶体结构与电子性质 78

3.5.1 晶体结构 78

3.5.2 能带结构和态密度 78

3.5.3 前线轨道 81

3.6 硫化矿物间的伽伐尼作用 83

3.6.1 伽伐尼作用原理 83

3.6.2 伽伐尼作用对矿物浮选行为的影响 84

3.6.3 伽伐尼作用的隧道效应 86

3.6.4 伽伐尼作用对硫化矿物表面电荷的影响 87

参考文献 88

第4章 硫化矿物表面结构与电子性质 93

4.1 表面电子态的发展 93

4.1.1 起步时期 93

4.1.2 全面发展时期 94

4.1.3 成熟时期 95

4.2 表面弛豫和表面态 95

4.2.1 表面弛豫 95

4.2.2 表面电子态 96

4.2.3 层晶模型 98

4.3 硫化矿物表面弛豫 99

4.4 硫化矿物表面态能级 102

4.5 表面电子态密度 104

4.6 表面原子电荷分布 107

4.7 表面结构对电子性质的影响 111

4.8 表面原子反应活性表征 112

4.8.1 前线轨道系数 112

4.8.2 Fukui 函数 114

参考文献 116

第5章 硫化矿物表面与浮选药剂分子的相互作用 118

5.1 氧分子在方铅矿和黄铁矿表面的吸附 118

5.1.1 表面层晶模型 118
5.1.2 氧分子在黄铁矿和方铅矿表面的吸附构型 119
5.1.3 表面原子电荷分析 122
5.1.4 氧分子吸附对黄铁矿和方铅矿表面态的影响 125
5.2 闪锌矿和黄铁矿表面铜活化 129
5.2.1 闪锌矿铜活化模型和电子性质 130
5.2.2 黄铁矿铜活化模型和电子性质 132
5.3 黄药分子与方铅矿和黄铁矿表面的相互作用 134
5.3.1 黄药分子在硫化矿物表面的吸附构型和相互作用 135
5.3.2 氧分子吸附对矿物表面与黄药作用的影响 138
5.3.3 双黄药的形成 139
5.4 捕收剂分子与硫化矿物表面的选择性作用 143
5.4.1 方铅矿(100)和黄铁矿(100)表面结构和电子性质 143
5.4.2 捕收剂吸附的几何构型和电子密度 145
5.4.3 电子态密度的分析 147
5.4.4 捕收剂在方铅矿和黄铁矿表面的吸附热 149
5.5 石灰和氢氧根与黄铁矿表面作用的电子结构 151
5.5.1 氢氧根和羟基钙的吸附构型 151
5.5.2 氢氧根和羟基钙对黄铁矿表面电荷的影响 153
5.5.3 氢氧根和羟基钙与黄铁矿表面作用的态密度分析 154
5.5.4 氢氧化钠和石灰抑制后黄铁矿的铜活化 156
5.6 水分子对硫化矿物表面药剂分子吸附作用的影响 157
5.6.1 水分子对捕收剂在闪锌矿表面吸附的影响 157
5.6.2 水分子吸附对方铅矿表面吸附性能的影响 160
5.6.3 水分子对铅锌分离捕收剂选择性作用的影响 162
5.6.4 水分子吸附对矿物表面原子电子性质的影响 163
参考文献 166

第6章 晶格缺陷对硫化矿物半导体性质及可浮性的
影响 170

6.1 晶格杂质对硫化矿物可浮性的影响 170
6.1.1 不同产地黄铁矿可浮性差异 170
6.1.2 空位缺陷的影响 172
6.1.3 晶格杂质的影响 173

6.2　晶格缺陷对硫化矿物晶胞参数的影响　　　　　176

6.3　晶格缺陷对硫化矿物带隙的影响　　　　　　179

6.4　晶格缺陷对硫化矿物前线轨道的影响　　　　181

　　6.4.1　杂质对前线轨道系数的影响　　　　　181

　　6.4.2　晶格缺陷对前线轨道能量的影响　　　184

6.5　晶格缺陷对硫化矿物表面性质的影响　　　　186

　　6.5.1　空位缺陷的影响　　　　　　　　　　186

　　6.5.2　晶格杂质的影响　　　　　　　　　　189

　　6.5.3　表面电子分布　　　　　　　　　　　193

6.6　空位缺陷对硫化矿物表面吸附氧分子的影响　195

　　6.6.1　空位缺陷对黄铁矿吸附氧的影响　　　195

　　6.6.2　空位缺陷对闪锌矿吸附氧的影响　　　198

6.7　杂质对方铅矿表面的能带结构与氧分子吸附的影响　199

　　6.7.1　杂质对方铅矿能带结构的影响　　　　200

　　6.7.2　吸附能与吸附构型　　　　　　　　　202

　　6.7.3　氧分子在含杂质方铅矿表面吸附的态密度分析　203

　　6.7.4　含杂质方铅矿表面氧化的电化学行为　205

6.8　含杂质闪锌矿的活化与捕收作用　　　　　　207

　　6.8.1　杂质对闪锌矿表面能带结构的影响　　207

　　6.8.2　杂质对闪锌矿浮选行为的影响　　　　209

　　6.8.3　黄药与含杂质闪锌矿表面的作用　　　211

6.9　含杂质方铅矿与黄药作用的热动力学和电化学行为　217

　　6.9.1　杂质对黄药与方铅矿作用吸附热的影响　217

　　6.9.2　杂质对方铅矿半导体性质的影响　　　218

　　6.9.3　杂质对方铅矿与黄药电化学反应的影响　221

　　6.9.4　杂质对方铅矿表面黄药吸附动力学常数的影响　224

参考文献　　　　　　　　　　　　　　　　　　　227

附录1：晶体的空间群　　　　　　　　　　　　　229

附录2：常见硫化矿物晶体的第一布里渊区　　　　232

附录3：常见元素的外层电子结构和原子半径　　　237

第 1 章　固体晶体结构

　　矿物的晶体结构和性质决定了矿物的可浮性以及所使用的浮选药剂结构。和化学分子体系不同，矿物晶体中每立方厘米内约有 10^{23} 个原子，一个原子又有若干个电子，矿物晶体的性质是这些大量电子相互作用的宏观体现。因此固体物理研究的是多体问题，这也是固体物理和化学的一个重要区别。本章主要介绍晶体的空间点阵结构和电子在周期性势场作用下的布洛赫方程，以及固体物理学的基础理论——量子力学。

1.1　固体物理发展简介

1.1.1　晶体的微观结构

　　"晶体"一词源于希腊文"$\kappa\rho\mu\xi\tau\alpha\lambda\lambda\sigma\delta$"，意思"因冷而凝结的"，即"冰"，拉丁文为"crystallum"，后来才变成"crystal"。人类对晶体的认识最早是从具有各种各样多面体形态开始的，如六角形的雪花。但是在相当长的时间里，人们对晶体的认识还停留在一个比较简单和原始的阶段，远远落后于同时代的其他学科。直到 1669 年丹麦学者斯丹诺（Steno）提出了晶体的面角守恒定律，奠定了几何结晶学的基础，晶体才作为一门科学出现。1688 年，加格利耳米尼斯（Guglielmini）把面角守恒定律推广到多种盐类晶体上。1749 年，俄国科学家罗蒙诺索夫（Romonosov）创立了"微分子学说"，认为晶体是由球形的微分子堆砌而成的，并以此解释了硝石晶体的六边形与柱面的夹角总是 120°，从理论上阐释了面角守恒定律的本质。1772 年，法国学者罗美德利尔（Romé De L'Isle）测量了 500 种矿物晶体的形态，肯定了面角守恒定律的普遍性。1784 年，法国科学家阿羽依（Haüy）发表了晶体结构的新见解，晶体均由无数具有多面体形状的分子平行堆砌而成，并于 1801 年发表著名的整数定律，从理论上解释了晶体外形与其内部结构的关系，为晶面符号的建立奠定了基础。1809 年，德国矿物学家魏斯（Weiss）确定了晶体形态的对称定律。魏斯和米勒（Miler）分别于 1818 年和 1839 年创立了用以表示晶面空间位置的魏斯符号和米勒符号。1830 年，德国矿物学家赫塞尔（Hessel）推导出晶体形态可能具有的全部对称组合，即 32 种对称型。1867 年，俄国学者加多林用严密的数学方法推导出晶体的 32 种对称形式。德国数学家圣佛里斯创立了以他名字命名的对称型符号,格尔曼和摩根创立了国际符号。到十九世纪末,整个几何结晶学理论已经达到了相当成熟的程度,完成了晶体宏观对称的总结工作,为晶体的分类奠定了基础。

十九世纪中期,在已有的几何结晶学基础上,借助于几何学、解析几何学、群论和数学逻辑推理方法,形成了晶体构造理论。在晶体构造理论的启示下,十九世纪产生的空间点阵和空间格子构造理论,逐渐演化成为质点在空间规则排列的微观对称学说。1842 年,德国学者弗兰克汉姆(Frankenheim)推导出 15 种可能的空间格子。1855 年,法国结晶学家布拉维(Bravais)运用严格的数学方法推导出晶体的空间格子只有 14 种,为近代晶体构造学理论奠定了基础。俄国结晶矿物学家费德洛夫圆满地解决了晶体构造的几何理论,创立了平行六面体学说,并于 1889 年推导出晶体构造的一切可能的对称形式,即 230 种空间群。1951 年,苏联结晶矿物学家舒布尼柯夫创立了对称理论的非对称学说。1953—1955 年,扎莫扎也夫和别洛夫根据正负对称型概念增加了晶体所可能有的对称形式,将费多洛夫 230 个空间群发展为 1651 个舒布尼柯夫黑白对称群。1956 年,别洛夫又提出多色对称理论的概念,并探讨了四维空间的对称问题。

1895 年,德国物理学家伦琴发现了 X 射线。德国学者劳厄(Laue)认为 X 射线是电磁波,并产生了用 X 射线照射晶体以研究固体结构的想法。1912 年,弗里德里奇(Friedrich)和克尼平把一个垂直于晶轴切割的平行晶片放在 X 射线源和照相底片之间,当晶轴与 X 射线同向时,底片上出现规则排列的黑点。他们的实验证实了把晶体结构看成是空间点阵的正确性。法国学者布拉格父子(Bragg W H 和 Bragg W L)认为 X 射线在晶体中被某些平面所反射,这些平面可以是晶体自然形成的表面,也可以是点阵中原子规则排列形成的任何面,平面间距决定了一定波长的 X 射线发生衍射的角度,分析晶体衍射图样,就可以确定晶体内部原子的排列情况。劳厄与布拉格父子开创性的工作成为晶体结构分析的基础,为正确认识晶体的微观结构与宏观性质的关系提供了基础,是固体物理学发展史中一个重要的里程碑,也是近代固体物理学的开端。后来又发展了多种衍射技术,如离子衍射、中子衍射以及低能电子衍射技术等,另外扫描隧道显微镜((STM)和原子力显微镜(AFM)的出现促进了人们对固体和表面的微观结构的认识和了解。

1.1.2　晶体中的电子运动

固体中每立方厘米内约有 10^{23} 个粒子,它们靠电磁作用相互联系起来。因此,固体物理学所面对的实际上是多体问题。在固体中,粒子之间种种各具特点的耦合方式,导致粒子具有特定的集体运动形式和个体运动形式,造成不同的固体有千差万别的物理性质。固体中电子的状态和行为是了解固体的物理化学性质的基础。维德曼和夫兰兹于 1853 年由实验确定了金属导热性和导电性之间关系的经验定律。洛伦兹在 1905 年建立了自由电子的经典统计理论,能够解释上述经验定律,但无法说明常温下金属电子气对比热容贡献甚小的原因。泡利在 1927 年首先用量子统计成功地计算了自由电子气的顺磁性。索末菲在 1928 年用量子统计求得电子气的比热容和输运现象,解决了经典理论的困难。

在量子理论出现以前,人们对于固体中电子的运动规律一直处于模糊和猜想的状态,直到能带理论出现后,人们对固体中电子的运动规律才有了清晰的认识。固体能带理论是固体物理学中最重要的基础理论,它的出现是量子力学、量子统计理论在固体中应用的最直接、最重要的结果。能带理论成功地解决了索末菲半经典电子理论处理金属所遗留下来的问题。

最先把量子力学应用于固体物理的是海森伯和他的学生布洛赫(Bloch)。海森伯在 1928 年成功地建立了铁磁性的微观理论,布洛赫在同年也开创性地建立了固体能带理论。其后几年世界上许多一流的物理学家都加入到固体物理学的研究领域,如布里渊、朗道、莫特、佩尔斯、威尔逊、赛兹、威格纳、夫伦克尔等,他们所作出的杰出贡献为现代固体物理的发展奠定了牢固的基础。

布洛赫和布里渊分别从不同角度研究了周期场中电子运动的基本特点,为固体电子的能带理论奠定了基础。电子的本征能量,是在一定能量范围内准连续的能级组成的能带。相邻两个能带之间的能量范围是完整晶体中电子不许可具有的能量,称为禁带。利用能带的特征以及泡利不相容原理,威尔逊在 1931 年提出金属和绝缘体相区别的能带模型,并预言介于两者之间存在半导体,为后来半导体的发展提供了理论基础。

派尼斯和玻姆在 1953 年认为,由于库仑作用的长程性质,固体中电子气的密度起伏形成纵向振荡,称为等离子体振荡。这种振荡的能量量子称为等离激元。考虑到电子间的互作用,能带理论的单电子状态变成准电子状态,但准电子的有效质量包含了多粒子相互作用的效应,同样,空穴也变成准粒子。在半导体中电子和空穴之间有屏蔽的库仑吸引作用,它们结合成激子,这是一种复合的准粒子。

1.2　晶体的结构

1.2.1　空间点阵结构

研究结果表明,理想的晶体是由大量的结构单元在空间周期性排列而构成的。图 1-1 是氯化钠的晶体结构,由图可见氯化钠晶体是由有多个完全相同的六面体重复构成,具有确定的几何空间结构。

结构单元指的是能够形成周期性排列的晶体的最小原子或原子集团,简称基

元。从晶体中无数个重复基元抽象出来的几何
点称为格点。格点在空间按一定的周期性排列
的几何结构称为空间点阵。格点间相互连接形
成的网络称为晶格。空间点阵是一种数学抽象，
只有当点阵中的结点被晶体的结构基元代替后，
才成为晶体结构。需要说明的是各结构基元并
不是被束缚在结点不动，而是在此平衡位置不停
地无规则振动。晶体结构可简单地用下式表示：

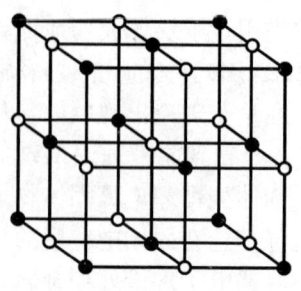

空间点阵 + 结构单元 = 晶体结构　　　(1 – 1)

当晶体中只有一种原子时，原子的排列与空
间点阵的阵点完全重合，这种点阵也叫晶格。当

图 1 – 1　氯化钠的晶体结构
○—氯离子　●—钠离子

晶体中不只一种原子时，则每个结构基元中相同的原子都可以构成相应的点阵。
每种晶体都有自己特有的晶体结构。

空间点阵中每一个格点的位置可以用位置矢量 $\boldsymbol{R}_l$ 来表：

$$\boldsymbol{R}_l = l_a \boldsymbol{a} + l_b \boldsymbol{b} + l_c \boldsymbol{c} \tag{1-2}$$

其中：l_a、l_b、l_c 是任意整数，$\boldsymbol{a}$、$\boldsymbol{b}$、$\boldsymbol{c}$ 代表不在同一平面的 3 个矢量，称为基
矢。在空间点阵中，以一组向量 $\boldsymbol{a}$、$\boldsymbol{b}$、$\boldsymbol{c}$ 为边画出的平行六面体叫做空间点阵的
单位。空间点阵单位常有四种形式：简单点阵、底心点阵、体心点阵和面心点阵。
空间点阵单位可以归结为下面七种具体的结构：

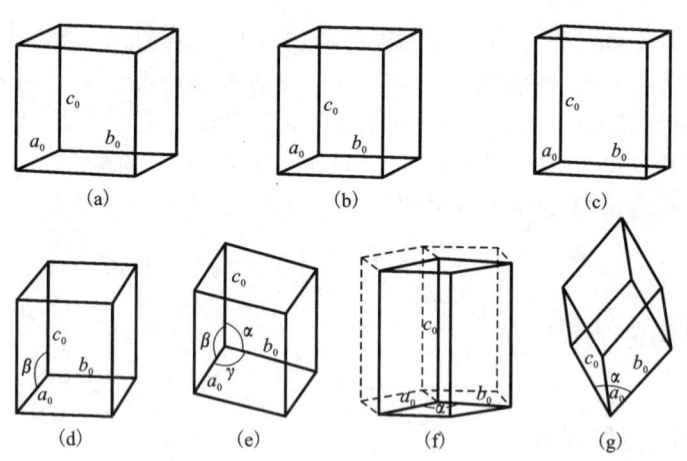

图 1 – 2　空间点阵单位的七种形状

（1）立方：为等轴晶系，平行六面体空间点阵单位为立方体，如图 1 – 2(a) 所
示。点阵参数特征为：$\boldsymbol{a}_0 = \boldsymbol{b}_0 = \boldsymbol{c}_0$，$\alpha = \beta = \gamma = 90°$。

(2)四方：为四方晶系，平行六面体空间点阵单位为一横切面呈正方形的四方柱体，如图 1−2(b)所示。点阵参数特征为：$a_0 = b_0 \neq c_0$，$\alpha = \beta = \gamma = 90°$。

(3)斜方：为斜方晶系，平行六面体空间点阵单位为一火柴盒形状，如图 1−2(c)所示。点阵参数特征为：$a_0 \neq b_0 \neq c_0$，$\alpha = \beta = \gamma = 90°$。

(4)单斜：为单斜晶系，平行六面体空间点阵单位为有一个面倾斜，其他的两个面相互垂直，如图 1−2(d)所示。点阵参数特征为：$a_0 \neq b_0 \neq c_0$，$\alpha = \gamma = 90°$，$\beta \neq 90°$。

(5)三斜：三斜晶体，平行六面体空间点阵单位为有一个不等边的平行六面体，如图 1−2(e)所示。点阵参数特征为：$a_0 \neq b_0 \neq c_0$，$\alpha \neq \beta \neq \gamma \neq 90°$。

(6)六方：六方晶系，平行六面体空间点阵单位为一底面呈菱形的柱体，如图 1−2(f)所示。点阵参数特征为：$a_0 = b_0 \neq c_0$，$\alpha = \beta = 90°$，$\gamma = 120°$。

(7)三方：三方晶系，平行六面体空间点阵单位为菱面体，相当于立方体沿对角线方向拉长或压扁而成，如图 1−2(g)所示。点阵参数特征为：$a_0 \neq b_0 \neq c_0$，$\alpha = \beta = \gamma \neq 90°$，$60°$，$109°28'16''$。

1.2.2　晶胞结构

周期性是晶体最显著的结构特点，我们把构成晶体的最小重复单元称为原胞。原胞是组成晶体的最小单元结构，原胞在空间的无限重复排列就构成了宏观上的晶体。图 1−3 是由单个原胞构成的超晶胞结构。正是由于单个原胞能够反映无限周期性排列的晶胞的性质，所以才可以通过从研究"有限"的结构，即单胞或超胞，来研究"无限"排列结构的晶体的性质。

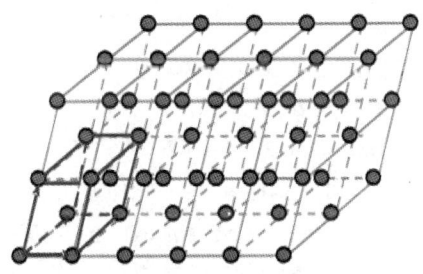

图 1−3　晶体原胞和超晶胞

晶胞的大小、形状用晶胞参数表示，晶胞体积用基矢表示为：

$$V = a \cdot (b \times c) \tag{1−3}$$

1.2.3　晶面和晶面间距

晶面的表示用密勒指数，对于某一晶面与原胞基矢坐标 a，b，c 的截距为 r，s，t，它们的倒数比记为：

$$\frac{1}{r} : \frac{1}{s} : \frac{1}{t} = h : k : l \tag{1−4}$$

h、k、l 为互质整数，表示晶面的法向方向，该晶面的密勒指数就记为(hkl)。例如某一晶面在 a，b，c 的截距为 1，2，4，其倒数比为：

$$\frac{1}{1} : \frac{1}{2} : \frac{1}{4} = 4 : 2 : 1$$

则该晶面密勒指数为(421)。若某一截距为无穷大,则晶面必平行于某一坐标轴,相应指数为0,若截距为负数时,则在指数上部加以负号,如某一晶面截距为1,-1,∞,则该晶面密勒指数为($1\bar{1}0$)。

相邻两个平面的间距用$d(hkl)$表示,如立方晶系,其晶面间距为:

$$d(hkl) = \frac{a}{\sqrt{(h^2 + k^2 + l^2)}} \qquad (1-5)$$

晶面间距既与晶胞参数有关,又与晶面指标有关,h、k和l的数值越小,晶面间距越大。

1.3 倒易点阵和第一布里渊区

1.3.1 倒易点阵

倒易点阵是晶体点阵的倒易,是一种纯粹的数学抽象,通常把晶体的内部结构作为正空间,而晶体的对X射线的衍射看成倒易空间,晶体点阵和其倒易点阵之间存在傅里叶变换关系。

对于基矢$\boldsymbol{a}$,$\boldsymbol{b}$,$\boldsymbol{c}$和$\boldsymbol{a}^*$,$\boldsymbol{b}^*$,$\boldsymbol{c}^*$,它们之间存在如下关系:

(1)$\boldsymbol{a}^* \cdot \boldsymbol{a} = 1$,$\boldsymbol{b}^* \cdot \boldsymbol{b} = 1$,$\boldsymbol{c}^* \cdot \boldsymbol{c} = 1$

(2)$\boldsymbol{a}^* \cdot \boldsymbol{b} = 0$,$\boldsymbol{a}^* \cdot \boldsymbol{c} = 0$,$\boldsymbol{b}^* \cdot \boldsymbol{a} = 0$

　　$\boldsymbol{b}^* \cdot \boldsymbol{c} = 0$,$\boldsymbol{c}^* \cdot \boldsymbol{a} = 0$,$\boldsymbol{c}^* \cdot \boldsymbol{b} = 0$

基矢$\boldsymbol{a}^*$,$\boldsymbol{b}^*$,$\boldsymbol{c}^*$所确定的点阵为基矢$\boldsymbol{a}$,$\boldsymbol{b}$,$\boldsymbol{c}$所确定的点阵的倒易点阵,(1)和(2)所表示的$\boldsymbol{a}$,$\boldsymbol{b}$,$\boldsymbol{c}$与$\boldsymbol{a}^*$,$\boldsymbol{b}^*$,$\boldsymbol{c}^*$之间的对偶关系称为晶体正空间基矢和倒易空间基矢间的相互倒易关系。倒易点阵基矢$\boldsymbol{a}^*$垂直于$\boldsymbol{b}-\boldsymbol{c}$平面,$\boldsymbol{b}^*$垂直于$\boldsymbol{a}-\boldsymbol{c}$平面,$\boldsymbol{c}^*$垂直于$\boldsymbol{a}-\boldsymbol{b}$平面。

由倒易点阵做出的原胞叫倒格子原胞,通常称为布里渊区。第一布里渊区体积等于倒格子原胞体积。由于第一布里渊区具有高度对称性,因此晶体的计算一般都在第一布里渊区中进行。

1.3.2 第一布里渊区

布里渊区是倒格子空间中以原点为中心的部分区域,从倒格子空间原点,作与最近邻倒格点、次近邻倒格点、再次近邻倒格点、……的连线,再画出这些连线的垂直平分面。含原点的多面体包围的区域就是第一布里渊区,与第一布里渊区相邻、且与第一布里渊区体积相等的区域为第二布里渊区,与第二布里渊区相邻、且与第一布里渊区体积相等的区域为第三布里渊区。第一布里渊区又称为简约布里渊区，简称布里渊区（Brillion Zone，记为 BZ）。布里渊区是波矢空间中的对称化原胞，它具有倒点阵点群的全部对称性。

简立方正点阵的倒点阵，其形状仍为简立方，简立方正点阵的布里渊区形状仍是简立方。体心立方正点阵的倒点阵，其形状为面心立方，体心立方正点阵的布里渊区形状为菱形十二面体。面心立方的倒点阵，其形状为体心立方，面心立方点阵的布里渊区形状是截角八面体（它是一个十四面体）。布里渊区的体积等于倒格子原胞的体积。

二维方格子的原胞基矢为 $\boldsymbol{a}_1 = a\boldsymbol{i}$，$\boldsymbol{a}_2 = a\boldsymbol{j}$，则倒格子的原胞基矢为：

$$\boldsymbol{b}_1 = \frac{2\pi}{a}\boldsymbol{i}, \ \boldsymbol{b}_2 = \frac{2\pi}{a}\boldsymbol{j}$$

离原点最近的倒格点有四个：$\boldsymbol{b}_1$，$-\boldsymbol{b}_1$，$\boldsymbol{b}_2$，$-\boldsymbol{b}_2$，它们的垂直平分线围成的区域就是简约布里渊区，即第一布里渊区。如图 1-4 所示，这个倒格子空间中的正方形就是正方形晶格的第一布里渊区。

连接坐标原点和次近邻倒格子点、画出这些连线的垂直平分线，得到与第一布里渊区相邻、且与第一布里渊区面积相等的区域，即图中的 4 个等腰直角三角形阴影区域，就是第二布里渊区。

连接坐标原点和丙次近邻倒格子点、画出这些连线的垂直平分线，得到与第二布里渊区相邻、且与第二布里渊区面积相等的区域，即 1-4 图中的 8 个小等腰直角三角形区域，就是第三布里渊区。

面心立方正格子的第一布里渊区比较复杂，它是一个十四面体，有八个正六边形和六个正方形，常称截角八面体。图 1-5 显示了这一截角八面体的形状。

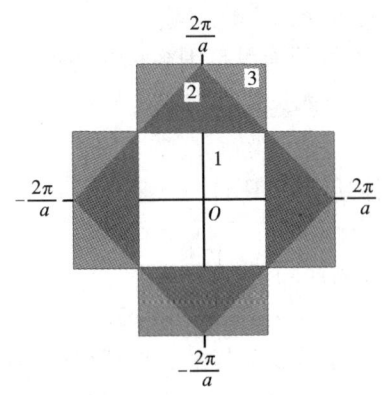

图 1-4 二维方格子布里渊区

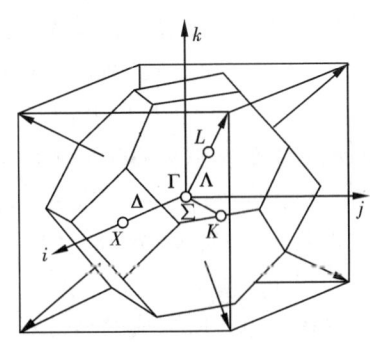

图 1-5 面心立方方格子的第一布里渊区

面心立方方格子第一布里渊区中典型对称点的坐标为：

Γ	X	K	L
$\frac{2\pi}{a}(0,0,0)$	$\frac{2\pi}{a}(1,0,0)$	$\frac{2\pi}{a}\left(\frac{3}{4},\frac{3}{4},0\right)$	$\frac{2\pi}{a}\left(\frac{1}{2},\frac{1}{2},\frac{1}{2}\right)$

1.4　布洛赫定理

近代固体物理学能带理论的基础是布洛赫(Bloch)定理,它基于一个基本假设:晶体中的原子是周期性排列的,晶体中的势场具有平移不变性。在周期势中,单电子的薛定谔微分方程可以写成:

$$-\frac{\hbar}{2m}\nabla^2 y(x) + [V(x) - E]y(x) = 0 \qquad (1-6)$$

其中:$V(x)$ 是周期性势场,具有平移性:

$$V(x+a_1) = V(x+a_2) = V(x+a_3) = V(x) \qquad (1-7)$$

这里的 a_1,a_2 和 a_3 是晶体的三个晶格基矢。Bloch 定理表明晶体中电子态具有如下性质:

$$\phi(k, x+a_i) = e^{ik \cdot a_i}\phi(k, x), \ i=1, 2, 3 \qquad (1-8)$$

其中 k 是 k 空间的实波矢,函数 $\phi(k, x)$ 也称为 Bloch 函数或 Bloch 波,它是现代固体物理学中最基本的函数。

为了使本征函数与本征值一一对应起来,即使电子的波矢 k 与本征值 $E(k)$ 一一对应起来,必须把波矢 k 的取值限制在一个倒格原胞区间内,这个区间称为简约布里渊区或第一布里渊区(Brillouin),在简约布里渊区内,电子的波矢数目等于晶体的原胞数目。

当 k 在布里渊区中变化时,相应的 Bloch 波 $\phi(k, x)$ 的能量——方程(1-6)的本征值 E 也会随之在一定范围内变化。这些许可的能量范围被称为能带,也可以写成 $E_n(k)$(这里 n 是能带的指标),它们可以按能量增加的顺序排列:

$$E_0(k) \leqslant E_1(k) \leqslant E_2(k) \leqslant \cdots \leqslant E_n(k)$$

对应的本征函数可以用 $\phi_n(k, x)$ 表示,它们可以写作:

$$\phi_n(k, x) = e^{ik \cdot x}u_n(k, x) \qquad (1-9)$$

这里 k 是波矢,$u_n(k, x)$ 是与势场具有同样周期的函数:

$$u_n(k, x+a_1) = u_n(k, x+a_2) = u_n(k, x+a_3) = u_n(k, x) \qquad (1-10)$$

由晶体价电子所形成的能带对于晶体的物理性质以及其中的物理过程起重要作用。晶体在其最高填满能带和最低未填充能带之间有一个带隙(又常被称为禁带),晶体在低温时只有很少的导电电子,这个晶体就是半导体或是绝缘体,取决于禁带宽度。如果某个晶体在其最高填充能带和最低未填满能带之间没有禁带,即使在极低温下也仍然会有相当数量的导电电子,它就是金属。晶体的能带理论很好地解释了固体的导电性，说明其假设具有一定的合理性。能带理论自从产生以来就一直受到固体物理学家的重视，虽然关于它仍然有一些问题不能很好地解释，但到目前为止，能带理论仍然是研究固体物理最有效的手段。

1.5　密度泛函理论

1.5.1　密度泛函理论简介

1926 年和 1927 年，物理学家海森堡和薛定谔各自发表了物理学史上著名的测不准原理和薛定谔方程，它标志着量子力学的诞生。在那之后，展现在物理学家面前的是一个完全不同于经典物理学的新世界，同时也为化学家提供了认识物质化学结构的新理论工具。1927 年物理学家海特勒和伦敦将量子力学处理原子结构的方法应用于氢气分子，成功地阐释了两个中性原子形成化学键的过程，他们的成功标志着量子力学与化学的交叉学科——量子化学的诞生。

在海特勒和伦敦之后，化学家们也开始应用量子力学理论，并且在两位物理学家对氢气分子研究的基础上建立了三套阐释分子结构的理论，即价键理论、分子轨道理论和配位场理论。鲍林在最早的氢分子模型基础上发展了价键理论，并且因为这一理论获得了 1954 年度的诺贝尔化学奖。1928 年，物理化学家密勒根提出了最早的分子轨道理论，1931 年，休克发展了密勒根的分子轨道理论，并将其应用于对苯分子共轭体系的处理。贝特于 1931 年提出了配位场理论并将其应用于过渡金属元素在配位场中能级分裂状况的理论研究，后来，配位场理论与分子轨道理论相结合发展出了现代配位场理论。价键理论、分子轨道理论以及配位场理论是量子化学描述分子结构的三大基础理论。早期，由于计算手段非常有限，计算量相对较小、且较为直观的价键理论在量子化学研究领域占据着主导地位，20 世纪 50 年代之后，随着计算机的出现和飞速发展，巨量计算已经是可以轻松完成的任务，分子轨道理论的优势在这样的背景下凸现出来，逐渐取代了价键理论的位置，在化学键理论中占主导地位。

1928 年哈特里提出了 Hartree 方程，方程将每一个电子都看成是在其余的电子所提供的平均势场中运动的，通过迭代法算出每一个电子的运动方程。1930 年，哈特里的学生福克(Fock)和斯莱特(Slater)分别提出了考虑泡利原理的自洽场迭代方程，称为 Hartree-Fock 方程，进一步完善了由哈特里发展的 Hartree 方程。为了求解 Hartree-Fock 方程，1951 年罗特汉(Roothaan)进一步提出将方程中的分子轨道用组成分子的原子轨道线性展开，发展出了著名的 RHF 方程，这个方程以及在这个方程基础上进一步发展的方法是现代量子化学处理问题的根本方法。

1952 年日本化学家福井谦一提出了前线轨道理论，1965 年美国有机化学家伍德瓦尔德(Woodward)和量子化学家霍夫曼(Hoffmann)联手提出了有机反应中的分子轨道对称性守恒理论。福井、伍德瓦尔德和霍夫曼的理论使用简单的模型，以简单分子轨道理论为基础，回避那些高深的数学运算而以一种直观的形式将量子化学理论应用于对化学反应的定性处理，通过他们的理论，实验化学家得以直观地窥探分子轨道波函数等抽象概念。福井和霍夫曼凭借他们这一贡献获得了1981年度的诺贝尔化学奖。

虽然量子理论早在20世纪30年代就已经基本成形，但是所涉及的多体薛定谔方程形式非常复杂，至今仍然没有精确解法，即便是分子轨道的近似解，所需要的计算量也是惊人的，例如：一个拥有100个电子的小分子体系，在求解RHF方程的过程中仅双电子积分一项就有1亿个之巨。这样的计算显然是人力所不能完成的，因而在此后的数十年中，量子化学进展缓慢，甚至为从事实验的化学家所排斥。而在固体物理研究方面，由于晶体的周期性特点和每立方厘米晶体就有大约10^{23}数量级的原子核和电子，采用经典的分子轨道对晶体和表面进行从头计算基本不可能，因此固体物理的理论计算一直发展比较缓慢，直到90年代中期密度泛函理论的成熟和计算硬件的发展，才为固体及其表面的计算提供了有效的理论工具。

密度泛函理论(Density Functional Theory, DFT)，是基于量子力学和玻恩－奥本海默绝热近似的从头算方法中的一类解法，与量子化学中基于分子轨道理论发展而来的众多通过构造多电子体系波函数的方法(如Hartree-Fock类方法)不同，这一方法以电子密度函数为基础，通过KS-SCF自洽迭代求解单电子多体薛定谔方程来获得电子密度分布，这一操作减少了自由变量的数量，减小了体系物理量振荡程度，并提高了收敛速度。

Hohenberg和Sham在1964年提出了一个重要的计算思想，证明了电子能量由电子密度决定。因而可以通过电子密度得到所有电子结构的信息而无需处理复杂的多体电子波函数，只用三个空间变量就可描述电子结构，该方法称为电子密度泛函理论。按照该理论，粒子的Hamilton量由局域的电子密度决定，由此导出局域密度近似方法。这一方法在早期通过与金属电子论、周期性边界条件及能带论的结合，在金属、半导体等固体材料的模拟中取得了较大的成功，后来被推广到其他若干领域，特别是用来研究分子和凝聚态的性质，是凝聚态物理和计算化学领域最常用的方法之一。约翰波普与沃尔特科恩分别因为发展首个普及的量子化学软件(Gaussian)和提出密度函理论(Density Functional Theory)而获得1998年诺贝尔化学奖。鉴于密度泛函理论的广泛应用和巨大成就，该理论被称为量子化学的第二次革命。目前密度泛函理论是计算固体结构和电子性质的主要方法，将基于该方法的自洽计算称为第一性原理方法。

自1970年以来，密度泛函理论在固体物理学的计算中得到广泛应用。在多数情况下，与其他解决量子力学多体问题的方法相比，采用局域密度近似的密度泛函理论给出了非常令人满意的结果,同时计算比实验的费用要少。尽管如此,人们普遍认为量子化学计算不能给出足够精确的结果,直到 20 世纪 90 年代,理论中所采用的近似被重新提炼成更好的交换相关作用模型。

然而密度泛函理论仍然不够完美,存在一些问题。密度泛函理论主要是通过 Kohn-Sham 方法来实现,在 Kohn-Sham DFT 的框架中,最难处理的多体问题(由于处在一个外部静电势中的电子相互作用而产生的)被简化成了一个没有相互作用的电子在有效势场中运动的问题。这个有效势场包括了外部势场以及电子间库仑相互作用的影响,例如,交换和相关作用。处理交换相关作用是 KS DFT 中的难点,目前并没有精确求解交换相关能 EXC 的方法,最简单的近似求解方法为局域密度近似(LDA)。LDA 近似使用简单的均匀电子气模型来计算体系的交换能,而相关能部分则采用对自由电子气进行拟合的方法来处理。尽管密度泛函理论得到了改进,但是用它来恰当的描述分子间相互作用,特别是范德华力,或者计算半导体的能隙还是有一定困难的,达不到所需要的精度,有时甚至有较大的偏差。如硫化锌的带宽为 3.6 eV,密度泛函理论计算出的带宽只有 2.0 eV 左右,相差甚远。

1.5.2　密度泛函理论 Thomas-Fermi 模型

早在 1927 年,Thomas 和 Fermi 首先认识到可以用统计方法来近似地表示原子中的电子分布,他们提出了以动能作为电子密度泛函表达式的均匀电子气模型,即 Thomas-Fermi 模型。

Thomas-Fermi 模型通过统计方法得出电子的体系总动能 T_{TF} 的表达式为:

$$T_{\text{TF}}[\rho] = C_{\text{F}} \int \rho^{5/3}(r)\,\mathrm{d}r \tag{1-11}$$

其中,$C_{\text{F}} = \dfrac{3}{10}(3\pi^2)^{2/3} = 2.817$

在这中间,被积函数 $\rho(r)$ 是一个待定函数,所以 $T_{\text{TF}}[\rho]$ 为泛函。而对于多电子原子体系,在只考虑核与电子之间以及电子和电子之间的相互作用时,能量可以被表示为:

$$E_{\text{TF}}[\rho(r)] = C_{\text{F}} \int \rho^{5/3}(r)\,\mathrm{d}r - Z \int \frac{\rho(r)}{r}\,\mathrm{d}r + \frac{1}{2} \iint \frac{\rho(r_1)\rho(r_2)}{|r_1 - r_2|}\,\mathrm{d}r_1\,\mathrm{d}r_2$$

$$\tag{1-12}$$

式(1-12)需要在等周条件下求解:

$$N = N[\rho(r)] = \int \rho(r)\,\mathrm{d}r \tag{1-13}$$

Thomas-Fermi 模型由于没有考虑到原子交换能,所以计算精度较其他方法相比要低一些。尽管 Thomas-Fermi 方法对原子分子的处理并未获得成功,但是

Thomas-Fermi 方法为密度泛函理论开创了先河。此后，模型的计算精度一直是该领域的研究重点，但是效果一直不理想。这种状况一直持续到 Hohenberg-Kohn 定理的出现。

1.5.3 Hohenberg-Kohn 定理

基于非均匀电子气理论，Hohenberg 和 Kohn 在 1964 年提出处于外势 $V(r)$ 中的多电子系统，其基态物理性质可由电子密度分布函数 $\rho(r)$ 来确定。这一理论认为系统的能量是电子密度分布函数的泛函，基态时为最小值。

$$E_V[\rho] = T[\rho] + V_{ne}[\rho] + V_{ee}[\rho] = \int \rho(r)V(r)\,\mathrm{d}r + F_{HK}[\rho] \quad (1-14)$$

其中，

$$F_{HK}[\rho] = T[\rho] + V_{ee}[\rho] \quad (1-15)$$

$$V_{ee}[\rho] = J[\rho] + 非经典项 \quad (1-16)$$

$$J[\rho] = \frac{1}{2} \iint \frac{1}{r_{12}} \rho(r_1)\rho(r_2)\,\mathrm{d}r_1 \mathrm{d}r_2 \quad (1-17)$$

式中：$J[\rho]$ 为经典电子排斥能；V_{ne} 为核与电子间的势能；V_{ee} 为电子与电子之间的势能，非经典项是一个非常重要但不易理解的量，在这个非经典项中，交换 – 相关能（$E_{xc}[\rho(r)]$）是其主要部分。

Hohenberg-Kohn 定理是关于 $E_V[\rho(r)]$ 的变分原理，假设该方程中的 $E_V[\rho]$ 可微，在粒子数守恒的条件下，泛函 $E_V[\rho]$ 取极值的条件为：

$$\delta J = \delta \left\{ E_V[\rho] - \mu \left[\int \rho(r)\,\mathrm{d}r - N \right] \right\} = 0 \quad (1-18)$$

由此变分得到：

$$\mu = \frac{\delta E_V[\rho]}{\delta \rho} \quad (1-19)$$

将 $(1-14)$ 式代入式 $(1-19)$ 中得到：

$$\mu = \frac{\delta E_V[\rho]}{\delta \rho} = V(r) + \frac{\delta F_{HK}}{\delta \rho} \quad (1-20)$$

式 $(1-20)$ 就是 $E_V[\rho]$ 满足的 Euler-Lagrange 方程。式中 F_{HK} 与外势 $V(r)$ 无关，是一个 $\rho(r)$ 的普适性泛函，如果能够找到它的近似形式，Euler-Lagrange 方程就可用于任何体系。所以说，式 $(1-20)$ 就是密度泛函理论的基本方程。

然而，Hohenberg-Kohn 定理虽然明确了可以通过求解基态电子密度分布函数得到系统的总能量，但并没有说明如何确定电子密度分布函数 $\rho(r)$、动能泛函 $T[\rho(r)]$ 和交换相关能泛函 $E_{XC}[\rho(r)]$，直到 1965 年 Kohn-Sham 方程的提出，才真正将密度泛函理论引入实际应用。

1.5.4　Kohn-Sham 方程

Kohn 与 Sham 在 1965 年提出一个多粒子系统的电子密度函数可以通过一个简单的单粒子波动方程求得，这个简单的单粒子方程就是 Kohn-Sham 方程（简称 K－S 方程）。

在 Kohn-Sham 方程中，系统的电子密度函数可由组成系统的单电子波函数的平方和表示，即：

$$\rho(r) = \sum_{i=1}^{N} |\psi_i(r)|^2 \tag{1-21}$$

则 Kohn-Sham 方程为：

$$\{ -\nabla^2 + V_{KS}[\rho(r)] \}\psi_i(r) = E_i\psi_i(r) \tag{1-22}$$

$$V_{KS} = V(r) + \int \frac{\rho'(r')}{|r-r'|}dr' + \frac{\delta E_{XC}[\rho'(r')]}{\delta\rho(r)} \tag{1-23}$$

这样一来，多电子系统基态本征值的问题在形式上能转化成单电子的问题。Kohn-Sham 方程通过迭代方程式求得其自洽解，假如将 $E_{XC}[\rho(r)]$ 省略，则该方程又回到了 Thomas-Fermi 理论。

1.5.5　交换－相关泛函

交换－相关泛函 $E_{XC}[\rho]$ 在 DFT 中非常重要，但到目前为此，交换－相关泛函 $E_{XC}[\rho]$ 还没有准确的表达式，如果能够找出 $E_{XC}[\rho]$ 更加准确和便于表述的形式，则其计算方案就更具实际意义。基于这一思路，各种近似方法被不断提出，这些近似方法包括 LDA（局域密度近似）、LSDA（局域自旋密度近似）、GGA（广义梯度近似）和 BLYP（杂化密度泛函）等，其中 LDA（局域密度近似）和 GGA（广义梯度近似）目前被广泛运用。

1）LDA 局域密度近似

Kohn 和 Sham 在 1965 年提出的交换关联泛函局域密度近似（LDA）的基本思想是把系统中整个非均匀电子区域分割成多个小块区域，然后把这些小块区域电子气近似认为是均匀的。通过均匀电子气的密度函数 $\rho(r)$ 得到系统非均匀电子气交换－相关泛函的具体形式，再由 K－S 方程和 V_{KS} 方程进行自洽计算：

$$E_{XC}^{LDA}[\rho] = \int \rho(r)\varepsilon_{XC}[\rho(r)]dr \tag{1-24}$$

式中：$\varepsilon_{XC}[\rho(r)]$ 是指在密度为 ρ 的均匀电子气中，每个粒子的交换相关能。

局域密度近似势函数是以体系中局域电荷密度为基础得出的交换关联势。局域密度近似在处理一般金属和半导体的电子能带和有关的物理化学性质方面获得了很大的成功，但也存在如计算得到金属 d 带宽度以及半导体的禁带宽度偏小等

不足。在局域密度近似的基础上考虑电子自旋状态，就发展成为局域自旋密度近似(LSDA)。其交换相关能为

$$E_{XC}[\rho] = \int dr [\rho_\uparrow(r) + \rho_\downarrow(r)] \varepsilon_{XC}[\rho_\uparrow(r), \rho_\downarrow(r)] \qquad (1-25)$$

式中：$\rho_\uparrow(r)$ 和 $\rho_\downarrow(r)$ 分别是自旋向上的电子密度和自旋向下的电子密度，$\varepsilon_{XC}(\rho_\uparrow, \rho_\downarrow)$ 是存在自旋极化情形下与均匀电子气单电子相当的交换相关能，这与自旋取向相关。

2)GGA 广义梯度近似

在局域密度近似(LDA)的基础上，Perdew 和 Wang 在 1986 年提出，除电子密度外，体系的交换能和相关能还取决于密度的梯度，基于这一理论，交换 – 相关泛函可以表示为电荷密度及梯度的函数：

$$E_{XC}[\rho] = \int \rho(r) \varepsilon_{XC}[\rho(r)] dr + E_{XC}^{GGA}[\rho(r), \nabla\rho(r)] \qquad (1-26)$$

由于其合理性和精确性，广义梯度近似(GGA)的框架下已经发展出 PBE、RPBE 和 PW91 等多个泛函。

目前，LDA(局域密度近似)和 GGA(广义梯度近似)已经被广泛地应用于固体表面物理和材料化学等领域的计算中，并取得了较大的成功，然而这两个理论还存在一些不足。因此，如何得到更加准确合理的交换 – 相关泛函仍是 DFT 的研究热点之一。

参考文献

[1] 谢希德. 固体能带理论[M]. 上海：复旦大学出版社，2007.

[2] 任尚元. 有限晶体中的电子态[M]. 北京：北京大学出版社，2006.

[3] 赵成大. 固体量子化学[M]. 北京：高等教育出版社，2003.

[4] 潘兆橹. 晶体学及矿物学[M]. 北京：地质出版社，1994.

[5] 刘靖疆. 基础量子化学与应用[M]. 北京：高等教育出版社，2004.

[6] 林梦海. 量子化学简明教程[M]. 北京：化学工业出版社，2005.

[7] 陈光巨，黄元河. 量子化学[M]. 上海：华东理工大学出版社，2008.

[8] 徐光宪，黎乐民. 量子化学[M]. 北京：科学出版社，1999.

[9] 曾谨言. 量子力学[M]. 北京：科学出版社，2000.

[10] 林梦海. 量子化学计算方法与应用[M]. 北京：科学出版社，2004.

[11] 肖慎修，王崇愚，陈天朗. 密度泛函理论的离散变分方法在核心和材料物理学中的应用[M]. 北京：科学出版社，1998.

[12] Perdew P J, Burke K, Emezerhof M. Generalized gradient approximation made simple [J]. Physical Review Letters, 1996, 77(18): 3865 – 3868.

[13] Hammer B, Hansen L B, Norskov J K. Improved adsorption energetics within density functional

theory using revised PBE functionals [J]. Physical Review B, 1999, 59: 7413.

[14] Wu Z, Cohen R E. More accurate generalized gradient approximation for solids [J]. Physical Review B, 2006, 73(23): 235116 – 235121.

[15] Perdew J P, Chevary J A, Vosko S H, Jackson K A, Pederson M R, Singh D J, Fiolhais C. Atoms, molecules, solids, and surfaces: Applications of the generalized gradient approximation for exchange and correlation [J]. Physical Review B, 1992, 46(11): 6671 – 6687.

[16] Vanderbilt D. Soft self-consistent pseudopotentials in a generalized eigenvalue formalism [J]. Physical Review B, 1990, 41(11): 7892 – 7895.

第 2 章　固体能带结构及性质

　　和化学相比，固体物理的发展是非常晚和缓慢的。15—16 世纪在欧洲兴起的文艺复兴带动了自然科学快速发展，化学从理论和实验上获得了空前发展，系统建立了以元素周期表为核心的近代化学体系。而固体物理的发展则可以说是几乎停滞不前，直到 20 世纪初劳厄与布拉格父子对晶体 X 衍射开创性的工作证实了布拉菲提出的晶体空间点阵学说后，才建立起正确的晶体微观几何模型。因此人们通常把始于 1912 年的晶体 X 衍射研究看成是近代固体物理学的一个开端，这比 1869 年门捷列夫发现元素周期表晚了近半个世纪。量子理论的建立为固体物理的研究提供了有效工具，人们得以从微观角度窥探固体中电子的运动规律。

　　硫化矿浮选本质上是一个电化学过程。首先硫化矿物具有半导体性质，其次硫化矿浮选中使用的药剂大多具有电化学性质，另外在硫化矿浮选过程中普遍存在电子转移现象，如电子在药剂与矿物之间转移，电子在硫化矿物之间转移等。硫化矿浮选过程中的电子转移机制是浮选电化学的理论基础，矿物晶体中的电子具有明显的局域性和统计性，传统的化学理论不适合固体物理体系。现代固体物理研究表明，晶体中的电子具有能带结构，晶体的物理化学性质取决于电子的能带结构。本章系统介绍固体的能带结构及其在浮选中的应用。

2.1　固体能带的起源

　　对于相距很远的几个相同原子，它们之间的相互作用可以忽略，每个原子都可以看作孤立的；如果将这几个原子看作一个系统，那么每一个电子能级都是简并的。简并度是指具有同一能级的量子态数。两个原子的系统称为双重简并。

　　将 n 个原子逐渐靠近，原子之间的相互作用逐渐增强，各原子上的电子受其他原子(核)的影响；最外层电子的波函数将会发生重叠，简并会解除，原孤立原子能级分裂为 n 个靠得很近的能级。原子靠得越近，波函数交叠越大，分裂越显著。

　　由 n 个相同原子聚集成固体时，相应于孤立原子的每个能级分裂成 n 个能级，分离出的能级是十分密集的，它们形成一个能量准连续的能带，称为允许能带。由不同的原子能级所形成的允许能带之间一般隔着禁止能带。通常我们把价电子占据的能带称为固体的价带，未被价电子占据的能带称为固体的导带，在填

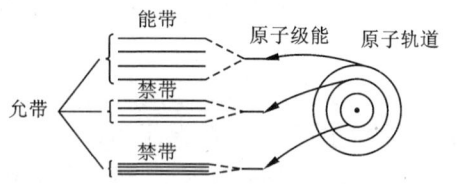

图 2-1　原子能级分裂为能带的示意图

满的价带和空的导带之间是禁带。禁带宽度的大小是区别绝缘体、半导体、金属的重要标志。图 2-1 显示了晶体中能带的形成过程。

半导体中的电子所具有的能量被限制在基态与自由电子之间的几个能带里，在能带内部电子能量处于准连续状态，而能带之间则有带隙相隔开，电子不能处于带隙内。当电子在基态时，相当于此电子被束缚在原子核附近；而相反地，如果电子具备了自由电子所需的能量，那么就可以发生跃迁，进入导带。每个能带都有数个相对应的量子态，而这些量子态中，能量较低的都已经被电子所填满。这些已经被电子填满的量子态中，能量最高的就被称为价带顶。半导体和绝缘体在正常情况下，几乎所有电子都在价带顶以下的量子态里，因此没有自由电子可供导电。

在绝对零度时，固体中的所有电子都在价带中，而导带为完全空置。当温度开始上升，高于绝对零度时，有些电子可能会获得能量而进入导带中。导带是能够让电子在获得外加电场的能量后，移动穿过晶体形成电流的最低能带，导带的位置紧邻价带之上，导带和价带之间的能量差即是能带间隙。在导带中，和电流形成相关的电子通常称为自由电子。根据泡利不相容原理，同一个量子态内不能有两个电子，所以绝对零度时，费米能级以下的能带包括价电带全部被填满。由于在填满的能带内，具有相反方向动量的电子数目相等，所以宏观上不能形成电流。在一定温度下，由热激发产生的导带电子和价带空穴使得导带和价带都未被填满，因而在外电场下可以观测到宏观净电流。

在价带内的电子获得能量后便可跃迁到导电带，而这便会在价带内留下一个空缺，也就是所谓的空穴。导带中的电子和价电带中的空穴都对电流传递有贡献，空穴本身不会移动，但是其他电子可以移动到这个空穴上面，等效于空穴本身往反方向移动。相对于带负电的电子，空穴的电性为正电。由化学键结的观点来看，获得足够能量、进入导带的电子也等于有足够能量可以打破电子与固体原子间的共价键，而变成自由电子，进而对电流传导做出贡献。固体中的电子能量分布遵循费米-狄拉克分布，费米能量是固体中电子基本占据和全空的标志。

需要指出的是，通常原子的内层电子交叠很小，相应地能级分裂变很小，可近似不受干扰，固体与孤立原子的差异主要是由外层电子状态的变化所引起。孤

立的中性原子是不导电的,只有当大量原子形成固体后(固体中每立方厘米内约有 10^{23} 个粒子),才表现出电学性质的差异。因此固体的物理化学性质是大量电子相互作用的宏观体现,固体的性质具有多体特征,研究单个电子性质没有太大意义。固体的能带结构描述了固体中大量电子运动和相互作用的规律,研究固体的能带结构能够对固体的性质进行分析和预测,是固体物理的重要基础理论。固体的能带主要包括能带结构和组成、态密度、禁带宽度、费米能级、导电类型(n型或 p 型)、有效质量等,这些参数决定了固体的电子结构和性质,对硫化矿物电化学浮选行为具有直接或间接的影响。

2.2　能带结构

　　能带理论定性地阐明了晶体中电子运动的普遍特点,简单来说固体的能带结构主要分为导带、价带和禁带三部分,如右图所示。图 2 - 2(a) 表示绝缘体的能带结构,绝缘体的能带结构特点在于导带和价带之间的带宽比较大,价带电子难以激发跃迁到导带,导带成为电子空带,而价带成为

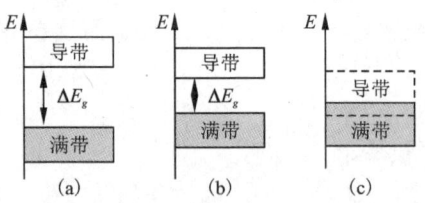

图 2 - 2　固体的能带图

电子满带,电子在导带和价带中都不能迁移。因此绝缘体不能导电,一般而言当禁带宽度大于 9 eV 时,固体基本不能导电。而对于图 2 - 2(b) 所示的半导体能带结构,其禁带宽度较小,通常在 0 ~ 3 eV 之间,此时价带电子很容易跃迁到导带上,同时在价带上形成相应的正电性空穴,导带上的电子和价带中的空穴都可以自由运动,形成半导体的导电载流子。对于图 2 - 2(c) 所示的金属能带结构,导带和价带之间发生重叠,禁带消失,电子可以无障碍地达到导带,形成导电能力。固体的能带结构决定了固体中电子的排布、运动规律及导电能力,因此研究固体的能带结构能够获得固体中电子的一些重要信息和结论。

　　根据半导体中电子从价带跃迁到导带的路径不同,可以将半导体分为直接带隙半导体和间接带隙半导体。图 2 - 3(a) 显示的跃迁中,电子的波矢可以看作是不变的,对应电子跃迁发生在导带底和价带顶在 k 空间相同点的情况,导带底和价带顶处于 k 空间相同点的半导体通常被称为直接带隙半导体。从图 2 - 3(b) 显示的电子跃迁路径中可以看出,电子在跃迁时 k 值发生了变化,这意味着电子跃迁前后在 k 空间的位置不一样了,导带底和价带顶处于不同 k 空间点的半导体通常被称为间接带隙半导体。对于间接带隙半导体会导致极大的几率将能量释放给

晶格，转化为声子，变成热能释放掉，而直接带隙中的电子跃迁前后只有能量变化，而无位置变化，于是便有更大的几率将能量以光子的形式释放出来。因此在制备光学器件中，通常选用直接带隙半导体，而不是间接带隙半导体。

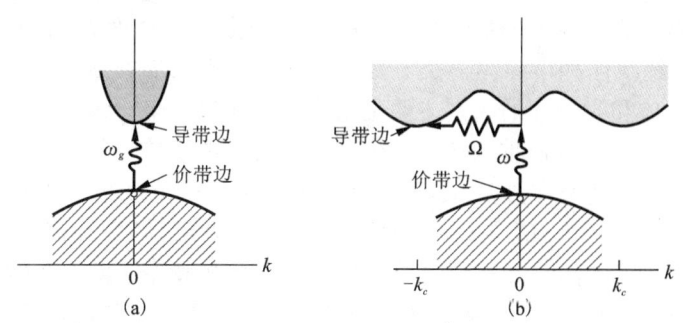

图 2 - 3　直接带隙半导体(a)和间接带隙半导体(b)

下面以闪锌矿为例来看一看硫化矿物的能带结构。图 2 - 4 是闪锌矿的能带结构。费米能级以下是价带，费米能级以上是导带，导带与价带之间是禁带。由图可见闪锌矿导带最低点和价带最高点都位于 Gamma 点，表明闪锌矿是直接带隙半导体。闪锌矿的价带主要由三部分组成，其中位于－11.70 eV 附近的价带部分主要是由硫原子 3s 和部分锌原子 4s 轨道组成；位于 － 5.90 eV 附近的价带部分由锌原子 3d 轨道和部分硫原子 3p 轨道构成；价带的其余部分由硫原子 3p 和锌原子 4s 轨道构成。闪锌矿的导带主要是由硫原子 3p 和锌原子 4s 轨道构成。电子转移方向是从高能级流向低能级，

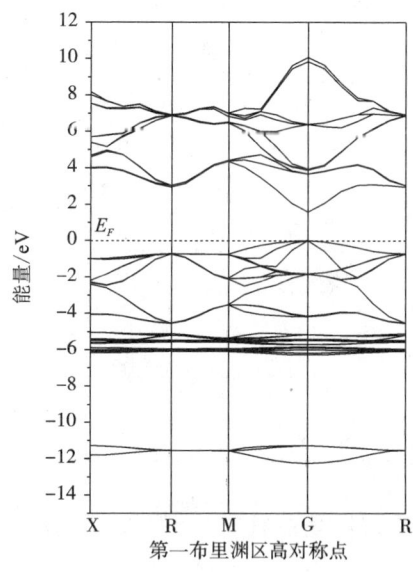

图 2 - 4　闪锌矿的能带结构

因此高能级轨道具有还原性，低能级轨道具有氧化性。在能带图上，能级越低，越稳定。

2.3 禁带宽度

半导体和绝缘体之间的差异在于两者之间能带间隙宽度不同，即电子从价带跃迁到导带时所必须获得的最低能量不一样。根据禁带宽度 E_g 的大小可以将矿物分为导体、绝缘体和半导体三类。对于导体，其禁带宽度为 0，导带和价带相互重叠。绝缘体和半导体的区别主要是禁带宽度不同，半导体的禁带很窄，一般低于 3 eV，电子容易从价带跃迁到导带，形成电子导电和空穴导电。绝缘体的禁带较宽，电子的跃迁困难得多，因此绝缘体的载流子的浓度很小，导电性能很弱。

常见硫化矿物的 E_g 值或导电性见表 2 - 1。从表可以中看出几乎所有硫化矿物都是半导体，有的甚至具有金属导电性。在自然矿物中，由于杂质金属离子或矿物晶格缺陷、表面缺陷的存在，使其导电性大大增加，如纯的闪锌矿，其 E_g 值为 3.6 eV，为绝缘体，但闪锌矿晶格中的锌被铁置换，形成铁闪锌矿，在铁含量为 12.4% 时，E_g 值为 0.49 eV，是导电性良好的半导体。

表 2 - 1　常见硫化矿物的 E_g(eV) 或导电性[1]

硫化矿物	E_g(eV) 或导电性	硫化矿物	E_g(eV) 或导电性
PbS	0.41	Sb_2S_3	1.72
ZnS	3.60	MoS_2	1.29
Zn(Fe)S(12.4% Fe)	0.49	FeAsS	0.78
$CuFeS_2$	0.50	CoS	0，金属导电性
FeS_2	0.90	$Fe_{1-x}S$	0，金属导电性
NiS_2	0.27	Cu_2S	0.39
CdS	2.45	CuS_2	0，金属导电性
HgS	2.00	CuS	0，金属导电性

半导体和金属的一个显著区别在于金属只有电子一种导电载流子，而半导体则可以有自由电子和空穴两种导电的载流子。这里所说的自由电子是指半导体中大部分电子是被束缚的，没有导电性，少数电子通过激发由价带跃迁到导带，形成导电的自由电子。对于金属而言，温度升高，电子间相互碰撞几率增大，导电能力下降。而对于半导体，温度升高，电子从价带跃迁到导带的几率增大，空穴数和自由电子数增加，半导体导电性增加。半导体中载流子浓度乘积如式(2 - 1)所示：

$$n_0 p_0 = N_c N_v \exp\left(\frac{-E_g}{k_0 T}\right) \tag{2-1}$$

$n_0 p_0$ 为半导体空穴和自由电子浓度的乘积，k_0 为玻尔兹曼常数，N_c 和 N_v 分别为导带的有效状态密度和价带的有效状态密度，其值由(2-2)和(2-3)式决定。

$$N_c = 2 \frac{(2\pi m_n^* k_0 T)^{3/2}}{h^3} \qquad (2-2)$$

$$N_v = 2 \frac{(2\pi m_p^* k_0 T)^{3/2}}{h^3} \qquad (2-3)$$

其中：h 为普朗克常数；m_n^* 为电子有效质量；m_p^* 为空穴有效质量。

由以上公式可见，在一定温度下，半导体载流子浓度的乘积只取决于禁带宽度。矿物的 E_g 越大，$n_0 p_0$ 就变得越小；反之矿物的 E_g 越小，$n_0 p_0$ 就变得越大。载流子浓度大小反应了半导体中自由电子和空穴的有效数量，直接影响了矿物的导电能力和电化学活性。对硫化矿物而言，禁带宽度小的矿物具有较强的电化学活性，如黄铜矿（$E_g = 0.50$ eV）和方铅矿（$E_g = 0.41$ eV）都属于窄带半导体，具有较强的无捕收剂自诱导浮选活性，而黄铁矿（$E_g = 0.9$ eV）禁带较宽，其自诱导浮选性能很差，只有经过硫化钠诱导后其无捕收剂浮选活性才变好。对于禁带宽度较大的理想闪锌矿，其禁带宽度达到 3.60 eV，载流子浓度非常小，属于绝缘体，在浮选中几乎没有什么电化学活性。研究结果证实理想闪锌矿不能与氧发生作用，从而阻碍了黄药的阳极氧化反应，因此理想闪锌矿不能被黄药浮选。经过铜活化的闪锌矿，禁带宽度减小，导电性增强，容易与氧和黄药发生电化学反应。

Fuerstenau 研究了不同产地五种硫化矿物的天然可浮性，发现不同的产地同一种硫化矿物的天然可浮性存在差异[2]。由表 2-2 可见，不同产地的方铅矿和黄铜矿的浮选回收率几乎没有什么差别，而不同产地黄铁矿和闪锌矿浮选回收率差别比较大。从表 2-2 中所列出的五种硫化矿物的禁带宽度可以看出，不同产地硫化矿物可浮性的差异和禁带宽度成正比，即硫化矿物的禁带宽度越大，不同产地硫化矿物可浮性差异也就越大。

从半导体性质来看，禁带较宽的硫化矿物，载流子浓度的乘积 $n_0 p_0$ 较小，环境变化引起的载流子浓度很小的变化也会导致 $n_0 p_0$ 的显著改变；另外较大的禁带宽度意味着硫化矿物的半导体性质可以在较大范围内发生变化。因此不同产地的宽禁带硫化矿物的电化学浮选行为具有较大的差异，如闪锌矿，它的禁带宽度达到 3.6 eV，无捕收剂浮选回收率从 41% 变化到 100%。而对于禁带较窄的硫化矿物，由于载流子浓度的乘积 $n_0 p_0$ 较大，环境条件变化引起的矿物载流子浓度变化相对本征浓度不明显，对矿物的电化学活性影响较小。因此不同产地的窄禁带硫化矿物电化学浮选行为差异不大，如方铅矿和黄铜矿，它们的禁带宽度分别只有 0.41 eV 和 0.5 eV，表 2-2 中不同产地方铅矿无捕收剂浮选回收率都为 100%，黄铜矿的回收率也只有较小的变化。

表 2 - 2　不同产地硫化矿物天然可浮性[2]

（pH 6.8，在无氧条件下，未添加捕收剂和起泡剂）

矿物	产地	回收率/%	矿物禁带宽度/eV
方铅矿	爱达荷州克达伦	100	0.41
	密苏里州比克斯比	100	
	俄克拉何马州皮切尔	100	
	南达科他州加利纳	100	
黄铜矿	安大略省泰马加密	100	0.50
	安大略省萨德伯里	100	
	犹他州比佛湖区	97	
	德兰士瓦省迈赛纳	93	
黄铁矿	西班牙安巴阿瓜斯	92	0.90
	南达科他州	85	
	墨西哥萨卡特卡斯	83	
	墨西哥奈卡	82	
闪锌矿	南达科他州基斯顿	56	3.60
	密苏里州乔普林	47	
	科罗拉多州克雷德	46	
	俄克拉何马州皮切尔	41	
	俄克拉何马州皮切尔	100	

2.4　半导体导电类型

　　在半导体能带结构中，被价电子占满的带称为满带或价带，未被价电子占据的带称为空带或导带，满带和空带之间称为禁带。在热力学温度 $T=0K$ 时，半导体价带完全被电子占满，导带完全是空的，此时半导体的电导率等于零，半导体不导电。当温

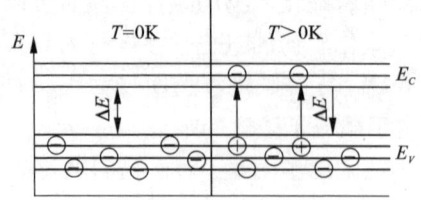

图 2 - 5　半导体的本征激发过程
（$T=0K$ 和 $T>0K$）

度升高后，满带上的部分电子依靠热激发，从满带跃迁到导带，同时在价带上留下相等数量的空位，结果在半导体的导带产生电子流，在价带产生空穴流。电子在导带中运动，而空穴在价带中反向运动，电子脱离价带所需最小能量就是禁带宽度 E_g。电子从价带激发到导带的过程，称为本征激发，如图 2 - 5 所示。

只有超纯的和很完整的（理想的）晶体才具有本征电导性。在本征半导体中，由于电子和空穴是成对产生的，因此本征半导体导带中的电子浓度 n_0 和价带中的空穴浓度 p_0 应该相等，即：

$$n_0 = p_0 \qquad\qquad (2-4)$$

实际上，几乎所有的晶体都具有晶格缺陷和杂质，从而导致空穴和自由电子浓度不同，形成不同的半导体导电类型。当注入本征半导体后能使其电子密度增大，空穴密度减小的杂质叫施主（donor），相反如果注入杂质使空穴密度增大，电子密度减小的杂质叫受主（acceptor）。在晶体中数量居多的载流子叫多数载流子，符号相反的载流子叫少子。多数载流子是电子的半导体叫电子半导体或 n 型半导体，多数载流子是空穴的半导体叫空穴半导体或 p 型半导体。

选矿学者很早就注意到半导体类型对硫化矿物浮选的影响。早在 20 世纪 60 年代，Plaksin 等人就认为 n 型方铅矿表面的氧化是黄药发生化学吸附的前提[3]。Eadington 等人研究表明 p 型方铅矿比 n 型方铅矿氧化更快[4]。Richardson 等人发现黄药能够在新鲜的 p 型方铅矿表面迅速发生化学吸附反应，而对于 n 型方铅矿，其新鲜表面必须经过氧化，提高空穴浓度，使方铅矿表面费米能量达到黄药能够发生化学吸附的位置[5]。图 2 - 6 是掺银方铅矿的能带图，由图可见掺银方铅矿为 p 型半导体，掺锑方铅矿则为 n 型半导体，并且二者都出现了简并态，即费米能级进入了价带或导带。在实践中已经证实，在用黄药浮选时，含银方铅矿具有很好的可浮性，而含锑方铅矿的可浮性则下降[6]。

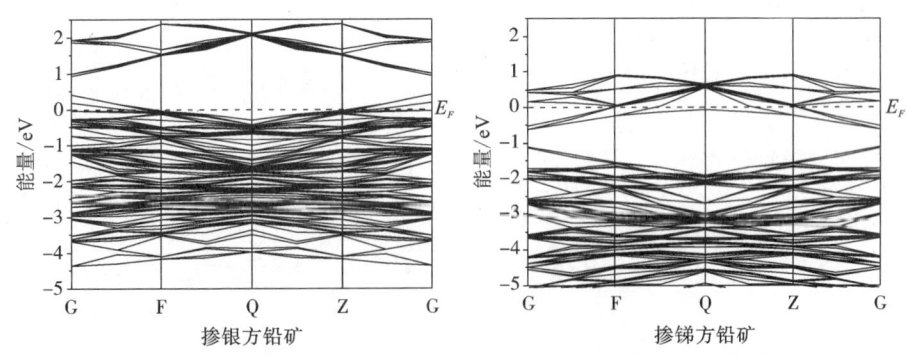

图 2 - 6 掺银和锑方铅矿的能带结构

自然黄铁矿经常呈 n 型和 p 型性质，甚至呈现 n 型和 p 型交替性质，而之所以呈现不同的性质与晶格缺陷的存在有关。Favorov 等认为硫不足的黄铁矿似乎倾向于 n 型半导体[7]，铁不足黄铁矿则倾向于 p 型半导体。Pridmore 等人认为砷属于受主杂质，并且高砷含量将引起 p 型性质[8]。Savage 等人对自然和合成的黄铁矿样品的分析表明钴和镍杂质的存在容易形成 n 型黄铁矿半导体[9]。n 型和 p 型黄铁矿半导体的导电性大小有明显的区别，n 型半导体的导电性更高，载流子迁移性更大，如钴掺杂的黄铁矿的导电性比未掺杂的高出 5 倍，镍也高出一倍。陈述文等人对我国八个产地的黄铁矿纯矿物进行了测试[10]，发现除了湖南上堡和湖南东坡的黄铁矿是 n 型半导体外，江西东乡、湖南水口山、安徽铜官山、广东英德、湖南七宝山和江西德兴铜矿的黄铁矿都是 p 型半导体，并且黄铁矿的浮选回收率和半导体类型没有直接的关系。

半导体的 n 型和 p 型仅代表了半导体中电子和空穴谁更占优势，将硫化矿物的可浮性归因于半导体类型过于简单。实际上即使是同一类型的半导体其载流子浓度仍有显著区别。拉克辛等人研究了不同矿床的三种方铅矿和四种黄铁矿[11]，发现黄药在矿物表面的吸附量和浮选回收率与矿物的电子密度与空穴密度比值有关，比值越大，黄药的吸附量越小，矿物可浮性越差。

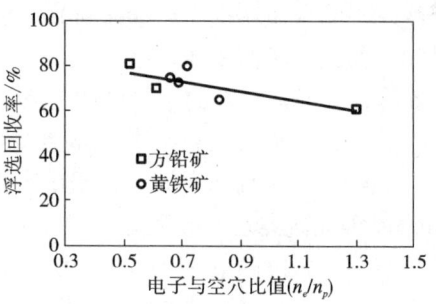

图 2-7 矿物电子与空穴的比值
与浮选回收率的关系

由图 2-7 可见方铅矿和黄铁矿的电子密度与空穴密度比值与浮选回收率存在明显的相关性，即电子与空穴比值越大，方铅矿和黄铁矿的浮选回收率越低。

2.5 Fermi 能级

根据量子统计理论，对于能量为 E 的一个量子态被一个电子占据的概率 $f(E)$ 为：

$$f(E) = \frac{1}{1 + \exp\left(\dfrac{E - E_F}{k_0 T}\right)} \tag{2-5}$$

式中：$f(E)$ 称为电子的费米分布函数，E_F 称为费米能级或费米能量，k_0 为玻尔兹曼常数。费米能级与半导体导电类型、杂质含量、温度和能量零点选取等有关。只要知道 E_F 的值，就可以完全确定一定温度下电子在各量子态上的统计分布。

当热力学温度为 0K 时，能量小于费米能级的量子态被电子占据的概率为 100%，即处于全充满状态；而能量大于费米能级的量子态被电子占据的概率为 0，即处于全空状态；当温度高于热力学温度 0K 时，如果量子态的能量比费米能级低，则该量子态被电子占据的概率大于 50%；若量子态的能量比费米能级高，则该量子态被电子占据的概率小于 50%。

在电化学里面，费米能级还有另外一种表达方式，即电子的平均电化学势：

$$E_F = \mu = \left(\frac{\partial G}{\partial N} \right)_{T, p} \tag{2-6}$$

式中：μ 表示化学势，G 为体系吉布斯自由能，N 为体系电子总数，T 为绝对温度，p 为体系压力。根据化学位原理，费米能级表征了一定条件下电子从某一相逸出的能力，即电子在不同相之间的转移能力。化学势原理要求电子只能从费米能级高的地方向费米能级低的地方转移。

标准电极电位表示了体系的氧化还原能力，在电化学研究中获得广泛应用。有人研究了几种金属的费米能级与标准电极电位的关系[12]，见表2-3。由表可见，从 Ni 到 La，其标准电位和费米能级之间存在较好的一致性，即标准电极电位越负，其费米能级越高。从电化学原理来看，标准电极电位较负代表了较强的还原性，即给电子能力较强，而相对应的较高费米能级说明在该能级上电子相对不稳定，倾向于向较低能级转移。由此可见费米能级能够从微观层次反映体系宏观的氧化还原能力。

表2-3 金属标准电极电位及其费米能级[12]

电极反应	标准电极电位/V	费米能级/eV
$Ni = Ni^{2+} + 2e$	-0.250	-15.7624
$Co = Co^{2+} + 2e$	-0.227	-15.5438
$Fe = Fe^{2+} + 2e$	-0.441	-15.1792
$Cr = Cr^{3+} + 3e$	-0.710	-13.7122
$Ti = Ti^{2+} + 2e$	-1.750	-11.6009
$Sc = Sc^{3+} + 3e$	-2.080	-10.1707
$Mg = Mg^{2+} + 2e$	-2.340	-7.7045
$La = La^{3+} + 3e$	-2.370	-7.3709

研究已经证实，不同的硫化矿物具有不同的静电位（平衡时，矿浆溶液中的矿物电极电位），对于具有电化学性质的黄药、黑药和乙硫氮捕收剂分子，当它们

和矿物表面接触时会发生电化学反应。根据混合电位模型和检测结果，当硫化矿物静电位高于捕收剂分子的氧化还原电位时，捕收剂分子在矿物表面形成二聚物；当硫化矿物静电位低于捕收剂分子的氧化还原电位时，捕收剂分子在矿物表面形成金属盐。表 2 - 4 列出了常见硫化矿物在乙黄药中（6.25×10^{-4} mol/L）的静电位、黄药在矿物表面的产物以及硫化矿物在真空中的费米能级。

表 2 - 4　常见硫化矿物静电位、费米能级和黄药产物的关系

硫化矿物名称	静电位/V	费米能级/eV	表面产物
方铅矿	0.06	-4.243	MX_2
斑铜矿	0.06	-4.615	MX_2
辉铜矿		-4.601	MX_2
黄铜矿	0.14	-5.433	X_2
辉钼矿	0.16	-5.248	X_2
磁黄铁矿	0.21		X_2
黄铁矿	0.22	-5.916	X_2
毒砂	0.22	-5.996	X_2

由表 2 - 4 可见，硫化矿物的静电位和费米能级之间存在一致性关系，即静电位越高，费米能级越低（越负）。费米能级低（静电位高）硫化矿物电子稳定性高，不容易失去电子，在反应中倾向于得电子，具有氧化性；而静电位低的硫化矿物，费米能级相对较高，电子不稳定，容易失去电子，具有还原性。

在浓度为 6.25×10^{-4} mol/L 时，乙黄药的平衡电位为 0.13 V。从表 2 - 4 可见，静电位大于 0.13 V 的硫化矿物，黄药在其表面都是生成双黄药，而静电位小于 0.13 V 的硫化矿物，黄药在其表面都是形成金属黄原酸盐。通过计算可知黄药的费米能级为 -5.2 eV，比较表 2 - 4 中硫化矿物的费米能级，可以获得和静电位模型相同的结论：即当硫化矿物费米能级小于黄药的费米能级时，黄药在硫化矿物表面形成双黄药；当硫化矿物的费米能级大于黄药的费米能级时，黄药在硫化矿物表面形成金属黄原酸盐。

从以上讨论可以看出，费米能级反应了体系得失电子的能力和方向，能够反映宏观体系中静电位的微观本质。不过需要指出的是，静电位是在固液界面体系下的电化学参数，体系零点以标准氢电极电位为参考点，而费米能级则是真空中的固体物理参数，体系零点是以无穷远处电子能量为参考点。虽然二者都反应了体系得失电子的能力，但二者在概念和内涵上是有区别的，浮选是在固液界面下进行的，因此在使用费米能级时应该考虑不同体系的的差异。

在固体物理中，有两种常用的能量零点：在气体/固体界面上通常选取无穷远处电子的能量为零点；在电化学中，则选取标准条件下氢参比电极的费米能量为零点能量。这两种能量零点的关系已有许多研究，一般认为氢电极的费米能级在无穷远处电子能量以下的 4.4 ~ 4.8 eV 范围内，因此氢电极的费米能级为 -4.6 eV 左右。根据固液界面能带模型可知半导体矿物的的费米能级和参比氢电极的能量差为：

$$E_F - E_{ref} = -eV_m \qquad (2-7)$$

式中：V_m 为半导体相对于参考电极的电压差，E_{ref} 为参考电极，如果参考电极为氢电极，那么 eV_m 就是矿物费米能级和氢电极费米能级的能量差。利用这一关系，通过测量矿物电极和氢电极的电位差，可以获得硫化矿物在不同溶液体系中的费米能级，见表 2-5。

表 2-5　不同体系下硫化矿物的静电位和费米能量（氢电极费米能量取 -4.6 eV）

矿物	溶液	静电位/mV, SHE			费米能级/eV		
		氮气	空气	氧气	氮气	空气	氧气
黄铁矿	蒸馏水	405	445	485	-5.005	-5.045	-5.085
	0.001 mol/L 硫酸钠	389	391	393	4.989	-4.991	-4.993
毒砂	蒸馏水	277	303	323	-4.877	-4.903	-4.923
硫化钴	蒸馏水	200	275	303	-4.8	-4.875	-4.903
黄铜矿	蒸馏水	190	355	371	-4.79	-4.955	-4.971
	0.05 mol/L 硫酸钠	115	—	265	-4.715	—	-4.865
磁黄铁矿	蒸馏水	125	262	295	-4.725	-4.862	-4.895
	蒸馏水	155	290	335	-4.755	-4.89	-4.935
	0.001 mol/L 硫酸钠	262	277	308	-4.862	-4.877	-4.908
	0.05 mol/L 硫酸钠	58	—	190	-4.658	—	-4.79
方铅矿	蒸馏水	142	172	218	-4.742	-4.772	-4.818

从表 2-5 可见，黄铁矿的费米能级最低，方铅矿费米能级最高。因此黄铁矿最容易得电子，氧化性最强，方铅矿最容易失电子，还原性最强。在不同的气氛中，硫化矿物的费米能级不同，在氮气中硫化矿物的费米能级最高，其次是空气，在氧气中的费米能级最低。在蒸馏水介质中硫化矿物的费米能级低于硫酸钠介

质，并且硫酸钠介质浓度越高，费米能级越高，电子越不稳定。黄药离子的费米能级在真空中为 -5.2 eV 左右（黄药分子则为 -3.9 eV 左右），在溶液中，黄药的费米能级通常在 $-4.7 \sim -4.8$ eV，具体数值取决于黄药浓度和体系的性质。从表 2-5 可见，在溶液体系中，黄铁矿、毒砂、硫化钴、黄铜矿和磁黄铁矿的费米能级低于黄药费米能级。根据费米能级的化学势原理，黄药的电子将向这几种矿物传递，从而在这些矿物表面形成黄药氧化产物（双黄药），而方铅矿的费米能级则和黄药费米能级相当或略高于黄药费米能级，因此黄药不能向方铅矿传递电子形成氧化产物，只能形成金属黄原酸盐。另外从硫化矿物在不同气氛条件下的费米能级变化来看，黄铁矿变化比较小，而黄铜矿和磁黄铁矿变化比较大，这意味着氧化气氛对黄铜矿和磁黄铁矿可浮性影响较大。

2.6 有效质量

半导体中的电子在外力作用下，描述电子运动规律的方程中出现的是电子有效质量 m_n^*，而不是电子的惯性质量 m_0。对于半导体来说，起作用的常常是接近导带底部的电子和价带顶部的空穴，其中 m_n^* 可以由式（2-8）求出：

$$\frac{1}{h^2} \frac{\mathrm{d}^2 E}{\mathrm{d}k^2} K = \frac{1}{m_n^*} \tag{2-8}$$

在能带底部附近，$\mathrm{d}^2 E / \mathrm{d}k^2 > 0$，电子有效质量是正值；在能带顶部附近 $\mathrm{d}^2 E / \mathrm{d}k^2 < 0$，电子有效质量是负值。有效质量是一个量子概念，所以有效质量不同于惯性质量，它反映了晶体周期性势场的作用（并大于或小于惯性质量）。有效质量的大小与电子所处的状态 K 有关，也与能带结构有关。半导体中除了导带上电子导电外，价带中还有空穴具有导电作用，且一般都出现在价带顶部附近，而价带顶部附近电子有效质量是负值，因此引入 m_p^* 表示空穴有效质量。

有效质量可视为联系量子力学与经典力学的一个参数。这个参数对于半导体材料而言十分重要，它与电子或空穴的迁移率有高度关联。电子或空穴的迁移率是半导体载流子传输的基本参数。在浮选中，我们更关注有效质量对电子或空穴活性的影响，因为电子和空穴的活性决定了硫化矿物电化学活性的强弱，从而影响矿物的电化学浮选行为。一般而言，有效质量越大，其局域性越强，电子（空穴）活性也就越小，有效质量越小，其离域性越强，电子（空穴）活性也就越大。

从表 2-6 可见理想方铅矿的导带底电子的有效质量和价带顶空穴的有效质量分别为 $0.24 m_0$ 和 $-0.23 m_0$，硫空位方铅矿和铅空位改变了电子和空穴的有效质量。铅空位方铅矿比硫空位方铅矿具有较小的电子和空穴有效质量，更容易发生电化学反应，在浮选中具有较好的无捕收剂浮选行为。

表 2 - 6　含有空位缺陷的方铅矿的有效质量

	导带底部附近电子 有效质量 m_n^*/m_0	价带顶部附近空穴 有效质量 m_p^*/m_0
理想方铅矿	0.24	-0.23
铅空位方铅矿	0.25	-0.24
硫空位方铅矿	0.26	-0.25

2.7　态密度

由于半导体中的能带是由很多能级相近的带组成的,它们之间的能级间隔非常小,可以近似认为半导体中能级是连续的。能带中能量为 E 附近每单位能量间隔内的量子态数称为状态密度 $g(E)$,简称态密度,即:

$$g(E) = \frac{dZ}{dE} \tag{2-9}$$

dZ 为能带 $E + dE$ 之间无限小的能量间隔内有的量子态。只要求出 $g(E)$ 就可以知道允许的量子态按能量分布的情况。

半导体中电子的允许能量状态(能级)用波矢 $\boldsymbol{k}$ 来表示,波矢 $\boldsymbol{k}$ 的取值限制条件为:

$$k_x = \frac{n_x}{L}(n_x = 0, \pm 1, \pm 2, \cdots)$$

$$k_y = \frac{n_y}{L}(n_y = 0, \pm 1, \pm 2, \cdots)$$

$$k_z = \frac{n_z}{L}(n_z = 0, \pm 1, \pm 2, \cdots)$$

式中: n_x, n_y, n_z 是整数, L 是半导体晶体的线度, $L^3 = V$,为晶体体积。

以波矢 $\boldsymbol{k}$ 的三个互相正交的分量 k_x, k_y, k_z 为坐标轴的直角坐标系所描写的空间称为 k 空间。电子有多少个允许的能量状态,在 k 空间就有多少个代表点。k 空间中每一个代表点实际上代表自旋方向相反的两个量子态。对于 $k = 0$,等能面为球面时,导带底附近的态密度 $g_c(E)$ 为:

$$g_c(E) = 4\pi V \frac{(2m_n^*)^{\frac{3}{2}}}{h^3}(E - E_c)^{\frac{1}{2}} \tag{2-10}$$

价带顶附近的态密度 $g_v(E)$ 为:

$$g_v(E) = 4\pi V \frac{(2m_p^*)^{\frac{3}{2}}}{h^3}(E_v - E)^{\frac{1}{2}} \tag{2-11}$$

式中：m_n^* 为导带底电子有效质量，m_p^* 为价带顶空穴有效质量，$2V$ 为 k 空间中允许的量子态密度，E_c 为导带底能量，E_v 为价带顶能量。

态密度(Density of States, DOS)是固体物理中描述电子运动状态最重要的一个参数，在固体物理、表面科学和界面吸附中获得广泛的应用。态密度有三种表现形式，一种是总态密度，即体系中所有原子轨道总贡献；第二种是分态密度(Partial Density of States, PDOS)，可以获得各轨道的贡献；第三种将 DOS 投影到原子上获得局域态密度(Local Density of State, LDOS)，LDOS 投影到原子半径轨道上就可以获得该原子轨道的成分的贡献，如投影到 p 轨道就可以获得 p_x、p_y、p_z 等，投影到 d 轨道就可以获得 d_{xy}、d_{yz}、d_{xz} 等的贡献。在实际应用中分态密度应用最广泛，因为它可以分析各原子轨道参与的情况。图 2-8 是黄铁矿的总态密度和分态密度。由图 2-8(a)可见，总态密度是所有原子轨道叠加的结果，不能区分单个原子及其轨道的贡献，而分态密度则给出了每个原子轨道的电子分布。从图 2-8(b)中能够观察到硫原子 3s、3p 和铁原子 3d、4s 轨道的态密度。相比较总态密度而言，分态密度给出了不同原子轨道的贡献，便于分析原子轨道的作用细节，因此在具体应用中多以分态密度为主。

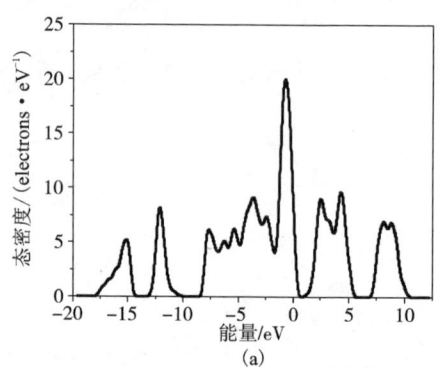
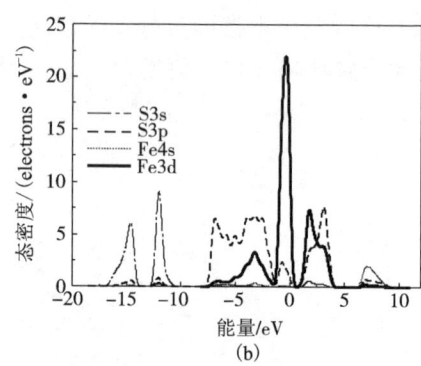

图 2-8　黄铁矿总态密度(a)和分态密度(b)

下面具体讨论态密度的意义和作用：

1)态密度物理意义

从前面的公式可知，态密度的物理意义是在能量间隔 $E+dE$ 范围内的能级数，如果 $E+dE$ 这个能量范围内轨道(能级数)越多越密集，量子态的密度就越大。态密度是能带图的直观表现，两者有一定的对应关系，能带按照纵坐标轴投影过去就得到态密度，如图 2-9 所示。按照投影关系，在态密度为零的地方能带图上一定没有能带经过。但是目前大多数量子计算方法和软件，在态密度计算时，通常都会低估费米能级，导致在能带图的费米能级处没有能带穿过，但在态密度图上费米能级处却有态密度出现。图 2-9 所示，在费米能级处(能量为 0 的地方)，闪锌矿态密度处出现了 S 3p 子态密度，而在能带结构图上，费米能级处是没有任何能带穿过的。另外仔细观察可以发现，态密度图上的曲线和能带图上的能级稍微有一点出入，即态密度图上的能级比能带图上的能级稍有偏移，这就是所谓的态密度计算时费米能级低估的结果。

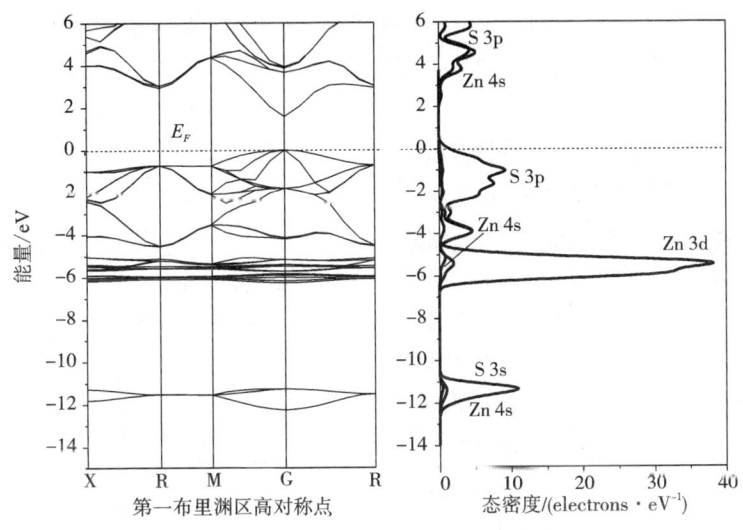

图 2-9　闪锌矿能带结构和态密度图

2)从态密度上看轨道和电子的离域性和局域性

在态密度图中，不同轨道的峰形状和高度都不同，这主要取决于水平的能带经过 $E+\mathrm{d}E$ 这个区间时，这个区间的能级数是不是最大。如果这个能带的所有能级都处于这个能量范围内，电子态的数目最大，在态密度图中表现为一个很尖锐的峰，如图 2-9 中的锌 3d 轨道。如果能带的带宽较大，在态密度图中它很平缓，并且跨过的能量区间越大，如图 2-9 中的硫 3p 轨道。一般来说，能带越平，态密度峰越尖锐，局域性越强；能带越宽，态密度越平缓，其离域性越强。从各轨道的态密度来看，s、p 轨道在整个能量区间之内分布较为平均、没有局域尖峰，表明这类电子的非局域化性质很强。相反，对于一般的过渡金属而言，d 轨道的态密度一般是一个很大的尖峰，说明电子相对比较局域，相应的能带也比较窄。

需要指出的是，能带平缓或者态密度峰尖锐不能直接说明这个轨道是否成键或者成键比较弱，但可以确定态密度峰跨度越大，离域性越强，说明其作用越强。成键强弱可以利用键长和 Mulliken 键布居大小来判断，键长越短，说明电子云重叠越强，键的共价性越强。Mulliken 键布居直接给出了键的共价性和离子性的强弱,其值在 $0 \sim 1$ 之间,布居值越大,键的共价性越强。

3) 从态密度上分析成键及杂化作用

对于吸附体系和晶体结构,经常要确定原子之间的成键强弱。能带是由于晶体中各原子轨道之间相互作用形成的带,原子之间作用强的地方能带较宽,即原子之间成键较强,反之原子之间作用弱的地方能带也相应较窄,成键也越弱,因此从理论上分析能带结构就可以获得原子之间的成键强弱。可问题在于能带反映了多个原子之间的相互作用,如果想分析单个原子及其轨道的作用,就不能用能带结构,只能用能带结构的投影——态密度来分析。能否从态密度来分析原子之间的成键强弱呢?要回答这一问题,首先要了解原子之间是如何成键的。

对于两个原子 A 和 B,它们相互作用的分子轨道可以用波函数来描述:

$$\psi = c_1 \phi_A + c_2 \phi_B \qquad (2-12)$$

其中 ϕ_A 和 ϕ_B 表示两个原子轨道,c_1 和 c_2 为轨道系数,绝对值越大,表示该轨道对成键的贡献越大。从两个原子成键的波函数可以看出,两个原子成键后组成的分子轨道包括两个原子轨道的贡献。在两个原子成键过程中会有两种类型的键轨,即成键轨道和反键轨道,成键轨道总是与反键轨道成对出现。成键轨道是由两个原子符号相同的部分相加重叠而成,其能量低于原子轨道。成键轨道中,核间的电子的几率密度大,电子在成键轨道中可以使两个原子核结合在一起。两个波函数相减得到的分子轨道,其能量高于原子轨道,叫做反键轨道。在反键轨道中,电子云密度最大的地方在两个原子核之间的区域以外,两个失去电子云的屏蔽的原子核互相排斥,不能生成稳定的分子。

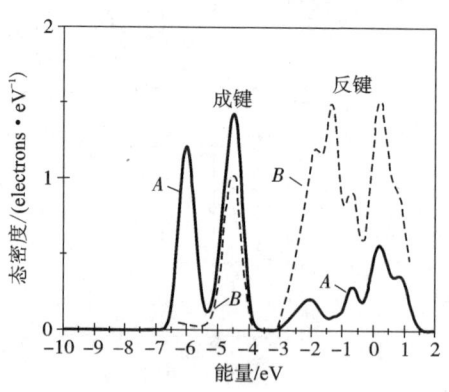

图 2 - 10　两个原子成键后的态密度

成键轨道以电负性大的原子的原子轨道为主,而反键分子轨道以电负性小的原子的原子轨道为主。图 2 - 10 显示了两个原子成键后的态密度,能量较低的部分态密度相当于低能的能带产生,高能部分的态密度是高能能带产生。低能部分的态密度对应成键分子轨道(成键后能量降低),它由两个部分组成,在低能部分,电负性大的原子轨道 A 在外部,电负性小的原子轨道 B 在内部。而高能部分的态密度则对应反键轨道(反键能量上升),电负性小的原子轨道 B 在外部,电负性大的原子轨道 A 在内部。两个原子之间的成键作用和反键作用可以简单理解为:成键作用时,电子向电负大的原子转移,符合电子自发转移方向,有利于键的稳定;反键作用时,电子向电负小的原子转移,不符合电子自发转移方向,不利于键的稳定。需要指出的是成键作用和反键作用一般是成对出现,代表了两个

原子相互作用的有利和不利两个方面。根据 PDOS 判断成键的强弱，态密度发生
"共振"是成键的一个明显标志，如果成键作用加强，那么成键分子轨道要下移，
反键分子轨道要上移，导致态密度要发生移动，一个向下移动，一个向上移动，
对应在能带图则显示能带变宽。

　　图 2 - 11 是黄铁矿的成键和反键电子态密度。由图可见，硫的 3s 轨道在 I
区形成的态密度峰对应的是两个硫原子之间形成的成键 σ 轨道，轨道宽度为 2.5
eV；硫的 3s 轨道在 II 区形成的态密度峰为两个硫原子之间形成的反键 σ^* 轨道，
轨道宽度为 1.5 eV。由图可见，硫 3s 的成键—反键劈裂程度大，这是由 S—S 之
间的短距离键长(2.193 Å)导致的，而这两组能带的宽度是由硫原子对在黄铁矿
fcc 晶格内的散布引起的。黄铁矿中铁原子分布在立方晶胞的六个面心及八个顶
角上，每个铁原子与六个相邻的硫原子配位，形成八面体构造。处于八面体中心
的铁原子因晶体场作用，铁 3d 轨道分裂成 t_{2g} 和 e_g 两部分，因此铁 3d 轨道间断地
分布在价带和导带中。铁的 3d t_{2g} 主要出现在上部价带(IV 区)，与硫 3p 态密度重
叠程度小，表明铁 3d t_{2g} 与硫 3p 之间的成键作用弱，由图可见铁 3d t_{2g} 没有实质上
的成键—反键劈裂，其本质原因是轨道的对称性和能量不匹配，因此铁 3d t_{2g} 也称
作非键轨道。铁 3d e_g 与硫 3p 形成成键和反键，成键分布在 III 区，成键峰约在 -
3.5 eV 处，反键分布在 V 区，反键峰约在 2 eV 处，由图可见成键—反键劈裂大。
铁 3d e_g 与硫 3p 态密度重叠多，表明铁 3d e_g 与硫 3p 之间的作用较强。

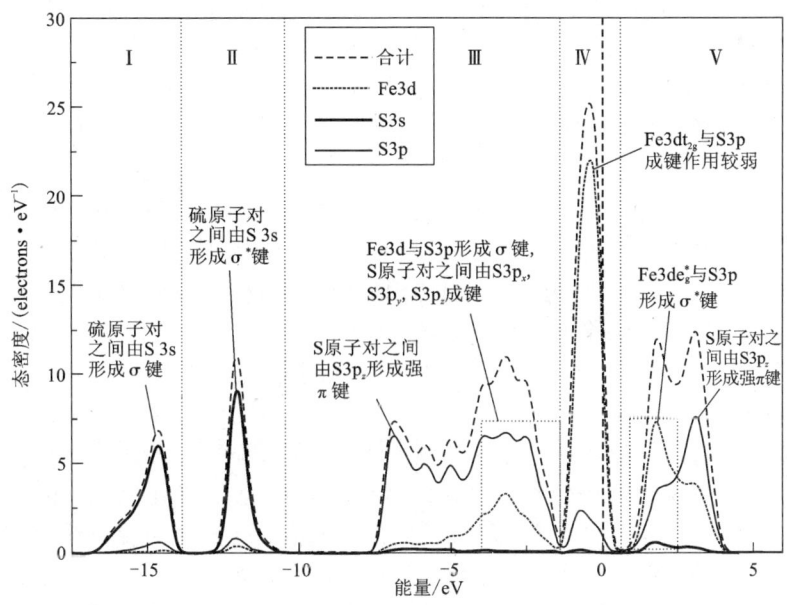

图 2 - 11　黄铁矿晶体原子成键态密度分析

硫的 3p 轨道由 p_x、p_y、p_z 三个轨道组成，分布在 Ⅲ、Ⅳ、Ⅴ 区。硫的 $3p_x$ 和 $3p_y$ 分布在 $-4 \sim -1.5$ eV 范围内，两个硫原子之间的由硫的 $3p_z$ 形成反键，在约 3.5 eV 处有特征峰，硫原子之间对应的成键峰约在 -6.75 eV 处。由此可见，在硫的 3p 的三个轨道中，硫 $3p_z$ 的成键—反键劈裂最大。硫原子对之间由硫的 $3p_z$ 轨道形成较强的 π 键，由硫 $3p_x$ 和 $3p_y$ 形成弱的 σ 和 π 键。黄铁矿中 S—S 的形成过程分为两个过程，首先，由于硫原子对的近距离接触，硫的 3p 轨道被强烈地劈裂为成键—反键电子态，对于硫的 $3p_z$ 轨道，会在 -6.75 eV 和 -3.5 eV 处形成两个态密度峰；一旦对硫键形成，对硫键会在晶格中散布，因此成键和反键轨道的态密度有一定的宽度。

原子成键还涉及轨道杂化的问题，那么从态密度上能否判断原子的杂化作用呢？要回答这一问题，首先要搞清楚轨道杂化的概念。1931 年化学家鲍林在价键理论的基础上提出了杂化轨道理论，合理解释了有机分子中碳原子的轨道分布问题。1953 年我国化学家唐敖庆等统一处理了 $s-p-d-f$ 轨道杂化，提出了杂化轨道的一般方法，进一步丰富了杂化理论的内容。杂化轨道理论从电子具有波动性、波可以叠加的观点出发，认为一个原子和其他原子形成分子时，中心原子所用的原子轨道（即波函数）不是原来纯粹的 s 轨道或 p 轨道，而是若干不同类型、能量相近的原子轨道经叠加混杂、重新分配轨道的能量和调整空间伸展方向，组成了同等数目的能量完全相同的新的原子轨道——杂化轨道，以满足化学结合的需要，这一过程称为原子轨道的杂化。杂化作用一般出现在成键之前，原子轨道杂化目的是为了更好的成键。例如甲烷结构，按照碳原子外层电子的构型 $2s^2 2p^2$，它是无法和氢原子形成四个完全相同的键，那么为了形成这种结构，碳原子的外层轨道 s 和 p 轨道发生 sp^3 杂化，形成四个完全相同的轨道，然后和四个氢原子发生成键作用，形成甲烷四面体结构。在态密度图上，轨道的贡献就意味着轨道重叠，重叠度越大，轨道杂化就越强烈。因此杂化轨道指的是一个原子内不同轨道之间的作用。对于配位化合物，中心金属原子会有 $s-p-d$ 轨道杂化，形成新的轨道便于和其他原子成键，不同的杂化形式对应不同空间结构。

在文献中经常提到不同原子之间作用出现了杂化峰（Hybridized Peak），那么从态密度上能看出不同原子之间的杂化作用吗？一般而言，如果相邻原子的局域态密度（Local Density of State，LDOS）在同一个能量上同时出现了尖峰，则将其称之为杂化峰。严格来说杂化轨道的概念指的是同一原子内能量相近的原子轨道重新组合成新轨道的作用。这里特别强调了能量相近的轨道，是因为轨道杂化需要额外的能量来实现轨道的重组，消耗的能量通过杂化后与其他原子的成键来弥补，这也是杂化轨道成键要比一般成键要强的原因，否则无法提供轨道杂化所需能量。因此轨道能量越相近，破坏和重组轨道所需的能量越小，轨道杂化过程也越容易完成，这也就是为什么杂化轨道大多发生在同一层，如碳原子的 2s、2p 轨道，或相邻层但能量很接近的轨道，如过渡金属中的 3d、4s 和 4p 轨道。那么不同原子之间的轨道能量差异相对比同一个原子的轨道要大得多，它们之间出现杂化的可能性就很小。文献提到的杂化峰概念，指的是不同原子成键后，在同一能量位置出现了态密度峰，说明在这个位置这两个轨道发生了重叠，形成了一个新的轨道（如果两个轨道完全重叠，那么就可以看成一个轨道）。杂化峰概念能够直观地展示相邻原子之间的作用强弱，根据 LDOS 的宽窄情况，可以看出轨道的杂化程度，如果比较窄，则杂化不强烈，如果比较宽，说明杂化比较强。

4）态密度与轨道电子分布的关系

一般而言，从 Mulliken 电荷布居就可以清楚了解电子在各轨道的分布情况，以及作用前后电子在各轨道的转移情况。对态密度曲线进行积分到费米能级处的数值等于体系的电子数。假如体系有 10 个电子，那么这 10 个电子肯定是按照能量从低到高的顺序排列，当电子数达到 10 的时候，这个地方就是费米能级。对分态密度积分至费米能级则可以获得某一个原子的某一个轨道的电子填充的数目。

5）态密度的赝能隙（Pseudo Gap）

在费米能级两侧如果分别有两个尖峰，并且两个尖峰之间的态密度不为零，这两个态密度之间的能隙为赝能隙（Pseudo Gap）。赝能隙直接反映了该体系成键的共价性的强弱，赝能隙越宽，说明体系的共价性越强。如果分析的是局域态密度（LDOS），那么赝能隙反映了相邻两个原子成键的强弱，赝能隙越宽，说明两个原子成键越强。

6）从态密度上判断自旋极化

对于自旋极化的体系，与能带分析类似，将自旋向上态（majority spin）和自旋向下态（minority spin）分别画出，若费米能级与自旋向上态的 DOS 相交而处于自旋向下态的 DOS 的能隙之中，说明该体系为 100% 的自旋极化。一般而言，如果态密度图上自旋向上的态密度和自旋向下的态密度不对称，说明体系净自旋值不为零，该体系具有自旋极化。

7）态密度在费米能级不为零

在实际计算中，在费米能级为零时，态密度经常不为零。对于半导体矿物而言，费米能级处不能有电子态密度出现，只有在非 0K 的时候，费米能级才会在能隙中。在 0K 的时候费米能级就应该在价带顶，因为电子只能填充到这里了，没有任何高于这个能级的电子存在。态密度和能带是一一对应关系，但是 DOS 的计算依赖于 smear，精确计算的 smear 为 0.00001，一般计算不能达到这么高的精度，所以自然会有误差。另外由于交换相关能的精度问题，也导致费米能级被低估，这就使得态密度整体向费米能级方向移动，从而使费米能级处态密度不为零。需要指出的是在能带计算中则没有这一问题出现，在费米能级处没有能级穿过。

8）态密度与原子活性的关系

既然态密度反映了原子中电子的分布，那么能否根据原子的态密度来确定体系中各原子的活性强弱？从态密度的定义可知，态密度代表了能带中某能量值附近单位能量间隔内的量子态数。电子一般都是从低能量开始填充，因此低能处的态密度代表了原子的电子态相对比较稳定，高能处的态密度代表了原子的电子态相对不稳定。因此可以用某一原子在高能和低能处的电子态密度分布表征原子的活性。在金属导体中，已经发现所有重要的物理现象都发生在费米能级处，离费米能级较远的轨道和电子基本不参与反应[13]。这是因为费米能级是电子全空和全满的标志，费米能级代表了电子的平均电化学势，费米能级附近的电子和轨道是最活跃的，电子转移首先在费米能级处发生。

2.8 Mulliken 布居

2.8.1 Mulliken 布居理论

Mulliken 布居是 Mulliken 在 1955 年提出的表示电荷在各组成原子之间分布情况的方法[14-18]，不属于固体能结构研究范围。但是由于 Mulliken 布居比较常用，通过分析 Mulliken 电荷和键布居值，能够定量了解和比较原子之间成键情况，因此在本章简单介绍 Mulliken 布居理论及用途。

对于原子 A 和 B，设 $\{\chi_\mu\}$ 和 $\{\chi_\lambda\}$ 分别是属于 A 原子和 B 原子的两组原子轨道，则组成的分子轨道为：

$$\psi_i = \sum_\mu^A c_\mu \chi_\mu + \sum_\lambda^B c_\lambda \chi_\lambda \qquad (2-13)$$

其中 $\sum\limits_\mu^A$ 和 $\sum\limits_\lambda^B$ 分别表示对 A 原子和 B 原子所有原子轨道求和。则

$$\psi_i^* \psi_i = \sum_\mu^A \sum_\nu^A c_{\mu_i}^* c_{\nu_i} \chi_\mu \chi_\nu + \sum_\lambda^B \sum_\sigma^B c_{\lambda_i}^* c_{\sigma_i} \chi_\lambda \chi_\sigma + \sum_\mu^A \sum_\lambda^B c_{\mu_i}^* c_{\lambda_i} \chi_\mu \chi_\lambda + \sum_u^A \sum_\lambda^B c_{\mu_i} c_{\lambda_i}^* \chi_\mu \chi_\lambda$$

$$(2-14)$$

两边积分，并乘以 n_i 可得分子轨道中的电子数：

$$n_i = n_i \left[\sum_\mu^A |c_{\mu_i}|^2 + \sum_\lambda^B |c_{\lambda_i}|^2 + 2 \sum_\mu^A \sum_\lambda^B c_{\mu_i}^* c_{\lambda_i} S_{\mu\lambda} \right] \qquad (2-15)$$

上式表示 ψ_i 中的 n_i 个电子，其中 $n_i \sum\limits_\mu^A |c_{\mu_i}|^2$ 个在 A 原子上，$n_i \sum\limits_\lambda^B |c_{\lambda_i}|^2$ 在 B 原子上，$2n_i \sum\limits_\mu^A \sum\limits_\lambda^B c_{\mu_i}^* c_{\lambda_i} S_{\mu\lambda}$ 个在两个原子的轨道重叠区，这个部分的重叠电荷就可以和成键作用联系起来。对所有分子轨道求和，可得：

$$n = \sum_\mu^A P_{\mu\mu}^t + \sum_\lambda^B P_{\lambda\lambda}^t + 2 \sum_\mu^A \sum_\lambda^B P_{\lambda\mu}^t S_{\mu\lambda} \qquad (2-16)$$

其中 $P_{\mu\mu}^t = \sum_i n_i c_{\mu_i}^* c_{\lambda_i}$，式(2-16)表示了电子分布在原子 A 上 $\left(\sum_\mu^A P_\mu^t\right)$，原子 B 上 $\left(\sum_\lambda^B P_{\lambda\lambda}^t\right)$ 以及两原子重叠区 $\left(2\sum_\mu^A \sum_\lambda^B P_{\lambda\mu}^t S_{\mu\lambda}\right)$ 的电子数。

2.8.2 Mulliken 电荷

Mulliken 把重叠区电荷平均分配给有关的原子轨道，从而获得各原子轨道的电荷分布情况。这种方法虽然比较简单，但有不足之处，因为电荷在实际分配中显然会偏向电负性大的原子。另外，单纯比较 Mulliken 布居原子电荷绝对值是没有意义的，因为 Mulliken 电荷对计算所选取的基组比较敏感，不同基组之间差距较大。只有在同一组基组条件下获得的结果，比较 Mulliken 原子电荷的相对大小才有意义的。

表 2-7 是方铅矿表面氧分子吸附前后的 Mulliken 电荷布居变化。由表可见，氧原子吸附后，主要是 2p 轨道得到电子，2s 轨道获得少量电子，而方铅矿表面主要是硫原子的 3p 轨道和铅原子 6p 轨道失去电子，铅原子的 5d 轨道和 6s 轨道没有参与反应。

表 2-7　氧分子在方铅矿表面吸附前后的 Mulliken 电荷布居

原子	状态	s	p	d	电子总数	净电荷电荷/e
氧原子	吸附前	1.88	4.12	0.00	6.00	0.00
	吸附后	1.92	4.92	0.00	6.84	-0.84
硫原子	吸附前	1.93	4.75	0.00	6.68	-0.68
	吸附后	1.84	4.10	0.00	5.93	0.07
铅原子	吸附前	1.99	1.40	10.00	13.39	0.61
	吸附后	2.00	1.19	10.00	13.19	0.81

2.8.3 Mulliken 重叠布居

Mulliken 重叠布居，也叫 Mulliken 键布居，反映了电子在两原子之间的重叠情况，为两个原子之间成键的离子性和共价性提供了一种判据。Mulliken 重叠布居较高表明原子之间有较多电荷重叠，键的共价性较强；而较低的布居值说明原子间电荷重叠较少，键的共价性较弱，离子性较强。Mulliken 重叠布居为零和负值的时候，一般认为当 Mulliken 重叠布居等于零为非键轨道，小于零则为反键轨道。Mulliken 重叠布居绝对值越大，轨道成键或反键作用就越强[19]。

例如，黄铁矿中 Fe—S 键的布居值为 0.34，说明黄铁矿具有较强的离子性；黄铜矿中 Fe—S 键布居为 0.46，Cu—S 键布居为 0.34，说明黄铜矿中铜硫键共价性比铁硫键要弱。比较黄铁矿和黄铜矿的 Fe—S 键布居可以知道，黄铜矿的共价性比黄铁矿要大。对于较小的单胞晶体，在使用 Mulliken 重叠布居时要特别小心，因为较小单胞晶体的原子有可能会和自己的周期性的镜像原子发生作用，从而导致重叠布居不准确。因此在实际分析中，需要对 Mulliken 键的多重性进行分析，确定哪些是真实的键，哪些是镜像键。

另外 Mulliken 电荷和键布居在金属体系中的物理意义目前仍然不明确，因此在使用中需要特别小心。在计算方法合理的前提下，Mulliken 重叠布居负值为反键，越负反键越强。关于反键的问题，读者可以和前面态密度结果结合起来分析，从多个方面来确定是否存在反键以及其强弱的问题。

2.9 前线轨道

前线轨道由福井谦一于 1952 年提出，其中心思想是在构成分子的众多轨道中，分子的性质主要是由分子中的前线轨道来决定，即由最高占据分子轨道（Highest Occupied Molecular Orbital，HOMO）和最低未占据分子轨道（Lowest Unoccupied Molecular Orbital，LUMO）来决定。下面用氧分子轨道来具体说明前线轨道的意义，氧分子的分子轨道见图 2 – 12。

从图 2 – 12 中可见，1 ~ 8 轨道被电子占据，9 ~ 14 轨道是空轨道。按照化学位规则，电子的转移是从高轨道向低轨道，轨道越低，电子越稳定，反之轨道越高，电子越不稳定。因此第 8 轨道就是氧分子最容易失去电子的轨道，而第 9 轨道则是氧分子最容易获得电子的空轨道，那么由此可见氧分子的化学性质（得失电子性质）主要就由第 8 和第 9 轨道来决定，这就是前线轨道的核心思想。根据定义，最高占据轨道（Highest Occupied Molecular Obital，HOMO）的电子能量最高，所受到的束缚最小，所以最活跃，也最容易发生跃迁；最低空轨道（Lowest Unoccupied Molecular Orbital，LUMO）在所有未占据轨道中能量最低，接受电子的可能性最大。

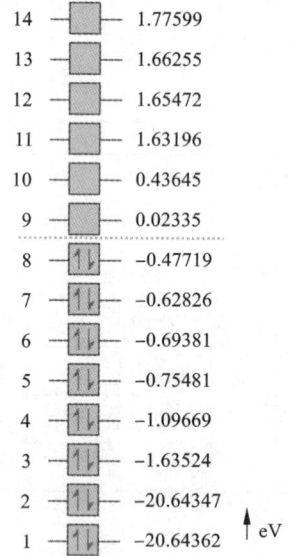

图 2 – 12 氧分子的轨道示意图

前线轨道在有机化学、无机化学，以及表面吸附与催化、量子生物学等领域获得了广泛应用，能够较好地解释分子之间的反应机理。但前线轨道能否用来研究固体物理问题，依然有争议。从图 2-12 可以发现前线轨道和费米能级有相似的地方，按照费米能级的定义[20-21]，费米能级是量子态基本被电子占据或基本空的标志，而图 2-12 上第 8 条轨道（HOMO）和第 9 条轨道（LUMO）之间就是电子占据和空的分界线，因此前线轨道和费米能级之间存在一定的联系。那么能否认为费米能级就

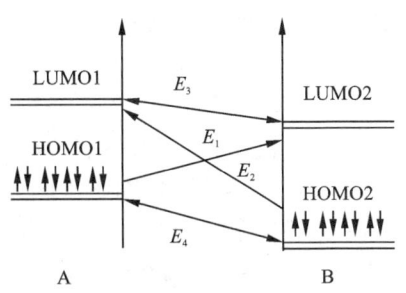

图 2-13　前线轨道作用示意图

是 HOMO 轨道呢？答案是没有那么简单，费米能级并不等于 HOMO 轨道能量，关于这一点读者可以自行测试，二者差距是比较大的。首先费米能级上的电子在布里渊区中的费米能量的等能面上分布，而分子轨道是单一的；其次固体是多体体系，对于固体我们无法谈论某一单个的能级。虽然固体的前线轨道的定义和内涵不是特别清楚，但是并不妨碍在固体物理研究中使用前线轨道，前线轨道理论上仍然是量子理论简化计算的结果，基本上反应电子性质，用前线轨道来研究固体物理仍然可以获得一些有用的信息。但在这里要特别指出，前线轨道用于固体表面计算时，发生了明显的偏离，计算结果大部分不准确，详细请见第 4 章。

根据前线轨道能量，可以讨论浮选药剂与矿物作用强弱。一般来说，前线轨道作用主要包含四部分，如图 2-13 所示：电子从 HOMO1 转移到 LUMO2 的作用 E_1，电子从 HOMO2 转移到 LUMO1 的作用 E_2，空轨道 LUMO1 和 LUMO2 之间的排斥作用 E_3，电子占据轨道 HOMO1 和 HOMO2 之间的排斥作用 E_4。前线轨道真正起作用的就是 E_1 和 E_2，即电子在最高占据轨道与最低空轨道之间的作用。

前线轨道能够发生有效作用需要满足下面的三条规则：①能量相近；②轨道最大重叠；③对称匹配。在②和③满足的条件下，HOMO 轨道和 LUMO 轨道能量越接近，作用越强。黄铁矿、白铁矿和磁黄铁矿三种硫铁矿的前线轨道能量值见表 2-8。

表 2-8　三种硫铁矿物和氧分子的前线轨道能量

	HOMO 能量/eV	LUMO 能量/eV
黄铁矿	-6.295	-5.923
白铁矿	-5.664	-4.795
磁黄铁矿	-5.027	-4.987
氧分子	-6.908	-4.610

从氧分子的前线轨道与三种硫铁矿物前线轨道能量的匹配情况来看，氧分子的 HOMO 轨道与矿物 LUMO 轨道能量差值在 1 ~ 2.1 eV 之间，而氧分子的 LUMO 轨道与矿物 HOMO 轨道能量差值在 0.4 ~ 1.6 eV 之间，说明矿物 HOMO 上的电子容易转移到氧分子的 LUMO 空轨道上去。因此氧分子与矿物表面的前线轨道作用主要来自氧分子的 LUMO 轨道与矿物的 HOMO 轨道。从氧分子 LUMO 轨道与三种硫化铁矿物 HOMO 轨道能量差（绝对值）来看，氧分子与磁黄铁矿最小（0.417 eV），白铁矿次之（1.054 eV），黄铁矿最大（1.685 eV），这与黄铁矿、白铁矿和磁黄铁矿的氧化顺序相一致[22]：磁黄铁矿 > 白铁矿 > 黄铁矿。

HOMO 和 LUMO 决定着分子得失电子和转移电子能力，也就决定了分子的主要化学性质，前线轨道代表了分子的性质，因此研究前线轨道可以获得更多的细节。根据分子轨道的线性组合原理，分子轨道又可由原子轨道组合而成：

$$\psi = c_1\phi_1 + c_2\phi_2 + \cdots + c_n\phi_n \qquad (2-17)$$

其中：ψ 是分子轨道，ϕ 是原子轨道，c 原子轨道系数。原子轨道系数的绝对值越大，说明该原子对轨道的贡献越大，负值表明原子之间为反键作用，而正值表明原子之间为成键作用，这里只关注其绝对值。根据式（2-17），就可以获得前线轨道中各原子的贡献大小，从而确定各原子对分子反应活性的贡献。例如脆硫锑铅矿，其化学式为 $Pb_4FeSb_6S_{14}$，矿物中含有铅、铁和锑元素，是一种复杂多金属硫化矿物，它的浮选行为介于方铅矿和辉锑矿之间，并且对石灰比较敏感。那么如何确定这几种金属元素对脆硫锑铅矿性质的贡献？采用前线轨道系数的方法，就可以知道前线轨道中每个元素的贡献，脆硫锑铅矿前线轨道系数结果如下：

HOMO 轨道系数：Fe 3d：0.341；S 3p：0.287；Sb 5p：0.077；Pb 6p：0.038；

LUMO 轨道系数：Fe 3d：0.316；Sb 5p：0.1131；Pb 6p：0.068；S 3p：0.240。

从前线轨道系数可以发现脆硫锑铅矿的铁原子、锑原子和硫原子对轨道贡献比较大，铅原子贡献较小，说明脆硫锑铅矿的性质更接近黄铁矿和辉锑矿，而不是接近方铅矿。因此脆硫锑铅矿不像方铅矿那样具有天然可浮性，而是和黄铁矿和辉锑矿一样，对碱度比较敏感，容易被石灰抑制。

参考文献

[1] 冯其明，陈建华. 硫化矿浮选电化学[M]. 长沙：中南大学出版社，2014.

[2] Fuerstenau M C, Sabacky B J. On the natural floatability of sulfides[J]. International Journal of Mineral Processing, 1981, 3(8)：79 – 84.

[3] Plaksin I N, Shafeev R. Influence of surface properties of sulfide minerals on adsorption of flotation reagents[J]. Bulletin of the Institute of Mining and Metallurgy, 196, 372：715 – 722.

[4] Eadington P, Prosser A P. Oxidation of lead sulphide in aqueous suspensions[J]. Trans. Inst.

Mining Metall. IMM, Section C, 1969, 78: 74 – 82.

[5] Richardson P E, O'Dell C S. Semiconducting characteristics of galena electrodes relationship to mineral flotation[J]. Journal of Electrochemical Society, 1985, 132(6): 1350 – 1356.

[6] 陈建华. 硫化矿物浮选晶格缺陷理论[M]. 长沙: 中南大学出版社, 2012.

[7] Favorov V A, Krasnikov V J, Sychugov V S. Variations in semiconductor properties of pyrite and arsenopyrite and their determinants [J]. International Geology Review, 1974, 16 (4): 385 – 394.

[8] Pridmore D F, Shuey R T. The electrical resistivity of galena, pyrite, and chalcopyrite [J]. American Mineralogist, 1976, 61(3 – 4): 248 – 259.

[9] Savage K S, Stefan D, Lehner S W. Impurities and heterogeneity in pyrite: Influences on electrical properties and oxidation products [J]. Applied Geochemistry, 2008, 23 (2): 103 – 120.

[10] 陈述文. 八种不同产地黄铁矿的晶体特性与可浮性的关系[D]. 中南工业大学, 1982.

[11] 格列姆博茨基. 浮选过程物理化学基础[M]. 郑飞等译. 北京: 冶金工业出版社, 1985.

[12] 李昱材, 张国英, 魏丹, 何君琦. 金属电极电位与费米能级的对应关系[J]. 沈阳师范大学学报(自然科学版), 2007, 25(1): 25 – 28.

[13] 任尚元. 有限晶体中的电子态[M]. 北京: 北京大学出版社, 2006.

[14] 徐光宪, 黎乐明, 王德民. 量子化学基本原理和从头计算法(中册)[M]. 北京: 科学出版社, 1999.

[15] Mulliken R S. Electron population analysis on LCAO-MO molecular wave functions. I [J]. Journal of Chemical Physics, 1955, 23(10): 1833 – 1840.

[16] Mulliken R S. Electron population analysis on LCAO-MO molecular wave functions II: Overlap populations, bond orders, and covalent bond energies[J]. Journal of Chemical Physics, 1955, 23(10): 1841 – 1846.

[17] Mulliken R S. Electron population analysis on LCAO-MO molecular wave functions III: Effects of hybridization on overlap and gross AO populations [J]. Journal of Chemical Physics, 1955, 23(12): 2338 – 2342.

[18] Mulliken R S. Electron population analysis on LCAO-MO molecular wave functions IV: Bondong and antibonding in LCAO and Valence-Bond Theories[J]. Journal of Chemical Physics, 1955, 23(12): 2343 – 2346.

[19] 李新华, 朱龙观, 俞庆森. Mulliken 布居对键强度判断的经验修正[J]. 高等学校化学学报, 2000, 21(7): 1118 – 1120.

[20] 刘恩科, 朱秉升, 罗晋生等. 半导体物理学[M]. (第六版). 北京: 电子工业出版社, 2003.

[21] 叶良修. 半导体物理学[M]. 北京: 高等教育出版社, 1983.

[22] 胡为柏. 浮选[M]. 北京: 冶金工业出版社, 1983.

第3章 硫化矿物晶体电子
结构与可浮性

矿物晶体具有特定的空间结构，矿物的性质由晶体空间结构和组成元素共同决定。对于那些组成相似的矿物，其性质主要由晶体的空间结构决定，如黄铁矿和白铁矿，单斜磁黄铁矿和六方磁黄铁矿，它们矿物组成元素相同，但晶体结构不同，它们的性质和可浮性也不尽相同。虽然矿物浮选是发生在矿物表面，矿物表面结构和性质直接决定矿物的可浮性，但研究矿物体相晶体结构和性质仍具有重要意义。矿物的表面来自矿物体相，一般情况下，矿物基本性质由体相决定，只有矿物达到纳米级别后，表面原子数超过体相原子数，矿物基本性质才转由表面控制。因此研究矿物体相性质可以从宏观和整体上把握矿物基本性质，建立矿物性质与可浮性的关系。

硫化矿物具有半导体性质，在浮选过程中能够发生电子转移和电化学反应。硫化矿物的电子性质决定了浮选基本行为，电化学反应不仅在硫化矿物表面进行，硫化矿物体相电子也会参与电化学反应。例如，硫化矿物静电位就是一个体相参数，而不是表面参数，硫化矿物静电位参数能够很好地解释捕收剂在矿物表面的产物。研究硫化矿物体相电子结构和性质能够加深对浮选电化学行为的认识，并对电化学浮选行为进行预测。本章探讨了硫化矿物晶体结构和电子性质对矿物性质和浮选行为的影响，并尝试建立硫化矿物电子性质与可浮性的关系。

3.1 硫化铜矿物晶体结构及电子性质

3.1.1 常见硫化铜矿物晶体结构

硫化铜是金属铜的主要矿物资源，它占到铜矿资源的 80%[1]。硫化铜矿物主要有黄铜矿、辉铜矿、铜蓝和斑铜矿，其中辉铜矿与黄药作用最强，其次为铜蓝，然后为斑铜矿，最差的为黄铜矿。一般而言，同一硫化铜矿石中常常含有几种不同的硫化铜矿物，而各种硫化铜矿物浮选所需的药剂种类、用量、pH 等浮选条件也各不相同，有时甚至矛盾。另外，不同硫化铜矿物氧化的难易程度也存在差异，其中辉铜矿最容易氧化，当铜矿石中含有辉铜矿时，氧化会造成矿浆中含有大量铜离子，给铜锌和铜硫等浮选分离造成极大的困难。对硫化铜矿物的可浮性研究发现[2]：凡是不含铁的矿物，如辉铜矿、铜蓝，可浮性相似，氰化物、石灰对它们的抵制作用较弱。凡是含铁的铜矿物，如黄铜矿、斑铜矿等，在碱性介质中，易受氰化物和石灰的抑制。

不同的硫化铜矿物具有不同的化学组成、晶体结构和电化学性质，图 3-1 分别显示了黄铜矿(a)、铜蓝(b)、斑铜矿(c)和辉铜矿(d)的晶体结构图。常见的黄铜矿属于四方晶系，单胞的分子式为 $Cu_4Fe_4S_8$，见图 3-1(a)。晶体中铜、铁和硫原子都是四配位，其中铜原子和铁原子分别和四个硫原子配位，硫原子与两个铁原子和两个铜原子配位，铜和铁原子之间没有成键，铜硫键长为 2.329 Å，铁硫键长为 2.159 Å。

铜蓝，化学式为 CuS，因呈靛蓝色而得名，属六方晶系，空间群 $P6_3/mmc$，单胞分子式为 Cu_6S_6，见图 3-1(b)。晶体中铜原子为三配位和四配位，硫原子为四配和五配位，在成键时，四配位铜原子和四配位硫原子成键，铜硫键长为 2.340 Å；三配位铜原子则和五配位的硫原子成键，铜硫键长为 2.181 Å。

斑铜矿是铜和铁的硫化物，化学式为 Cu_5FeS_4，理论含铜 63.33%，因常含黄铜矿、辉铜矿、铜蓝等显微包裹体，实际成分范围：Cu 52%～65%，Fe 8%～18%，S 20%～27%。高温(>475℃)时，斑铜矿与黄铜矿、辉铜矿形成固溶体，高温变体为等轴晶系，称等轴斑铜矿；低温时，斑铜矿和黄铜矿分离。美国矿物晶体数据库常见斑铜矿单胞的分子式为 $Cu_{32}Fe_{16}S_{32}$，见图 3-1(c)。斑铜矿晶体结构相当复杂，其中硫原子作立方最紧密堆积，位于立方面心格子的角顶和面心，阳离子充填八个四面体空隙，但阳离子向四面体的中心移动，硫的强定向键随着金属接近面心而使结构稳定。金属原子占据每个四面体面上六个可能位置之一，每个四面体提供二十四种亚位置。铜和铁原子随机占据尖端向上和向下的四面体空隙的 3/4。斑铜矿单胞中($Cu_{32}Fe_{16}S_{32}$)铜原子为四配位，铁原子为七配位，硫原子则有四配位(与铜原子键合)和八配位(与铁原子键合)两种，其中铜硫键长为 2.234 Å，铁硫键长为 2.230 Å。

辉铜矿，化学式为 Cu_2S，高温变体为六方晶系，称六方辉铜矿，辉铜矿晶体结构异常复杂，其单胞分子式为 $Cu_{96}S_{48}$，原子数达到 144 个，见图 3-1(d)。辉铜矿晶体中的铜原子有多种配位数，从二配位一直到六配位，硫原子的配位数有两种，即五配位和六配位，其中六配位为主要结构。铜原子和硫原子在结合时，三配位和四配位的铜原子和六配位硫原子结合，五配位和六配位铜原子同时和五配位和六配位的硫原子结合。

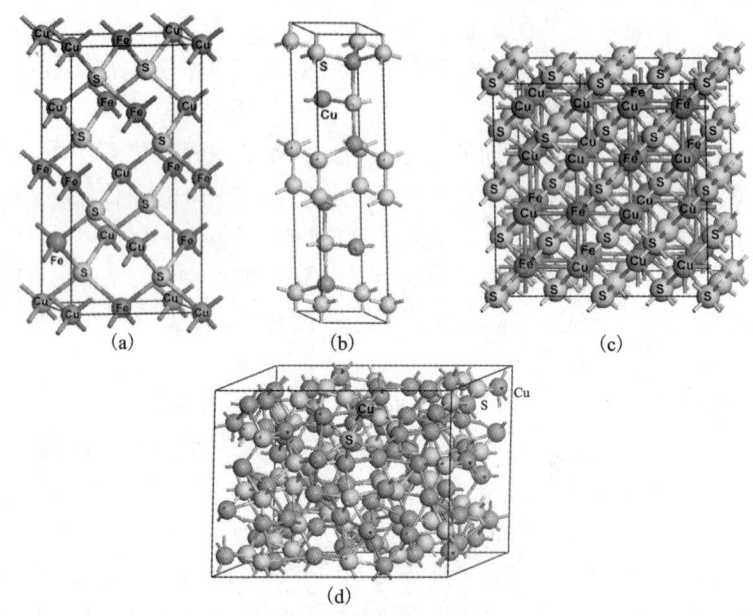

图3-1 硫化铜矿物晶体结构

(a)黄铜矿;(b)铜蓝;(c)斑铜矿;(d)辉铜矿

3.1.2 硫化铜矿物能带结构

四种硫化铜矿物的能带结构和电子态密度如图3-2~图3-5所示,取费米能级(E_F)作为能量零点。由图可以看出,黄铜矿费米能级进入价带,变成简并半导体。辉铜矿为半导体,禁带宽度为0.39 eV。其他二种硫化铜矿物的导带和价带相交,属于导体矿物,具有良好导电性。

黄铜矿态密度如图3-2所示。从图可以看出:黄铜矿的导带能级由铜的4s轨道、铁的4s轨道以及硫3p轨道组成。而价带则由两部分组成,其中-14.5~-12.5 eV的深部价带主要由硫的3s轨道贡献,-6.5~2.4 eV的顶部价带由铜3d,铁3d和硫3p轨道组成,其中铜3d轨道的成分最多。

铜蓝的态密度如图3-3所示。从图可以看出:深部价带由三组间断的能带组成,它从-16.3 eV延伸到-10.7 eV的价带主要由S1和S2的3s轨道贡献;-7.6~1.1 eV能带由铜的3d和硫的3p轨道贡献,其中铜的3d轨道的成分最多,2.6~7.4 eV的能带主要由Cu1的4s轨道和S2的3p轨道贡献;在1.1~2.7 eV出现2条能带,它们把导带和价带连接起来,使得铜蓝的导电性大大增强,这两条能带主要由S2的3s和3p轨道贡献,其中S2的3p轨道贡献最大。

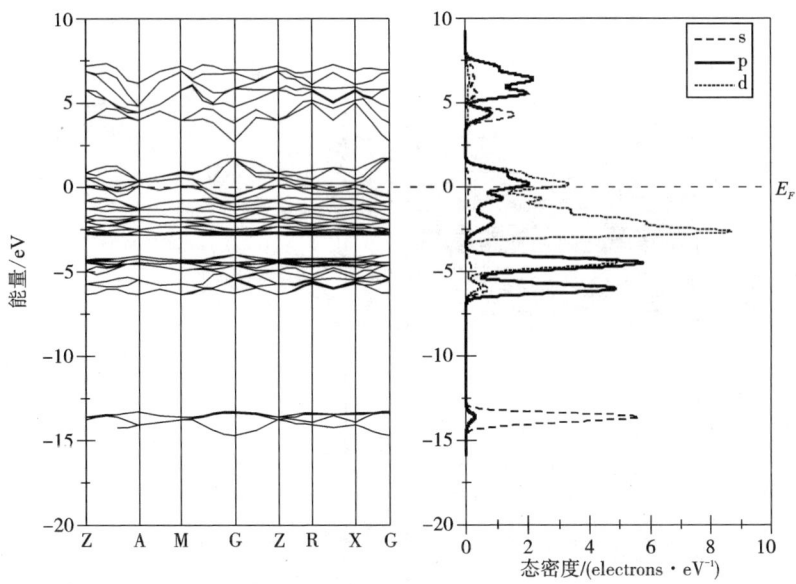

图 3 - 2　黄铜矿能带结构及态密度

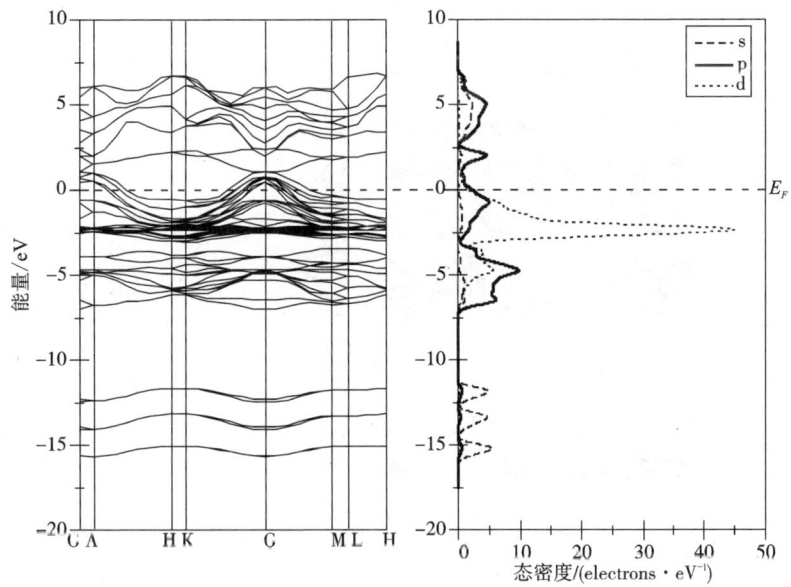

图 3 - 3　铜蓝能带结构及态密度

　　斑铜矿态密度如图 3 - 4 所示。从图可知，斑铜矿的能带可以分为四部分，-16.7 ~ -11.9 eV 价带主要由硫的 3s 轨道贡献，-8.7 eV 到 -3.9 eV 的价带主要由硫的 3p 轨道贡献，-3.9 ~ 1.8 eV 的态密度主要由铜的 3d 和铁的 3d 轨道贡

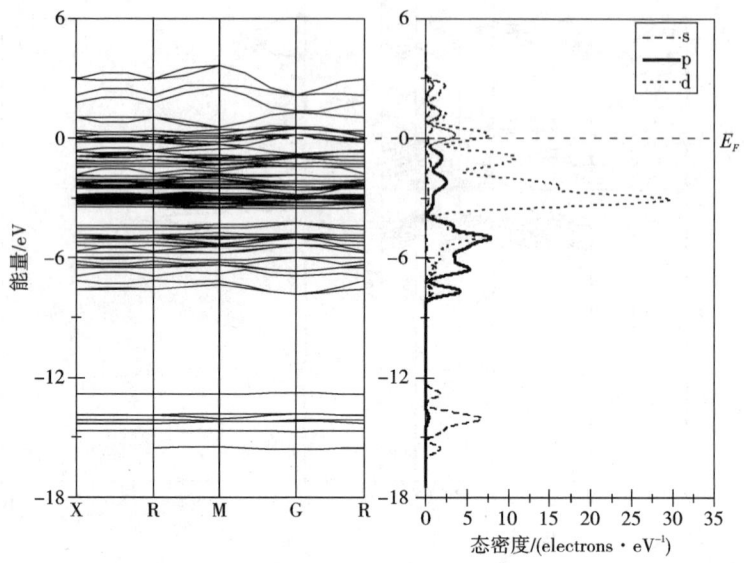

图 3 - 4　斑铜矿能带结构及态密度

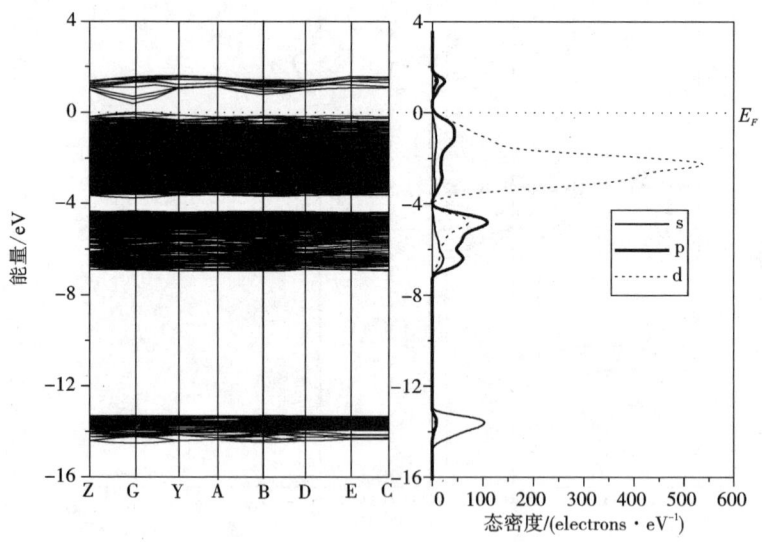

图 3 - 5　辉铜矿能带结构及态密度

献，硫的 3p 轨道也有一部分贡献，导带从 1.8 eV 延伸到 4.5 eV。

　　图 3 - 5 所示为辉铜矿态密度。从辉铜矿晶体结构中可知，辉铜矿晶胞中铜存在两种形态，分别命名为 Cu1 和 Cu2。从图 3 - 5 可以看出，-15.4 ~ -12.9 eV 能

带主要由硫的 3s 轨道贡献，−7.0～0 eV 能带由 Cu1 的 3d，Cu2 的 3d 和 S 的 3p 轨道杂化组成，其中 Cu2 的 3d 轨道的成分最多，导带能级由铜的 4s 轨道和硫的 3p 轨道组成。

3.1.3　硫化铜矿物成键分析

晶体中原子的成键作用主要在费米能级附近，深能级处原子轨道作用较弱，对成键贡献较小；另外金属原子 d 轨道在晶体场中会发生能级分裂，形成 t_{2g} 和 e_g 轨道，这种分裂在费米能级附近最强烈，因此分析费米能级附近成键原子的态密度，能够很好的了解原子轨道之间的相互作用情况以及成键的强弱。图 3－6 是黄铜矿晶体中铜—硫、铁—硫成键原子的态密度。黄铜矿属于四方晶系，硫原子和铜原子配位数都为 4，从图 3－6 可以看出在四面体场中，铜原子 3d 轨道分裂不如铁 3d 轨道分裂强烈，这主要是因为铜 3d 轨道离费米能级较远，而铁 3d 轨道离费米能级较近。从铜硫原子相互作用的态密度来看，在 −6.71～−3.74 eV 处是硫 3p 轨道与铜原子 3d 轨道分裂的 e_g 轨道和 4s 轨道的成键作用，其中硫 3p 轨道和铜 4s 轨道作用主要发生在 −6.0 eV 附近。另外硫 3p 轨道和铜 3d 轨道在 −4.0～−4.5 eV 处的没有发生共振，态密度不完全重合，削弱了硫 3p 轨道和铜 3d 轨道的成键作用。在 −3.38～−1.0 eV 处是铜原子的 t_{2g} 轨道和硫 3p 轨道的作用，一般而言金属离子的 t_{2g} 轨道不能和配体的 σ 轨道组成分子轨道，通常认为 t_{2g} 轨道处是非成键的。−1.0 eV～−0.4 eV 处是铜原子 e_g^* 反键轨道和硫 3p 轨道的反键作用。

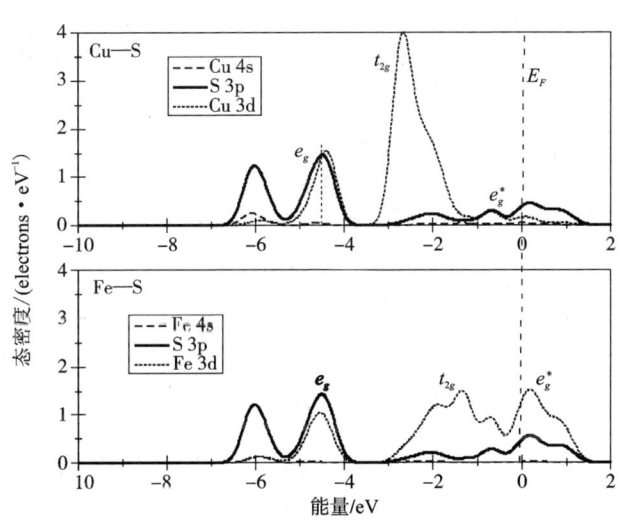

图 3－6　黄铜矿晶体中成键原子的态密度

对于铁硫原子而言，硫 3p 轨道和铁 e_g 轨道的成键作用在 $-6.63 \sim -3.72$ eV 处，从态密度形状来看，硫 3p 和铁 3d 轨道作用时在 -4.5 eV 处出现了杂化峰（Hybridization Peak），增强了硫 3p 和铁 3d 的成键作用。在 $-3.01 \sim -0.37$ eV 处是铁 t_{2g} 轨道和硫 3p 较弱的反键作用，$-0.37 \sim 1.56$ eV 处是铁的 e_g^* 反键轨道和硫 3p 轨道形成的较强反键作用。

从以上分析可以看出，黄铜矿中铜硫原子成键主要是硫 3p 和铜 3d 及少量铜 4s，铁原子和硫原子成键作用主要是硫 3p 和铁 3d 轨道。这是由于铜原子的外层电子构型为 $3d^{10}4s^1$，而铁原子外层电子构型为 $3d^64s^2$，由于铜原子外层 4s 电子没有填满，容易参与成键作用，而铁外层 4s 轨道为全满状态，因此没有参与成键作用。从成键和反键来看，铜硫原子成键作用弱，反键作用也弱；而铁硫原子成键的作用较强，反键作用也强。另外 Cu—S 铜硫键长为 2.329 Å，Fe—S 键长为 2.159 Å，Cu—S 键布居为 0.34，Fe—S 键布居为 0.46，可见铜硫键共价性弱于铁硫键。在破碎和磨矿过程中，黄铜矿晶体中铜硫键易于铁硫键断裂，从而导致黄铜矿表面较好的疏水性。

铜蓝为六方晶系，晶体结构铜原子配位数有三配位和四配位两种，在成键时三配位铜原子和五配位硫原子成键，四配位铜原子和四配位硫原子成键。图 3-7 给出了两种不同配位数成键原子的态密度。由图可见铜原子 d 轨道发生了明显的分裂，其中三配铜原子 t_{2g} 和 e_g 比四配位铜原子分裂彻底。从成键情况来看，对于三配位铜原子，$-7 \sim -4.0$ eV 之间铜原子 e_g 轨道硫 3p 轨道的成键作用，$-1.8 \sim 1.0$ eV 之间是 e_g^* 反键轨道和硫 3p 轨道的反键作用，铜原子的 t_{2g} 轨道成

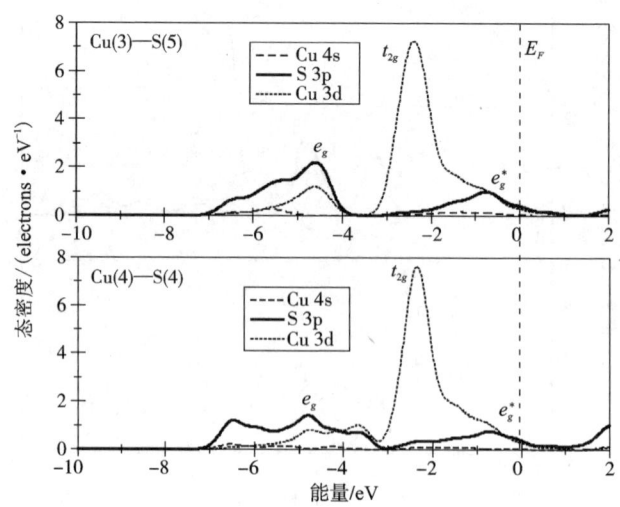

图 3-7　铜蓝（CuS）晶体不同配位数的铜硫成键原子态

键较弱，属于非键轨道。对于四配位铜原子，成键作用和三配位类似，所不同的是原子 e_g 轨道硫 3p 轨道的成键作用没有三配位强。从图上可以看出 e_g 和 t_{2g} 之间没有完全分裂，另外铜 e_g 和硫 3p 之间重叠不强，反映在键长上则是四配位铜原子和四配位硫原子的键长 2.340 Å 大于三配位铜原子和五配位硫原子的键长 2.181 Å。在浮选实践中，铜蓝表面会暴露更多四配位铜原子，由于四配位铜原子成键较弱，从而导致铜蓝具有较强的表面疏水性。

　　斑铜矿晶体中铜原子为四配位，铁原子为七配位。图 3-8 是斑铜矿晶体中成键铜硫原子和铁硫原子的态密度。从图上可以看出，四配位铜原子在四面体场中 d 轨道发生明显的分裂，其中 -7.0 ~ -4.0 eV 之间是铜 e_g 和硫 3p 的成键作用，但作用不强；-4.0 ~ -2.5 eV 是铜的 t_{2g} 的非键轨道，-2.5 ~ 1.0 eV 是铜原子 e_g^* 反键轨道和硫 3p 轨道的反键作用，并有明显的杂化峰出现，增强了铜原子与硫原子的反键作用。因此斑铜矿晶体中铜原子与硫原子的成键作用较弱。对于七配位铁原子而言，在五角双锥体场中铁原子 d 轨道分裂数明显增多，总的来看可以认为 -7.0 ~ -4.0 eV 是铁 3d 轨道和硫 3p 的成键作用，-4.0 ~ 2.0 eV 是铁 3d 轨道与硫 3p 轨道的反键作用，其中反键作用出现了多个杂化峰，表明铁硫原子反键作用较强。

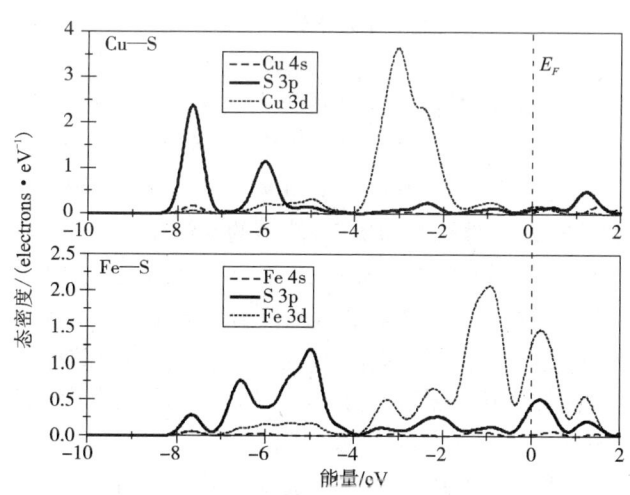

图 3-8　斑铜矿中成键原子态密度

　　从以上分析来看，斑铜矿晶体中，铜硫成键明显要比铁硫成键弱，磨矿过程中铜硫键的断裂要比铁硫键容易。

　　辉铜矿晶体结构异常复杂，铜原子的配位数有四种之多，硫原子配位数为 5 和 6，导致其单胞原子数达到 144，才能完全表达辉铜矿晶体结构。图 3-9 给出

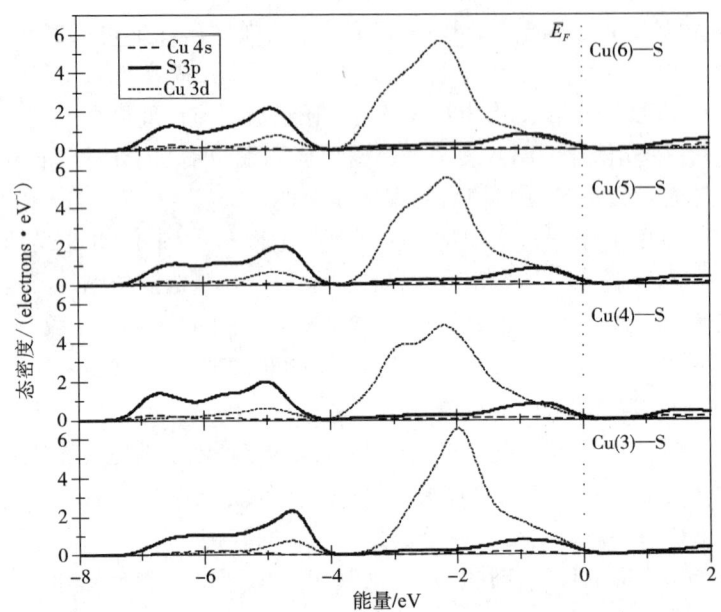

图 3-9 辉铜矿中不同配位数的铜原子与六配位硫原子成键的态密度

（括号中数字为配位数）

了不同配位数的铜原子和六配位硫原子成键的态密度。-7.0 ~ -6.03 eV 为铜原子 4s 轨道和硫原子 3p 轨道之间的成键作用，-6.0 ~ -4.0 eV 为铜原子 e_g 轨道和硫 3p 轨道的成键作用，-4.0 ~ -2.0 eV 之间为铜原子 t_{2g} 非键轨道，-2.0 ~ 0 eV 之间为铜原子 e_g^* 反键轨道和硫 3p 轨道的反键作用。

不同的配位数对应不同对称性场，三配位为三角形场，四配位为四面体场，五配位为三角双锥体场或四角锥体场，六配位为八面体场。一般而言，对称性越低，d 轨道分裂越明显；另外和简单配位结构不同，晶体中的原子还处在矿物晶体场中。因此矿物晶体中原子的 d 轨道分裂是配位场和晶体场共同作用的结果。从图中可以看出不同配位数的铜原子 d 轨道在辉铜矿晶体场中轨道分裂大致相同，其中在三角形场和八面体中铜原子 d 轨道分裂程度弱一些，在四面体场和三角双锥体场中分裂强一些。

从费米能级以上电子占据态来分析，铜原子的 3d 和 4s 轨道随着配位数的增加而增加，表明铜配位数越多，铜的氧化态也越多。从化学角度来看，更多的硫原子配位导致铜原子电子转移，+2 价的铜原子比例增加。

3.1.4 硫化铜矿物电子性质与可浮性

从能带结构计算结果可知，铜蓝、斑铜矿为金属，辉铜矿、黄铜矿属于窄带半导体，具有与金属相似的性质。金属费米能级附近电子活跃，重要的物理化学反应总是发生在金属的费米能级附近[3]。在浮选过程中，硫化矿物表面发生电化学反应和吸附作用时，态密度附近的原子具有较高的反应活性，容易参与这些反应。图 3 – 10 给出了费米能级附近四种硫化铜矿物的电子态密度。

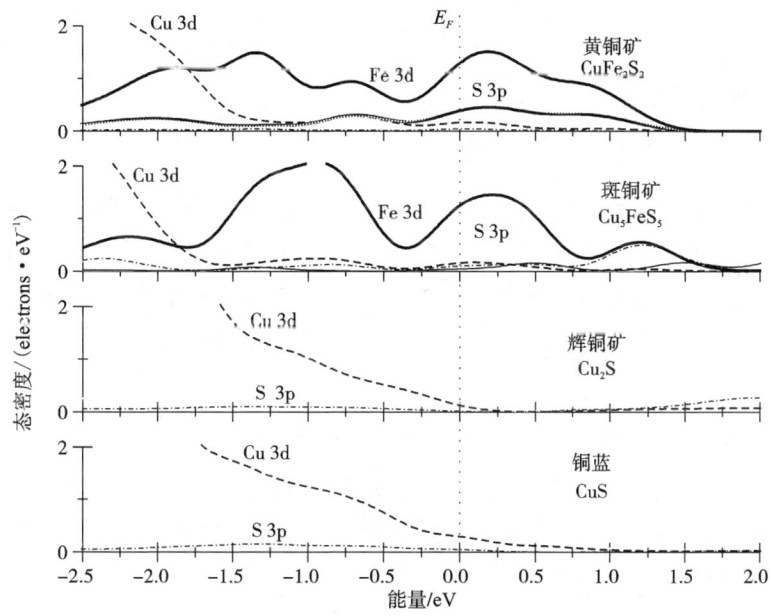

图 3 – 10 四种硫化铜矿物费米能级处电子态密度分布

从图 3 – 10 四种硫化铜矿物在费米能级处分布的态密度图可以看出：

（1）含铁硫化铜矿物（黄铜矿和斑铜矿）在费米能级附近电子态密度主要是铁 3d 态，因此含铁铜矿物铁原子具有较强的反应活性，具有硫铁矿物性质，容易被石灰和氰化物抑制。这主要是因为铜原子外层电子为 $3d^{10}$，为占满态，反应活性较低，而铁原子的外层电子分别为 Fe $3d^6$，处于未占满态，具有较强的反应活性。

（2）对于不含铁的硫化铜矿物，辉铜矿和铜蓝的铜原子在费米能级附近的电子态密度比黄铜矿和斑铜矿都要高，表明辉铜矿和铜蓝的铜原子反应活性比黄铜矿和斑铜矿都要强，因此辉铜矿和铜蓝的可浮性强于黄铜矿和斑铜矿。从铜原子

3d 电子态密度分布来看，辉铜矿和铜蓝的 Cu 3d 态形状接近，二者可浮性相似。斑铜矿的 Cu 3d 态最负，表明斑铜矿铜原子的电子最稳定，反应活性最弱。文献[4]报道斑铜矿的可浮性比辉铜矿、黄铜矿和铜蓝的可浮性都要差。

（3）从四种硫化铜矿物的硫原子在费米能级附近的电子态密度分布来看，黄铜矿、斑铜矿、铜蓝的硫 3p 都比辉铜矿要高，说明辉铜矿的硫原子最不活跃。电化学研究表明黄铜矿、辉铜矿、铜蓝发生如下氧化反应[5]：

$$CuFeS_2 + 3H_2O = CuS + Fe(OH)_3 + S^0 + 3H^+ + 3e \quad (3-1)$$

$$CuS + 2H_2O = Cu(OH)_2 + S^0 + 2H^+ + 2e \quad (3-2)$$

$$Cu_2S + 2H_2O = Cu(OH)_2 + CuS + 2H^+ + 2e \quad (3-3)$$

从以上反应可以看出：黄铜矿和铜蓝硫原子都发生了氧化反应，硫原子从 -2 价氧化成 0 价，而辉铜矿硫原子则没有发生氧化反应，反应后仍是 -2 价。

3.1.5 费米能级

处于热平衡状态的电子有统一的费米能级，费米能级是量子态基本上被电子占据或基本上是空的一个标志。通过费米能级的位置能够比较直观地标识电子占据量子态的情况，或者说费米能级标志了电子填充能级的水平。根据费米能级定义，电子从费米能级高的地方向费米能级低的地方转移。表 3-1 所示为四种硫化铜矿物。

表 3-1 硫化铜矿物的费米能级

矿物名称	黄铜矿	辉铜矿	铜蓝	斑铜矿
费米能级/eV	-5.4	-4.6	-2.9	-4.6

由表 3-1 可见，黄铜矿的费米能级最低，最容易得到电子，铜蓝费米能级最高，最容易失去电子，而辉铜矿和斑铜矿的费米能级相近。正丁基黄药分子的费米能级为 -5.2 eV，和表 3-1 硫化铜矿物的费米能级相比，正丁基黄药的费米能级高于黄铜矿，小于辉铜矿、铜蓝和斑铜矿，黄药的电子可以向黄铜矿转移，而不能向辉铜矿、铜蓝和斑铜转移。因此黄铜矿表面黄药可以失去电子变成双黄药，而其他三种硫化铜矿物表面没有双黄药形成。检测结果表明黄药在黄铜矿表面主要产物为双黄药，而在辉铜矿、铜蓝和斑铜矿表面为黄原酸铜[5-6]。

3.1.6 前线轨道

20 世纪 50 年代，福井谦一提出前线轨道理论，他认为分子的许多性质主要由分子中的前线轨道决定，即最高占据分子轨道（HOMO）和最低空轨道（LUMO）决定。一个反应物的最高占据分子轨道（HOMO）与另一个反应物最低空轨道（LUMO）的能量之间的差值的绝对值（ΔE）越小越有利于分子之间发生相互作用。从表 3 – 2 可以看出，硫化铜矿物 HOMO 轨道与氧气 LUMO 轨道作用的能量差值（ΔE_1）都小于硫化铜矿物 LUMO 轨道与氧气 HOMO 轨道的能量差值（ΔE_2），说明硫化铜矿物的 HOMO 轨道和氧气的 LUMO 轨道发生作用最强。由 ΔE_1 数据可知，辉铜矿与氧分子的作用最强，斑铜矿次之，铜蓝与氧的作用最弱，四种硫化铜矿物的氧化从易到难顺序为：辉铜矿，斑铜矿，黄铜矿，铜蓝，这与文献 [7] 报道一致。

表 3 – 2　硫化铜矿物与氧分子前线轨道能量

	前线轨道能量/eV		轨道能量差/eV	
	HOMO	LUMO	ΔE_1	ΔE_2
黄铜矿	– 5.622	– 4.883	1.012	2.017
辉铜矿	– 4.602	– 1.538	0.008	5.362
铜蓝	– 3.096	– 1.887	1.514	5.013
斑铜矿	– 4.696	– 4.098	0.086	2.802
氧分子	– 6.900	– 4.610	—	—

注：$\Delta E_1 = |E_{HOMO}^{Mineral} - E_{LUMO}^{O_2}|$；$\Delta E_2 = |E_{HOMO}^{O_2} - E_{LUMO}^{Mineral}|$。

表 3 – 3 是四种硫化铜矿物前线轨道的原子系数。从表中数据可以看出，对于黄铜矿和斑铜矿这两种含铁硫化铜矿物，HOMO 和 LUMO 轨道中铁原子系数最大，表明含铁硫化铜矿物具有硫化铁矿物的性质，这也是黄铜矿和斑铜矿容易被石灰和氰化物抑制的原因。另外 HOMO 轨道是最高电子占据轨道，铁原子对最高电子占据轨道贡献最大，说明黄铜矿和斑铜矿中低价态铁的存在。关于黄铜矿中原子价态已有许多研究，目前提出的黄铜矿价态有两种模型 [8 – 15]：$Cu^+ Fe^{3+} S_2$ 和 $Cu^{2+} Fe^{2+} S_2$。从前线轨道数据来看，铁原子为二价的可能性要大于三价，因为铁原子对黄铜矿 HOMO 轨道贡献大于硫原子和铜原子二者的贡献，说明黄铜矿中的铁原子在最高电子占据轨道中具有明显优势，铁原子呈低价的概率大于高价。Fujisawah [16] 和 Hall [17] 等人认为 $Cu^{2+} Fe^{2+} S_2$ 更接近理论和实验结果。斑铜矿的结构也有两种模型：$Cu_4^+ Cu^{2+} Fe^{2+} S_4$ 和 $Cu_5^+ Fe^{3+} S_4$，目前还没有充分的证据说明哪种模型更为合理 [8, 12, 18, 19]。从前线轨道系数结果来看，铁原子在斑铜矿的

HOMO 轨道中的贡献大于 LUMO 轨道，说明铁原子在斑铜矿中有可能是低价态的 +2 价；另外从铜原子的系数来看，斑铜矿的铜原子对 HOMO 轨道贡献没有对 LUMO 轨道贡献大，斑铜矿中铜原子更趋向于 +2 价。根据前线轨道数据推测斑铜矿晶体的可能价态组成为 $Cu_4^+ Cu^{2+} Fe^{2+} S_4$ 构型。

对于辉铜矿和铜蓝这两种不含铁的硫化铜矿物，铜原子对 LUMO 轨道和 HOMO 轨道都有贡献，辉铜矿系数较小是因为晶胞中原子数较多和系数归一化处理的缘故。铜蓝中的硫原子和铜原子有多种价态[20-21]：Cu^+，Cu^{2+}，S^{2-}，$[S_2]^{2-}$，从铜蓝的 HOMO 轨道和 LUMO 轨道中也可看出，硫原子在 LUMO 中贡献最大，说明有高价态硫原子（S^{-1}）存在着，铜原子在 LUMO 中贡献更大，说明铜蓝中 Cu^{2+} 价态多过 Cu^+ 价态，从图 3-10 中电子态密度也可看出，铜 3d 轨道较多在费米能级以上，显示了高价态铜的存在。对于辉铜矿[22-23]，铜原子在 LUMO 轨道中占优势，说明辉铜矿中铜原子存在高价态，硫原子主要在 HOMO 轨道中，表明硫原子主要是 -2 价。

表 3-3　硫化铜矿物前线轨道原子系数

	前线轨道	轨道原子系数
黄铜矿 （$Cu_4 Fe_4 S_8$）	HOMO	$0.436Fe + 0.141S + 0.107Cu$
	LUMO	$0.358Fe + 0.276S + 0.107Cu$
斑铜矿 （$Cu_{32} Fe_{16} S_{32}$）	HOMO	$0.146Fe - 0.124S + 0.079Cu$
	LUMO	$0.189S - 0.103Fe - 0.091Cu$
铜蓝 （$Cu_6 S_6$）	HOMO	$0.381S + 0.223Cu$
	LUMO	$-0.424S + 0.418Cu$
辉铜矿 （$Cu_{96} S_{48}$）	HOMO	$-0.075S - 0.063Cu$
	LUMO	$0.091Cu + 0.061S$

3.2　硫化铁矿物晶体结构及电子性质

自然界中常见的硫铁矿有三种：黄铁矿、白铁矿和磁黄铁矿，它们广泛存在于有色金属硫化矿和含硫煤矿中。如，广西大厂锡石多金属硫化矿中的硫铁矿同时含有黄铁矿、磁黄铁矿和白铁矿，广东凡口铅锌矿中的硫铁矿既有黄铁矿又有白铁矿[24]，甘肃金川硫化铜镍矿的硫铁矿物同时有黄铁矿、白铁矿和磁黄铁矿[25]，江西永平铜矿的硫铁矿物包括黄铁矿、磁黄铁矿和白铁矿等[26]，太原西山煤田中的硫铁矿以黄铁矿和白铁矿为主[27]。因此在实践中经常会碰到这三种硫铁矿或其中两种硫铁矿的浮选问题。虽然这三种硫铁矿都由铁原子和硫原子组成，但是它们在晶体结构和物理化学性质上却具有明显的不同，它们所属的晶体类型不同，原子在晶体中的配位数、所带电荷以及原子间成键类型均不相同。在浮选实践中发现，白铁矿的可浮性与黄铁矿相似，但比黄铁矿好，用黄药捕收的可浮性顺序是：白铁矿 > 黄铁矿 > 磁黄铁矿。另外它们氧化的难易程度也存在着差异，其中磁黄铁矿最容易氧化，其次为白铁矿，黄铁矿最不容易氧化。三种硫铁矿具有相似的化学式，其中黄铁矿和白铁矿 FeS_2，磁黄铁矿为 $Fe_{1-x}S$，从化学角度很难解释他们性质和浮选行为的差异。本节从晶体结构和电子性质来探讨这三种硫铁矿物可浮性的差异。

3.2.1　硫化铁矿物晶体结构及可浮性

常见黄铁矿具有立方晶体结构，空间对称结构为 $Pa\bar{3}(T_h^6)$，分子式为 FeS_2，属于等轴系，铁原子位于单胞的六个面心及八个顶角上，每个铁原子与六个相邻的硫配位，而每个硫原子与三个铁原子和一个硫原子配位，两个硫原子之间形成哑铃状结构，以硫二聚体（S_2^{2-}）形式存在，且沿着(111)方向排列。白铁矿的空间对称结构为 Pnnm，分子式为 FeS_2，属于斜方晶系，铁原子位于单胞的体心及八个顶角，每个铁原子与六个相邻的硫配位，而每个硫原子与三个铁原子和一个硫原子配位，哑铃状对硫离子之轴向与 c 轴相斜交，而它的二端位于铁离子二个三角形的中点。单斜磁黄铁矿的空间对称结构为 F2/d，分子式为 Fe_7S_8，铁原子的配位情况有三种：铁原子与六个相邻的硫形成六配位，铁原子与六个相邻的硫和一个相邻的铁形成七配位，铁原子与六个相邻的硫和两个相邻的铁形成八配位。而硫原子的配位为：每个硫原子与六个铁原子形成六配位。黄铁矿、白铁矿和磁黄铁矿晶体的单胞模型如图 3 - 11 所示。

图 3 - 12 是黄铁矿、白铁矿和磁黄铁矿氧化时间与氧气消耗量之间的关系。由图可见，磁黄铁矿耗氧量最大，其次是白铁矿，最差的是黄铁矿，说明三种硫铁矿中，磁黄铁矿氧化作用最强，其次是白铁矿，黄铁矿氧化作用最弱。

图 3 - 13 是在 40℃ 的潮湿气氛中，黄铁矿、白铁矿和磁黄铁矿与氧气作用后，将样品移入真空干燥器中除去水分，然后用黄药进行浮选的结果。在这里主要考虑到水分子和氧分子的存在对三种硫铁矿氧化的影响，氧气浓度低表明氧化程度轻一些，氧气浓度高说明氧化程度较强。从图 3 - 13 可见，三种硫铁矿都表现出一个共同点，适度的氧化有利于浮选，过度氧化不利于浮选。随着氧气浓度的增加，三种硫铁矿的浮选回收率增加，当氧气浓度增加到一定程度时，浮选回

收率下降。另外从图中结果还可看出,在潮湿空气中的氧化作用对黄铁矿浮选回收率影响最大,其次是白铁矿,影响较小是磁黄铁矿。

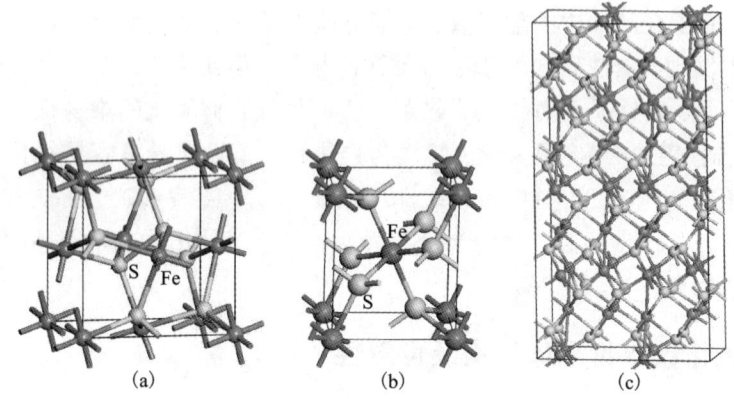

图3-11 黄铁矿(a)、白铁矿(b)和磁黄铁矿(c)的晶体模型

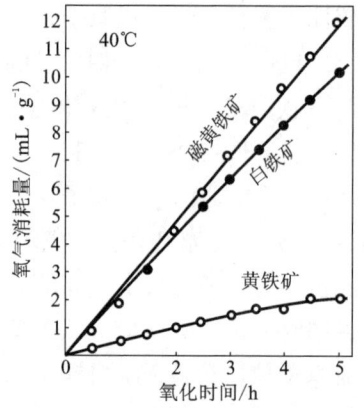

图3-12 三种硫铁矿的氧化时间
与耗氧量关系[28]

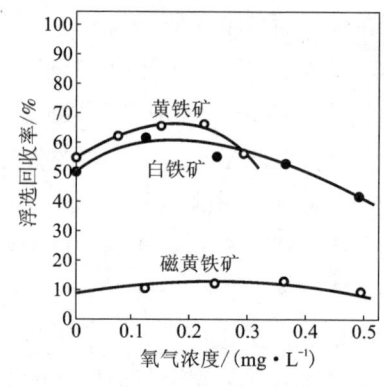

图3-13 在温湿气氛下,氧化
对三种硫铁矿浮选回收率的影响[28]

黄药在黄铁矿、白铁矿和磁黄铁矿三种矿物表面吸附作用后的产物都是双黄药,一般来说,矿物表面适度氧化能够造成表面缺电子状态,有利于黄药分子的吸附;矿物表面过度氧化会破坏矿物表面,同时生成亲水物质,导致黄药吸附不稳定。

3.2.2 硫铁矿物能带结构

黄铁矿、白铁矿和磁黄铁矿的能带结构如图 3 - 14,图 3 - 15 和图 3 - 16 所示。计算结果表明,黄铁矿为间接带隙型半导体,计算所得的带隙值为 0.58 eV,低于实验值 0.95 eV[29];白铁矿也为间接带隙半导体,间接带隙理论计算值为 0.98 eV,高于实验值 0.40 eV[30];磁黄铁矿的导带和价带相交,属于导体。从能带结构计算结果可知,黄铁矿和白铁矿属于窄能隙半导体,而磁黄铁矿属于金属导体,它们与浮选药剂的电化学作用具有明显的差异。

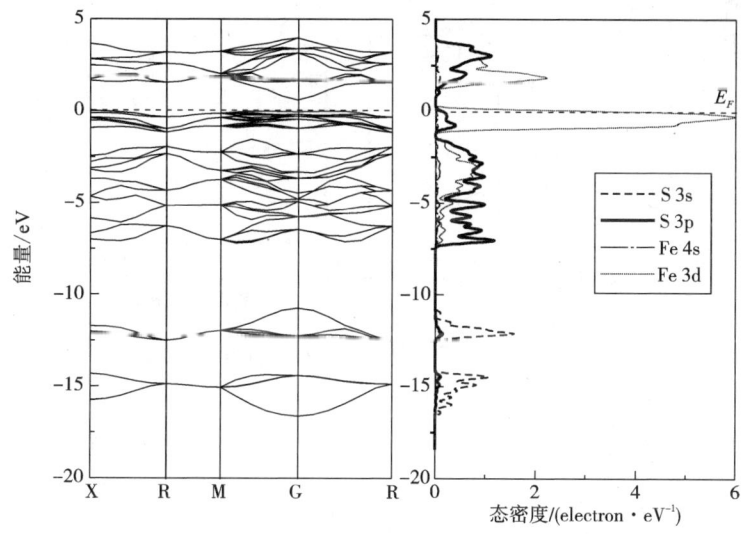

图 3 - 14 黄铁矿能带结构图

黄铁矿的态密度如图 3 - 14 所示。从图中可知,黄铁矿的能带在 - 17 ~ 5 eV 范围内分为五部分,在 - 17 ~ - 10 eV 之间的两组价带几乎全部由硫的 3s 轨道组成,仅有少部分硫的 3p 轨道贡献;价带顶以下 - 7.5 ~ - 1.5 eV 范围内的价带由硫的 3p 轨道和铁的 3d 轨道共同组成,贡献最大的是硫的 3p 轨道;顶部价带主要由硫的 3p 轨道和铁的 3d 轨道组成,且大部分由铁的 3d 轨道来贡献;导带能级主要由硫的 3p 轨道和铁的 3d 轨道共同组成,仅有少量硫的 3s 轨道和铁的 4p 轨道贡献。此外铁的 4s 轨道对态密度的贡献非常少。费米能级附近的态密度主要由铁的 3d 轨道构成。

白铁矿的态密度如图 3 - 15 所示。从图上可以看出,在 - 17 ~ - 11.5 eV 之间的两组价带几乎全部由硫的 3s 轨道贡献,还有少量硫的 3p 轨道贡献;价带顶即费米能级以下的态密度,主要由硫的 3p 轨道和铁的 3d 轨道共同组成;0.5 ~ 4 eV

范围内的导带主要由硫的3p轨道和铁的3d轨道共同组成；5~11 eV之间的导带由铁的4s轨道和铁的4p轨道共同组成，还有少部分硫的3p轨道贡献。费米能级附近的态密度主要由铁的3d轨道构成。

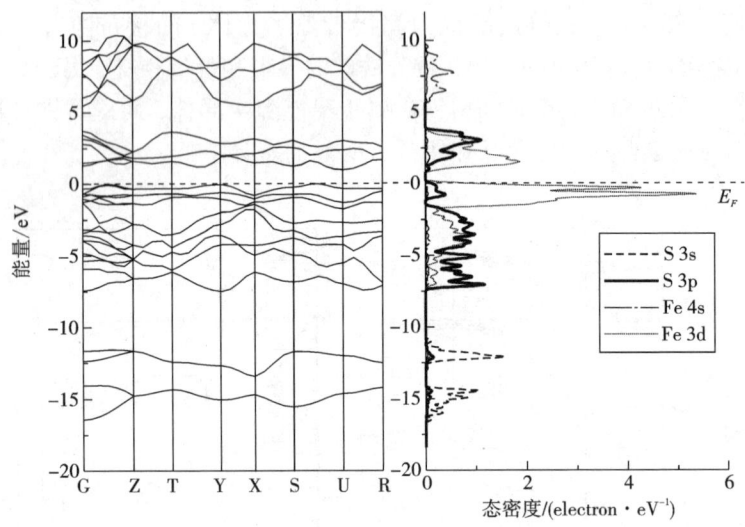

图3－15　白铁矿能带结构图

图3－16是磁黄铁矿的态密度图。从图上可以看出，磁黄铁矿的能带由两部

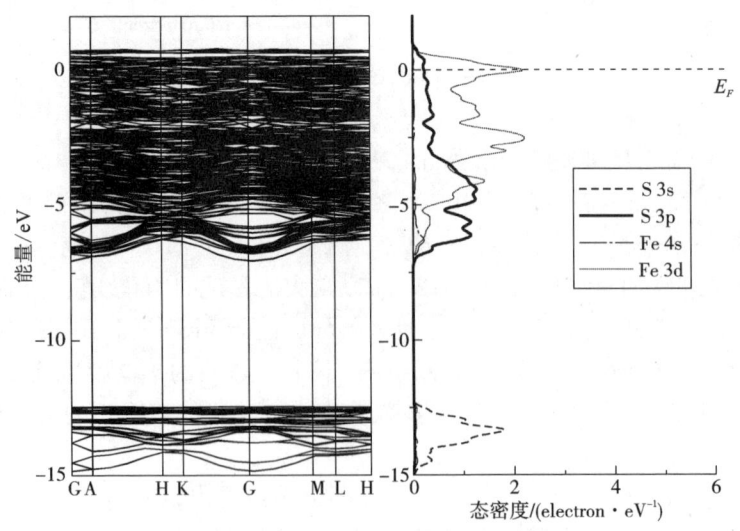

图3－16　磁黄铁矿能带结构图

分构成,位于 –15 ~ –12 eV 范围内的价带几乎全部由硫的 3s 轨道贡献;从 –7.5 ~2.5 eV 之间的能带大部分由硫的 3p 轨道和铁的 3d 轨道贡献,还有极少量铁的 4s 轨道和铁的 4p 轨道贡献。费米能级附近的态密度主要由铁的 3d 轨道构成,还有少量硫的 3p 轨道构成。

费米能级附近的电子活性最强,分析费米能级附近的电子态密度组成可以确定原子的反应活性。由态密度分析可知,三种硫铁矿中的铁原子的 3d 轨道主要分布在费米能级附近,但贡献的大小不同,其中贡献最大的是黄铁矿,其次是白铁矿,而磁黄铁矿中的铁原子的贡献最小。因此黄铁矿的铁最活跃,磁黄铁矿中的铁活性最弱,在浮选过程中,黄铁矿最容易受到氢氧根和石灰抑制,而磁黄铁矿则不容易受到抑制。

3.2.3 硫铁矿自旋极化研究

黄铁矿、白铁矿和磁黄铁矿的自旋态密度如图 3 – 17 所示。由图可以看出,黄铁矿和白铁矿为低自旋态,而磁黄铁矿为自旋 – 极化态,费米能级附近的自旋态密度主要由铁的 3d 轨道贡献。与低自旋态的黄铁矿和白铁矿相比,自旋 – 极化态的磁黄铁矿将更容易与具有顺磁性的氧气分子发生吸附作用,因此磁黄铁矿最容易被氧化。

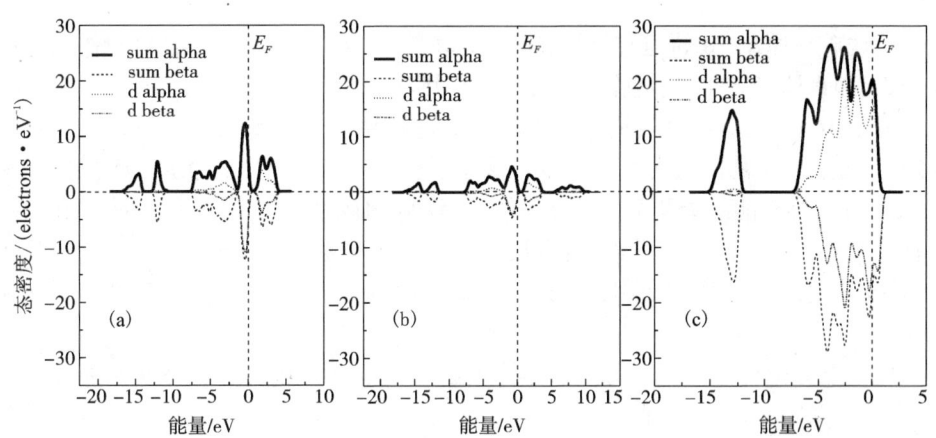

图 3 –17　黄铁矿(a)、白铁矿(b)和磁黄铁矿(c)的自旋态密度

3.2.4 硫铁矿物成键分析

从图 3 – 18 可见,在深能级 –17 ~ –10 eV 处主要是硫原子的态密度。对于具有硫原子对存在的黄铁矿和白铁矿而言,此处是硫原子对之间的 3s 轨道成键

作用和反键作用，由于磁黄铁矿晶体中只有单硫原子存在，硫原子之间没有成键作用。在 $-7.0 \sim -5.0$ eV 之间，对于黄铁矿和白铁矿主要是硫原子对的 3p 轨道成键作用。

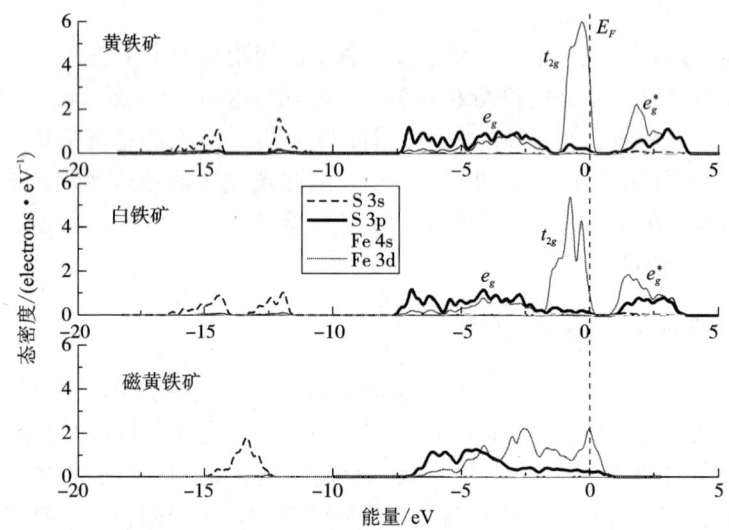

图 3 - 18　黄铁矿、白铁矿和磁黄铁矿成键铁—硫原子的态密度

　　黄铁矿硫原子 3p 轨道和铁原子 3d 轨道在 $-5.0 \sim -1.5$ eV 之间的作用是硫原子 3p 和铁原子 e_g 的成键作用，其反键作用在 $1.2 \sim 4.0$ eV 处，$-1.0 \sim 0.5$ eV 是铁原子 3d 的 t_{2g} 非成键轨道。白铁矿的成键作用和黄铁矿类似，只是在费米能级处 t_{2g} 发生了分裂和宽化作用，表明铁原子在斜方晶系中（白铁矿）比立方晶系（黄铁矿）在费米能级处更容易分裂。磁黄铁矿的硫铁原子成键和黄铁矿和白铁矿有较大区别，首先铁原子 3d 轨道没有发生完全分裂，其次硫原子 3p 轨道和铁原子 3d 轨道之间的成键作用和反键作用没有完全分开，说明它们的成键作用不强。

　　从以上分析可以看出，黄铁矿晶体中硫—铁成键作用最强；白铁矿晶体中硫铁反键作用较强，从而减弱了成键作用，并且白铁矿的硫—铁成键和反键之间移动小于黄铁矿，说明白铁矿成键作用弱于黄铁矿；磁黄铁矿硫—铁的成键在三种硫铁矿中最弱。从键长数据也可以证实这一结果：黄铁矿中硫铁键长最小（0.2191 nm），其次为白铁矿（0.2231 nm），硫铁键长最大为磁黄铁矿（0.2271 nm）。

　　从成键强弱可以判断黄铁矿硬度最大（莫氏硬度 $6 \sim 6.5$），其次白铁矿（莫氏硬度 $5 \sim 6$），磁黄铁矿硬度最小（莫氏硬度 $3.5 \sim 4.5$）。在选矿过程中磁黄铁矿易碎、易泥化，因此在选矿实践中，如果硫铁矿中磁黄铁矿含量较高，最好采用磁选的方法选出具有磁性的磁黄铁矿，防止其在磨矿过程中泥化，影响浮选指标。

3.2.5 键的 Mulliken 布居分析

键的 Mulliken 布居值可以看出键的离子性和共价性的强弱，布居值大表明键的共价性强，反之则表明键的离子性强。黄铁矿、白铁矿和磁黄铁矿键的 Mulliken 布居值列于表 3-4 中。由表中数据分析可知，黄铁矿 Fe—S 键的共价性大于 S—S 键，Fe—S 键的键长略小于 S—S 键长。白铁矿 Fe—S 键的布居值为 0.28 和 0.66，大于 S—S 键的布居值 0.08，说明 Fe—S 键的共价性大于 S—S 键，Fe—S 键长和 S—S 键长比较接近。而对于磁黄铁矿键的布居比较复杂，Fe—S 键的布居值为 0.11~0.44，Fe—Fe 键的布居值为 -0.11~-0.20，Fe—S 键的共价性大于 Fe—Fe 键，Fe—S 键的键长为 0.2271~0.2905 nm，Fe—Fe 键的键长为 0.2812~0.2972 nm。

表 3-4 黄铁矿、白铁矿和磁黄铁矿键的 Mulliken 布居分析

矿物	键	布居	键长/nm
黄铁矿	Fe—S	0.34	0.2191
	S—S	0.22	0.2258
白铁矿	Fe—S	0.28, 0.66	0.2231, 0.2247
	S—S	0.08	0.2279
磁黄铁矿	Fe—Fe	-0.11 ~ -0.20	0.2812 ~ 0.2972
	Fe—S	0.11 ~ 0.44	0.2271 ~ 0.2905

从 Mulliken 布居分析可以看出，黄铁矿与白铁矿晶体内部的 Fe—S 键之间主要以共价性为主，且共价性相近，但白铁矿的 S—S 键之间的共价性弱于黄铁矿，磁黄铁矿晶体内部由于铁原子之间成键，呈现出较大的离子性。因此在浮选过程中，共价性较强的黄铁矿和白铁矿有较好的疏水性，而离子性较强的磁黄铁矿疏水性较差。

3.2.6 前线轨道

根据前线轨道理论，一个反应物的 HOMO 轨道与另一个反应物的 LUMO 轨道的能量值之差的绝对值($|\Delta E|$)越小，两分子之间的相互作用就越强。对于硫铁矿而言，参与反应的是黄药的 HOMO 轨道和硫铁矿的 LUMO 轨道，以及氧气的 LUMO 轨道和硫铁矿的 HOMO 轨道。

三种硫铁矿物及氧分子和黄药分子的前线轨道能量列于表 3-5。由表可知，

磁黄铁矿与氧气作用的前线轨道能量|ΔE_1|最小(0.417 eV),其次为白铁矿(1.054 eV),黄铁矿与氧气作用的|ΔE_1|最大(1.685 eV),说明磁黄铁矿与氧分子的作用最强,白铁矿次之,黄铁矿与氧分子的作用最弱,三种硫铁矿的氧化难易顺序为:磁黄铁矿 > 白铁矿 > 黄铁矿。从氧气的分子轨道可知,氧气分子中有两个孤对电子分别排布在两个反键 π 轨道上,所以氧气分子具有顺磁性。由自旋态密度分析比较可知,黄铁矿和白铁矿为低自旋态,而磁黄铁矿则为自旋 - 极化态。因此在三种硫铁矿中,氧气分子更容易和自旋 - 极化态的磁黄铁矿发生作用。当矿石中有磁黄铁矿时,由于氧气会优先与磁黄铁矿反应,消耗了矿浆中大量的氧,导致其他硫化矿物不浮,只有充分的搅拌充气后,矿浆中有剩余氧时,才能浮选其他矿物[15]。

表 3 - 5　矿物及药剂的前线轨道能量

	前线轨道能量/eV		轨道能量差/eV	
	HOMO	LUMO	|ΔE_1|	|ΔE_2|
黄铁矿	- 6.295	- 5.923	1.685	0.708
白铁矿	- 5.664	- 4.795	1.054	0.420
磁黄铁矿	- 5.027	- 4.987	0.417	0.228
氧分子	- 6.908	- 4.610	—	—
丁基双黄药	- 5.215	- 2.620	—	—

注: $\Delta E_1 = | E_{HOMO}^{Mineral} - E_{LUMO}^{O_2} |$; $\Delta E_2 = | E_{HOMO}^{xanthate} - E_{LUMO}^{Mineral} |$。

黄药在白铁矿、黄铁矿和磁黄铁矿这三种矿物表面的产物都是双黄药,浮选实践表明黄药捕收这三种硫铁矿的可浮性顺序是:白铁矿 > 黄铁矿 > 磁黄铁矿。从表 3 - 5 可见,黄铁矿与黄药作用的前线轨道能量|ΔE_2|最大(0.708 eV),其次为白铁矿(0.420 eV),磁黄铁矿与黄药作用的|ΔE_2|最小(0.228 eV),说明黄药与白铁矿的作用大于黄铁矿,因此白铁矿的可浮性大于黄铁矿。而对于磁黄铁矿,虽然其与黄药的作用最强,但是在含有氧气的浮选体系中,正如前面所述,由于磁黄铁矿极易与氧气发生作用,导致磁黄铁矿过度氧化,在其表面生成可溶性薄膜,不利于双黄药的吸附。因此,在含氧浮选体系中磁黄铁矿的可浮性比白铁矿和黄铁矿要差。

3.3　硫化铅锑矿物晶体结构与电子性质

铅与锑的性质比较接近,铅原子的外层电子排布为 $5d^{10}6s^26p^2$,锑原子的外

层电子 $4d^{10}5s^25p^3$。作为含铅和锑的硫化矿物主要有方铅矿（PbS）、辉锑矿（Sb_2S_3）和脆硫锑铅矿（$Pb_4FeSb_6S_{14}$）三种主要的矿物。其中脆硫锑铅矿为复杂多金属硫化矿物，晶体形态呈柱状或针状，通常呈羽毛状集合体，故有"羽毛矿"之称。脆硫锑铅矿在大多数锑矿床中的蕴藏量很少，中国广西大厂是世界著名产地，脆硫锑铅矿产出数量之多为世界所罕见。脆硫锑铅矿作为主要矿物产出的矿床还见于墨西哥的希达尔戈、英国的康沃尔等。此外在湖南、吉林、辽宁、甘肃、江西等省的中低温铅锌矿床及美国内华达州和玻利维亚的辉锑矿床中也有少量脆硫锑铅矿产出。

　　这三种铅锑矿物的可浮性具有较大的区别，其中方铅矿在广泛 pH 条件下都具有很好的可浮性；而辉锑矿则在酸性条件下具有很好的可浮性，在碱性条件不浮，对石灰比较敏感；脆硫锑铅矿晶体中同时含有铅、锑和铁元素，其浮选行为介于方铅矿和辉锑矿之间，石灰对其具有较强的抑制作用。

3.3.1　脆硫锑铅矿浮选行为

　　图 3 - 19 是不同 pH 条件下，脆硫锑铅矿、方铅矿和辉锑矿的浮选回收率。由图可见，脆硫锑铅矿的可浮性介于方铅矿和辉锑矿之间，在酸性和弱碱性条件下可浮性接近于方铅矿，具有较好的可浮性；在碱性条件下，脆硫锑铅矿可浮性类似辉锑矿，容易受到抑制，可浮性下降。脆硫锑铅矿物中主要金属元素为铅和锑，其中铅理论含量为41.2%，锑的理论含量为33.7%，黄药和铅与锑的作用都很强（黄药与铅离子

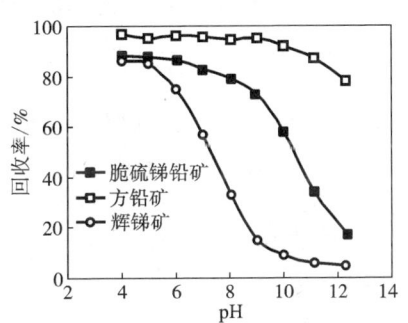

图 3 - 19　不同 pH 下，脆硫锑铅矿、方铅矿和辉锑矿的浮选影响
黄药浓度：5×10^{-5} mol/L

的 pK_{sp} 为 16.77，黄药与锑离子的 pK_{sp} 为 24），在酸性条件下，黄药能够和矿物表面铅、锑原子发生作用，而在碱性条件下，锑的氧化和水化阻碍了黄药的吸附，导致脆硫锑铅矿浮选回收率下降。

3.3.2　晶体结构的影响

　　图 3 - 20 列出脆硫锑铅矿（a）、辉锑矿（b）和方铅矿（c）的晶体结构。由图可见它们的晶体空间结构具有明显的区别，脆硫锑铅矿属单斜晶系，空间群为 $P2_1/a$，单胞分子式为 $Pb_8Fe_2Sb_{12}S_{28}$，脆硫锑铅矿晶体中每一个锑原子与相邻的三个或四个硫原子配位，铅原子与六个硫原子配位，铁原子与四个硫原子配位。辉锑矿和方铅矿都是简单的硫化物，其中辉锑矿属于斜方晶系，空间群为 Pnma，

单胞分子式为 Sb_8S_{12}，每一个锑原子与三个硫原子配位。方铅矿属于立方晶系，空间群为 Fm3m，单胞分子式为 Pb_4S_4。每一个铅原子与六个硫原子配位。黄铁矿属于等轴系，铁原子与六个相邻的硫配位。

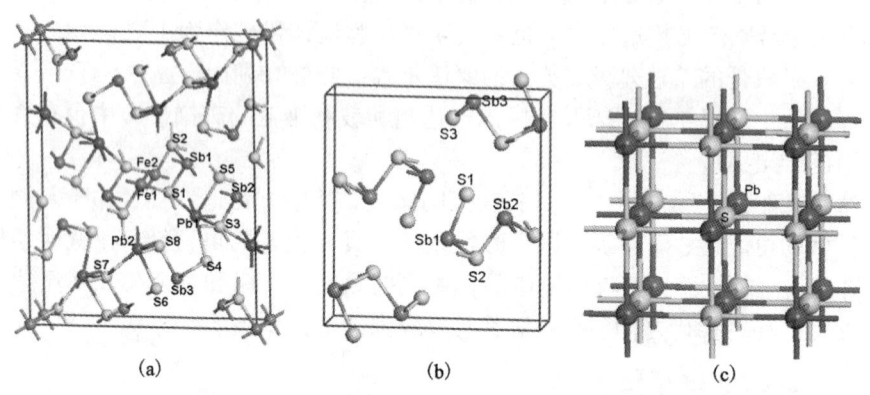

图 3 – 20 脆硫锑铅矿、辉锑矿和方铅矿晶体结构

(a) $Pb_4FeSb_6S_{14}$；(b) Sb_2S_3；(c) PbS

脆硫锑铅中的铅原子和方铅矿中铅原子虽然都是六配位，但是它们的结构完全不同。图 3 –21(a) 中脆硫锑铅和方铅矿中铅原子都是六配位结构。从图上可见，方铅矿中的铅原子和六个完全对称的硫原子配位，而与脆硫锑铅矿中铅原子配位的硫原子有几种类型，其中有和两个锑原子连接的硫原子(S1 和 S4)，有和三个铅原子连接的硫原子(S6 和 S2)，还有和铁原子和锑原子连接的硫原子(S3 和 S5)，因此脆硫锑铅矿中铅原子的配位结构远比方铅矿要复杂。

图 3 –21(b) 给出了方铅矿和脆硫锑铅中铅原子的配位场结构。由图可见虽然方铅矿和脆硫锑铅中的铅原子都是六配位结构，它们的配位场都是八面体场，但是二者之间的结构有很大区别，其中方铅矿中的铅原子的八面体配位场为对称结构，而脆硫锑铅中的铅原子配位场的八面体场为不对称结构。根据晶体场理论，不同配位场对中心离子的作用不同，因此脆硫锑铅中的铅原子和方铅矿中的铅原子在稳定性、电子性质和活性等方面都不同。

脆硫锑铅中的锑原子有两种配位结构，即三配位和四配位，它们和硫原子的配位结构和辉锑矿中的锑原子具有较大的差异，如图 3 –22 所示。与辉锑矿中三配位锑原子连接的三个硫原子中，S1 硫原子为单独的原子，S2 和 S3 硫原子则都是和两个锑原子连接，如图 3 –22(c) 所示；而与脆硫锑铅中和锑原子配位的三个硫原子中，S1 硫原子和两个铅原子连接，S2 和 S3 硫原子则是和一个铅原子和一个锑原子连接，如图 3 –22(a) 所示。脆硫锑铅矿中四配位的锑原子结构比三配位要复杂，见图 3 –22(b)。由图可见和锑原子配位的四个硫原子有两种状态，其

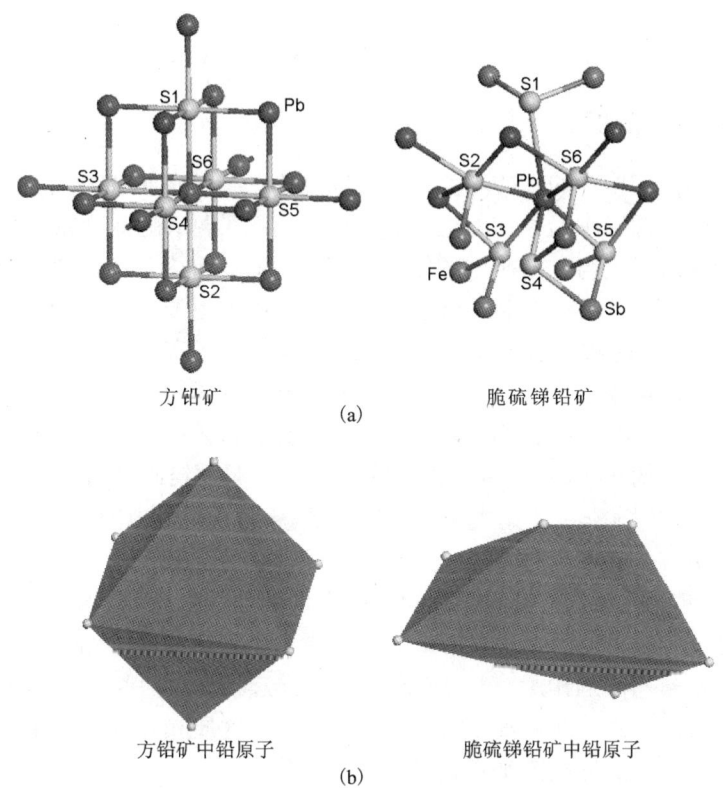

方铅矿　　　　　　脆硫锑铅矿

(a)

方铅矿中铅原子　　　　脆硫锑铅矿中铅原子

(b)

图 3 – 21　脆硫锑铅矿和方铅矿中的铅原子配位结构

(a)铅原子配位结构；(b)六配位铅原子的八面体场结构

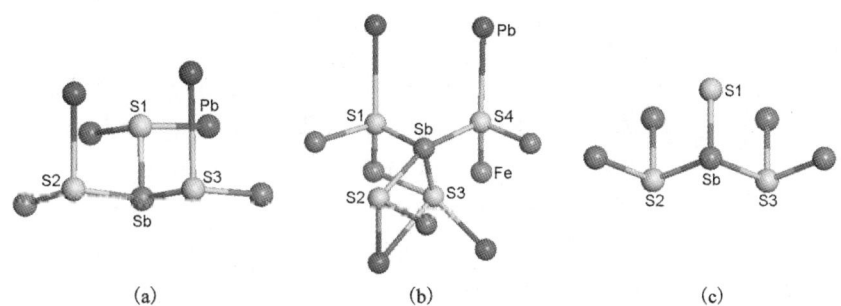

(a)　　　　　　　　(b)　　　　　　　　(c)

图 3 – 22　辉锑矿和脆硫锑铅矿中锑原子配位结构

(a)脆硫锑铅三配体锑；(b)脆硫锑铅四配体锑；(c)辉锑矿三配位锑

中 S1 和 S4 硫原子分别和铅原子、铁原子以及另一个锑原子连接，S2 硫原子只和铅原子和锑原子连接，S3 硫原子和两个铅原子和一个铁原子连接。脆硫锑铅矿三配位和四配位锑原子由于结构不同，其反应活性也不同。

3.3.3 电子态密度

原子在晶体结构中的性质和晶体的空间结构和原子的配位数有关。图 3 - 23 是方铅矿和脆硫锑铅中铅原子的电子态密度。由图可见，脆硫锑铅中的铅原子态密度在能量和形状上与方铅矿中的铅原子有所不同。首先脆硫锑铅中铅原子态密度整体负移，说明脆硫锑铅中的铅原子比方铅矿中的铅原子更加稳定，倾向于得到电子；其次，在费米能级附近，脆硫锑铅矿铅原子态密度分布比方铅矿少，也说明方铅矿中的铅原子更加活跃；另外从铅原子外层轨道 6s 和 6p 的分布来看，在导带（费米能级以上），方铅矿铅原子 6s 轨道贡献较少，主要是 6p 轨道，而脆硫锑铅矿铅原子的 6s 轨道和 6p 轨道都有贡献，说明方铅矿中铅原子在导带处 sp 杂化不如脆硫锑铅矿强，正是由于脆硫锑铅矿 6s 和 6p 的杂化作用导致脆硫锑铅中导带能量负移。在 -5 ~ 0 eV 处方铅矿和脆硫锑铅矿铅原子的态密度相似，6s 和 6p 都有贡献，说明方铅矿和脆硫锑铅中在价带上都发生 sp 杂化作用。通过以上电子态密度结果可以看出，方铅矿中的铅原子比脆硫锑铅中铅原子更活跃，在浮选中更容易与捕收剂作用，更容易获得好的浮选指标。而脆硫锑铅中由于铅原子的 6s 轨道和 6p 轨道发生较强的杂化作用，电子性质相对稳定，在浮选中应多采用具有螯合结构的捕收剂来强化与脆硫锑铅的作用。

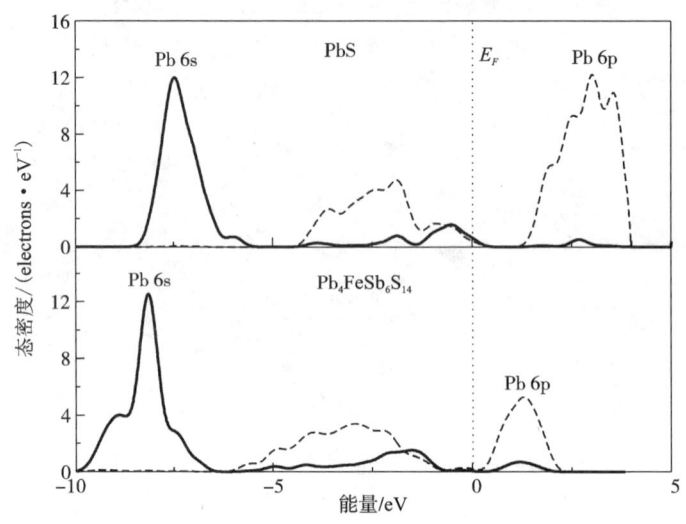

图 3 - 23　脆硫锑铅矿和方铅矿中铅原子态密度

图 3 – 24 是脆硫锑铅矿和辉锑矿锑原子的态密度。从三配位结构的锑原子来看，辉锑矿和脆硫锑铅矿中锑原子的态密度很相似，唯一的区别在于脆硫锑铅态密度发生了负移，说明脆硫锑铅中锑原子的电子性质更加稳定，不容易失去电子。态密度附近辉锑矿锑原子的 5s 和 5p 分布较多，而脆硫锑铅锑原子态密度则较少出现在费米能级附近，说明辉锑矿的锑原子比较活跃，容易与氢氧根等离子发生反应，这也是辉锑矿在碱性条件下可浮性差的一个原因。

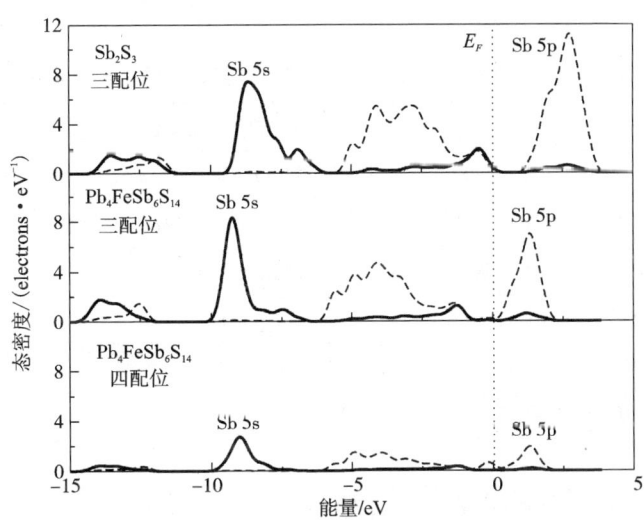

图 3 – 24　脆硫锑铅和辉锑矿中锑原子的态密度

比较脆硫锑铅中三配位和四配位锑原子态密度，可以看出四配位锑原子态密度能量负移，说明四配位锑原子电子性质比三配位更加稳定。另外值得提出的是在费米能级处，四配位锑原子 5p 轨道穿过了费米能级，而三配位锑原子则只有很少的 5p 轨道穿过费米能级，这一现象说明四配位锑原子的电子虽然稳定，但其电化学性质却有可能在某一方面比三配位锑原子要强。

3.3.4　前线轨道分析

表 3 – 6 是脆硫锑铅矿、方铅矿、辉锑矿和黄铁矿的电子占据最高轨道（HOMO）和最低空轨道（LUMO）轨道组成各主要原子的系数，系数前面正负号表示原子之间的成键和反键作用，系数绝对值大小表示对前线轨道贡献的大小。根据表中原子系数绝对值，可以发现脆硫锑铅矿的铁原子无论在 HOMO 轨道还是在 LUMO 轨道中都是最大的，表明铁原子虽然在脆硫锑铅矿含量比较少，但是非常活跃。脆硫锑铅矿 HOMO 轨道主要由铁原子和硫原子构成，锑原子和铅原子

贡献较小；LUMO 轨道主要是铁原子、硫原子和锑原子构成，铅原子贡献较小。比较脆硫锑铅矿和方铅矿、辉锑矿以及黄铁矿的前线轨道系数，可以认为，脆硫锑铅矿的 LUMO 轨道和方铅矿和辉锑矿类似，容易和捕收剂作用，具有较好的可浮性；而脆硫锑铅矿的 HOMO 轨道类似黄铁矿和辉锑矿，容易受到碱性介质的抑制，尤其是石灰的抑制。图 3 – 25 为不同石灰浓度下，脆硫锑铅矿、方铅矿、辉锑矿和黄铁矿浮选行为。由图可见，方铅矿浮选回收率受石灰影响比较小，辉锑矿最容易被石灰抑制，脆硫锑铅矿受石灰抑制的程度在黄铁矿和辉锑矿之间。

表 3 – 6 脆硫锑铅矿、方铅矿、辉锑矿和黄铁矿的前线轨道组成

矿物	前线轨道	前线轨道组成及系数
脆硫锑铅矿	HOMO	$-0.341Fe(3d) + 0.287S(3p) - 0.077Sb(5p) - 0.038Pb(6p)$
	LUMO	$-0.316\ Fe(3d) - 0.240S(3p) - 0.113Sb(5p-1) - 0.068Pb(6p)$
方铅矿	HOMO	$-0.493S(3p-1) + 0.038Pb(6p-1)$
	LUMO	$0.484Pb(6p-1) + 0.203S(3p-1)$
辉锑矿	HOMO	$0.484Sb(5p) + 0.321S(3p)$
	LUMO	$-0.529Sb(5p) - 0.283S(3p)$
黄铁矿	HOMO	$0.238Fe(3d) - 0.068S(3p)$
	LUMO	$-0.004Fe - 0.124S(3p)$

一般而言，电子占据最高轨道为电子最容易向外转移的轨道，而电子未占据最低空轨道为最容易获得电子的轨道。前线轨道可以简单归纳为 HOMO 轨道具有亲核性，LUMO 轨道具有亲电性。例如表 3 –6 中的方铅矿前线轨道，HOMO 轨道的主要贡献为硫原子，LUMO 轨道的主要贡献为铅原子，因此方铅矿中硫原子容易失去电子，发生氧化作用，铅离子容易和黄药阴离子发生作用，生成黄原酸铅。脆硫锑铅矿、辉锑矿和黄铁矿的

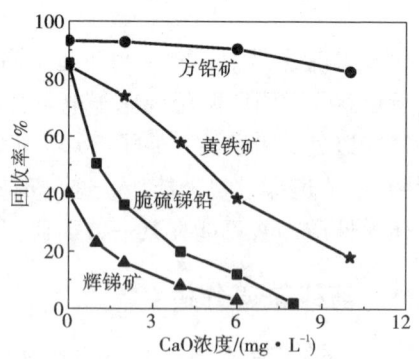

图 3 – 25 石灰用量对方铅矿、辉锑矿和脆硫锑铅矿的抑制行为

HOMO 轨道中都出现了金属原子，这是因为脆硫锑铅矿中铁原子、辉锑矿中的锑原子以及黄铁矿中的铁原子，都是低价态，其中脆硫锑铅矿中铁为 +2 价，辉锑

矿中锑为 +3 价，黄铁矿中铁位 +2 价，能够失去电子，变成更高的价态，因此它们可以作为电子占据态出现在 HOMO 轨道中。另外 HOMO 轨道出现金属原子，是否和它们都容易受到石灰抑制有关呢？图 3 – 25 结果表明，方铅矿的浮选对石灰不敏感，脆硫锑铅矿、黄铁矿和辉锑矿容易受到石灰的抑制。石灰的有效抑制组分为正价的羟基钙（CaOH$^+$），容易和亲核性 HOMO 轨道发生作用。黄铁矿抑制模型研究表明[31]，羟基钙在黄铁矿表面吸附稳定构型为钙原子吸附在硫位，羟基中的氧原子吸附在铁位。因此 HOMO 轨道中金属原子的出现有利于形成稳定的羟基钙分子吸附构型，如脆硫锑铅矿、辉锑矿和黄铁矿，它们容易受到石灰的抑制；而 HOMO 轨道中没有出现金属原子，则不利于形成羟基钙稳定的吸附构型，如方铅矿，石灰对方铅矿具有较弱的抑制作用。

3.4　毒砂和黄铁矿晶体结构与电子性质

　　黄铁矿（FeS$_2$）和毒砂（FeAsS）是两种主要的硫化物，在自然界中容易共生在一起。在浮选实践中经常会碰到砷硫分离问题，如硫精矿降砷、含金黄铁矿和毒砂的分离等。毒砂和黄铁矿具有相似的晶体结构和热力学性质，在浮选中具有相似的浮选行为。由图 3 – 26 可见，在广泛 pH 范围内，毒砂和黄铁矿的浮选行为接近，基本上找不到可分离区间。毒砂和黄铁矿的浮选分离被认为是含砷硫化矿浮选分离的代表性难题。

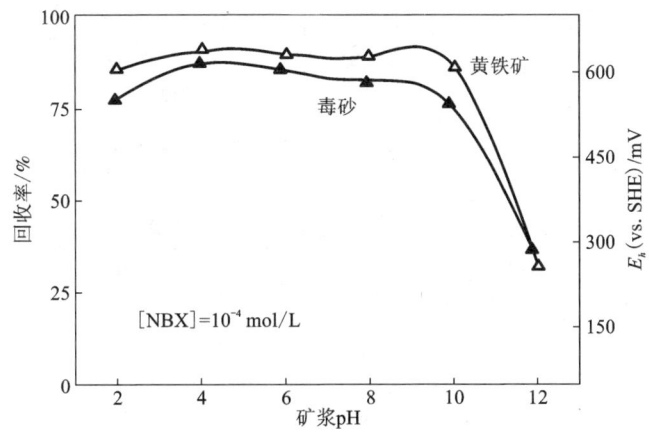

图 3 – 26　黄铁矿和毒砂的回收率与 pH 的关系[32]

（丁黄药：1×10^{-4} mol/L）

　　毒砂和黄铁矿的浮选行为与其晶体结构和半导体电化学性质密切相关，黄铁矿的电子结构已经有许多报道[34-39]，而毒砂电子结构的研究则较少见到报道[40]。了解毒砂和黄铁矿的晶体结构和电子性质，有助于我们从理论上进一步认识毒砂和黄铁矿难分离的原因，同时也为毒砂和黄铁矿的高效浮选分离提供理论依据。

3.4.1 毒砂和黄铁矿晶体结构

毒砂和黄铁矿的晶体结构已经有许多报道[41-48]，黄铁矿的空间群为 $Pa\bar{3}$，早先的研究认为毒砂中大量的硫倾向于形成低对称的三斜晶系，高含量的砷会降低单斜晶系对称，因此天然毒砂是富含硫的。然而，Bindi 等人最近的研究表明毒砂的化学计量是空间群为 $P2_1/c$ 的单斜晶体。在下面的研究中选用 $P2_1/c$ 单斜毒砂进行计算。黄铁矿和毒砂的晶胞如图 3 - 27 所示，黄铁矿和单斜毒砂计算得到的晶胞参数见表 3 - 7。由表可见黄铁矿和毒砂晶胞参数的计算结果与实际测试结果的误差小于 1%，表明优化的晶体结构非常可靠。

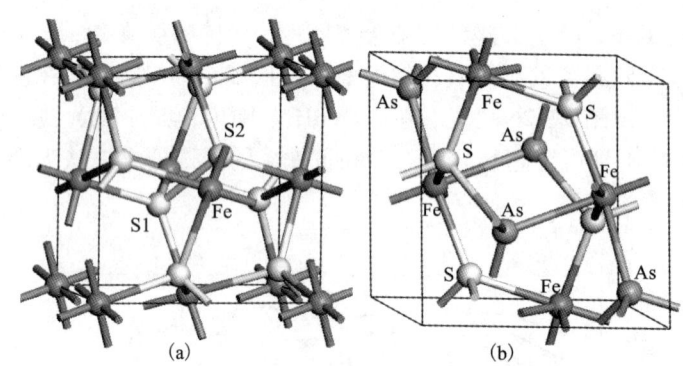

图 3 - 27　黄铁矿(a)和毒砂(b)的晶体结构

表 3 - 7　黄铁矿和毒砂晶胞参数和键角

	计算结果		报道结果		文献
	晶胞参数/Å	$\beta/(°)$	晶胞参数/Å	$\beta/(°)$	
黄铁矿	$a=b=c=5.386$	90.0	$a=b=c=5.417$	90.0	[28]
毒砂	$a=5.701$ $b=5.636$ $c=5.720$	111.8	$a=5.761$ $b=5.684$ $c=5.767$	111.7	[32]

黄铁矿的晶胞含有四个 FeS_2 分子单元，分子式为 Fe_4S_8，毒砂的晶胞也有四

个 FeAsS 的分子单元, 分子式为 $Fe_4As_4S_4$。毒砂和黄铁矿的阴离子分别是 AsS^{2-} 和 S_2^{2-}, 阳离子(Fe)与六个阴离子配位形成八面体构造, 每一个阴离子与一个阴离子和三个 Fe 阳离子配位形成四面体构造, 如图 3 - 28 所示。

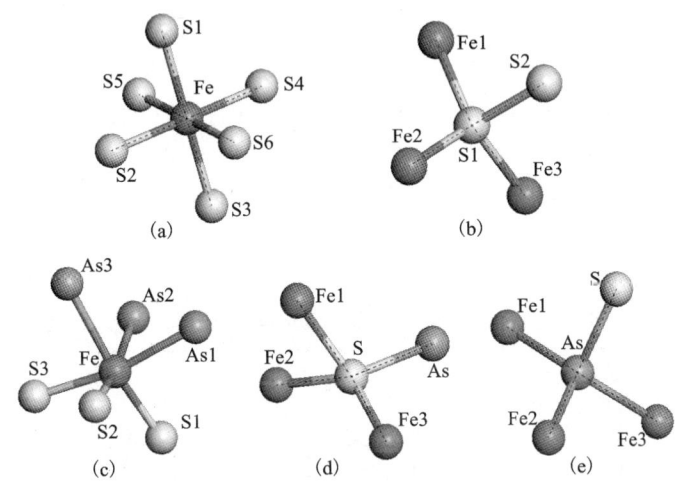

图 3 - 28　黄铁矿的 Fe(a)、S(b)和毒砂的 Fe(c)、S(d)、As(e)原子配位结构

Hulliger(1965)和 Tossell(1981) 研究表明, 在黄铁矿中相邻的配位八面体具有相同的角[49-50], 然而在毒砂中它们共用一个边缘, 如图 3 - 29 所示。黄铁矿中 Fe—S—Fe 键角为 115.9°, 毒砂中的 Fe—S—Fe 键角分别为 75.0°、124.4° 和 128.57°, Fe—As—Fe 键角分别为 103.0°, 117.9° 和 124.1°。

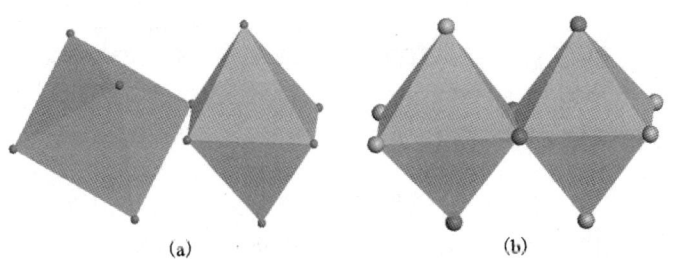

图 3 - 29　两个相邻铁黄铁矿八面体配位(a)和毒砂八面体配位(b), 黄铁矿中两个相邻八配位有共同的角而在毒砂中用一个边

Buerger 认为毒砂中原子间的距离不同于黄铁矿的原子间距离[51]。表 3 - 8 列出了毒砂和黄铁矿的原子间距离和键的 Mulliken 布居。由表可见, 黄铁矿六个 Fe—S 键(2.247 Å)的键长是相等的, 毒砂中的的三个 Fe—As 键的键长与三个

Fe—S 键的键长不同，分别是 2.366 ~ 2.403 Å 和 2.174 ~ 2.209 Å。黄铁矿的 S—S 与毒砂中 As—S 的原子间距离分别为 2.186 Å 和 2.396 Å，黄铁矿中 Fc—Fe 的距离为 3.808 Å，比毒砂（短的距离为 2.657 Å）的长，这表明在黄铁矿中 Fe—Fe 没有反应，但在毒砂中有强烈的反应。除此之外毒砂的 Fe—Fe 距离交替地延长和减小，短距离为 2.657 Å，长距离为 3.746 Å。键的布居说明黄铁矿中 Fe—S 的布居值（0.34）比毒砂（0.40 ~ 0.44）小，表明前者的共价作用比后者的弱。图 3 - 30(a) 和 3 - 30(b) 是黄铁矿和毒砂原子间电子密度图，由图可见黄铁矿 Fe—S 上电子密度明显大于毒砂。另外黄铁矿 S—S 的共价作用（键的布居为 0.22）比毒砂的 As—S 的共价作用（键的布居 0.28）弱，有趣的是 Fe—As 键的布居值是负数，在 Fe—As 原子中发生了反键作用。

表 3 - 8　黄铁矿和毒砂键的原子间距离和 Mulliken 布居分析

黄铁矿			毒砂		
键	键长/Å	布居	键	键长/Å	布居
Fe—S	2.247	0.34	Fe—S1	2.174	0.40
S1—S2	2.186	0.22	Fe—S2	2.189	0.43
Fe—Fe	3.808	—	Fe—S3	2.209	0.44
			Fe—As1	2.366	-0.24
			Fe—As2	2.384	-0.26
			Fe—As3	2.403	-0.17
			S—As	2.396	0.28
			Fe—Fe	2.657, 3.746	—

3.4.2　毒砂和黄铁矿电子结构

黄铁矿和毒砂的电子能带结构和相应的态密度如图 3 - 31 所示。黄铁矿的电子能带结构被分割成 -17 eV 和 5 eV 之间的五个能量间隔，-17 eV 和 -10 eV 之间两组价带几乎全由硫的 3S 轨道组成，这两组价带的低组包含了 S—S 成键态，较高组包含了 S—S 反成键态。价带顶以下 -7.5 ~ -1.5 eV 范围内的价带主要由硫的 3p 和铁的 3d 轨道组成，略低于费米能级的带主要由硫的 3p 态和铁的 3d 态反成键形成。导带能级主要由反成键铁的 3d 态和硫的 3p 态共同组成。毒砂的能带在 -17 ~ 5 eV 范围内分为四个部分，在 -17 ~ -10 eV 两组之间与黄铁矿的相同，两个带的较低组主要来源于 As—S 成键态，较高组由 As—S 反成键态组

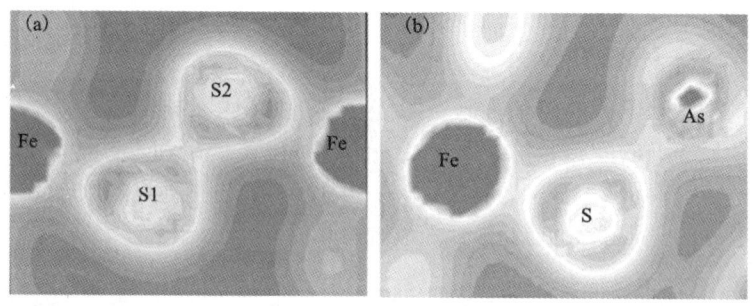

图 3 - 30　黄铁矿中 S—S 和 Fe—S 原子的电子密度图(a)和毒砂中的 Fe—S 和
As—S 电子密度图(b)，电子更大程度上重叠显示较强的共价键相互作用

成；价带顶主要由铁的 3d、砷的 4p 和硫的 3p 轨道贡献，仅有少量的砷的 4s 和铁
的 4s 轨道贡献。导带主要由硫的 3p、砷的 4p 和铁的 3d 轨道贡献，仅有少量的
硫的 3s 和砷的 4s 轨道贡献。

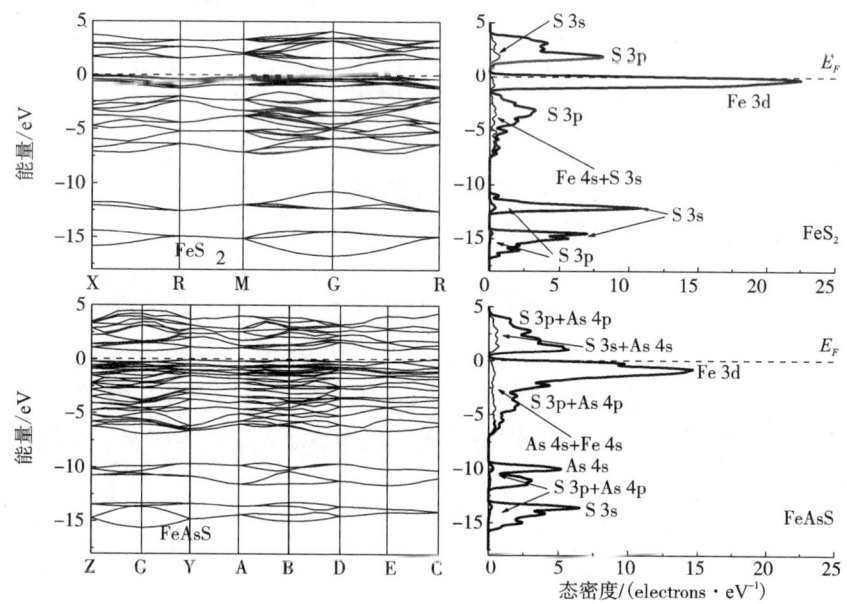

图 3 - 31　毒砂和黄铁矿的能带结构和相应的态密度图

比较黄铁矿和毒砂的电子结构，很明显黄铁矿的价带范围从 -7.5 ~ 0 eV 以
-1.25 eV 能量点分割，毒砂态密度的这部分价带是连续的。另外黄铁矿的铁 3d

轨道在价带顶以下被分割，毒砂的铁的 3d 轨道在费米能级以下是没被分割的。这些可以归因于黄铁矿 Fe—S 原子间成键作用和原子间的电子作用比毒砂的强，自旋极化的计算表明黄铁矿和毒砂是低自旋状态。

图 3 - 32 显示了黄铁矿和毒砂费米能级附近的电子的能带结构。从图可见黄铁矿和毒砂是 p 型的间接带隙半导体，理论计算出黄铁矿和毒砂的禁带宽度分别为 0.54 eV 和 0.78 eV，比试验值低，这是由于 GGA 方法通常导致较低的差距值，黄铁矿和毒砂的导带的最低点位于高对称的 G(Γ) 点。

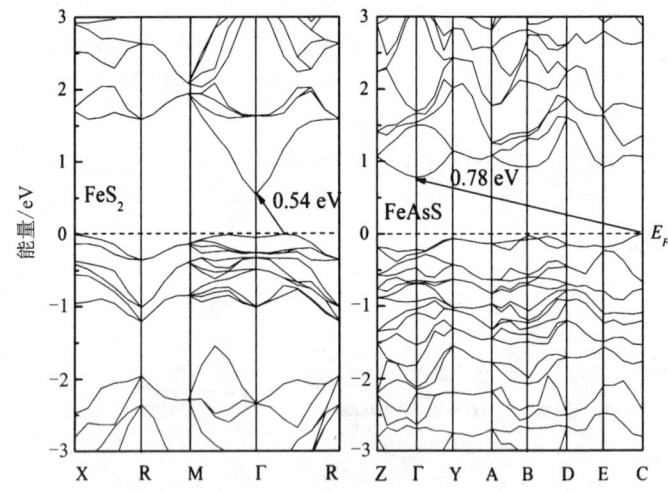

图 3 - 32　黄铁矿和毒砂费米能级附近的能带结构，虚线描绘了费米能级在价带顶(VBM)

由图 3 - 33(a) 可见，在铁的八面体配位场中，3d 轨道在费米能级处分为具有孤对电子 t_{2g} 状态和空反键 e_g^* 状态，t_{2g} 状态的峰值是尖的表明电子场是非常强的。在 t_{2g} 状态以下存在非局域的成键 3d 状态(e_g)，在 -1.5 eV 处与 t_{2g} 状态分离。这些 e_g 状态与硫的 3p 态作用形成了成键状态，反键作用发生在硫的 3p 态与导带的 e_g^* 态。

比较图 3 - 33(a) 和(b) 可见黄铁矿的 Fe—S 原子与毒砂的 Fe—S 原子之间明显差异在于后者的 d - p 轨道在 -7.5 ~ 0 eV 范围内不分裂，成键的 3d e_g 状态与不成键的 3d t_{2g} 状态是连接在一起的。另外黄铁矿 Fe—S 原子的成键范围(-7.5 ~ -1.5 eV) 比毒砂 Fe—S 原子成键范围(-7.5 ~ -3 eV) 宽，但是黄铁矿的 Fe—S 原子之间的反成键作用比毒砂 Fe—S 原子间的反成键作用强，这导致了黄铁矿的 Fe—S 原子间的距离比毒砂的大。

图 3 - 33(c) 表明 As 的 4p 轨道和 Fe 的 3d 轨道之间的成键相互作用非常弱，

但它们的反键作用非常强，表明 As—Fe 原子的作用以反键为主，这与 As—Fe 键的 Mulliken 布居计算值是一致的(负值)。

由图 3 – 33(d)可见，在 As—S 的成键过程中 p – p 轨道的相互作用占主导位置，s 轨道对成键反应只有很小的贡献；p – p 成键范围是 – 7.5 ~ – 3 eV，它们的反键作用范围是 – 3 ~ 0 eV。

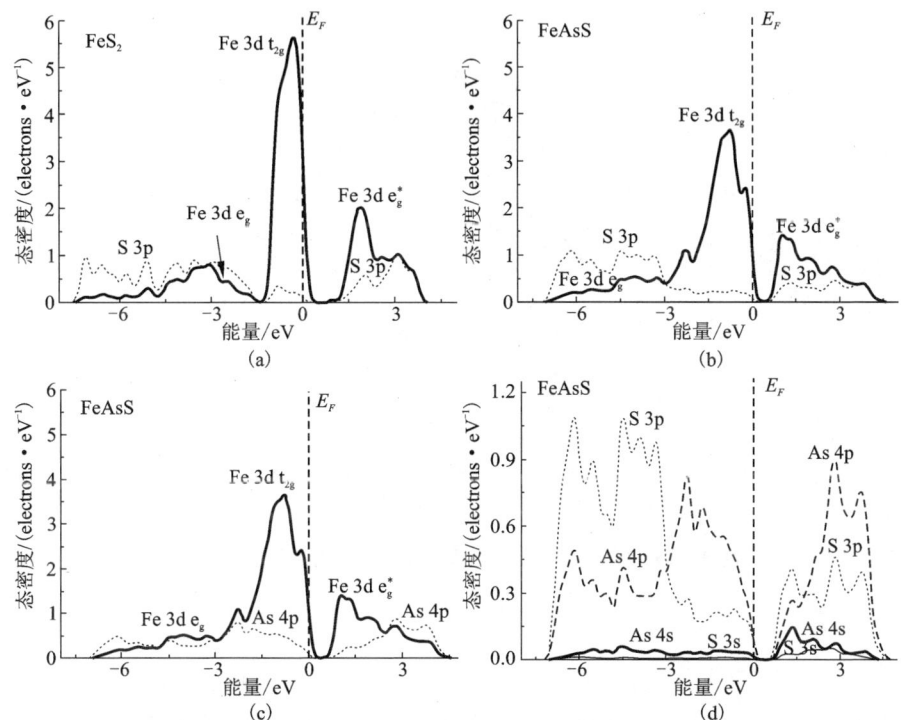

图 3 – 33　黄铁矿中铁和硫的态密度(a)，毒砂中铁和硫的态密度(b)，毒砂中砷和铁的态密度(c)，毒砂中砷和硫的态密度(d)，费米能级 E_F 作为能量 0 点

3.4.3　毒砂和黄铁矿的费米能量

第 3 章在费米能级一节中已经提到，统计理论证明费米能级就是体系电子的化学势，可以表示体系的平均电化学性质。费米能级的化学势表达式为：

$$E_F = \mu = \left(\frac{\partial G}{\partial N}\right)_T \qquad (3 - 4)$$

其中：μ 和 G 分别为化学势和自由能，N 是电子数，T 是温度。采用 DFT 计算出的毒砂和黄铁矿费米能级分别是 5.99 eV 和 5.91 eV，二者非常接近。这表明这两种矿物的电子的电化学势非常相似，换言之，毒砂和黄铁矿具有相似的电化学性质。Allison(1972)研究表明黄铁矿和毒砂的静电位都是 0.22 V[52]，这与费米能级结果相符。另外黄药在毒砂和黄铁矿表面的产物都是双黄药，这也表明黄药与黄铁矿和毒砂具有相似的电化学作用。从图 3-34 的结果可以看出，在不同矿浆电位下毒砂和黄铁矿的浮选回收率都比较接近，表明毒砂和黄铁矿具有相似的电化学浮选行为。

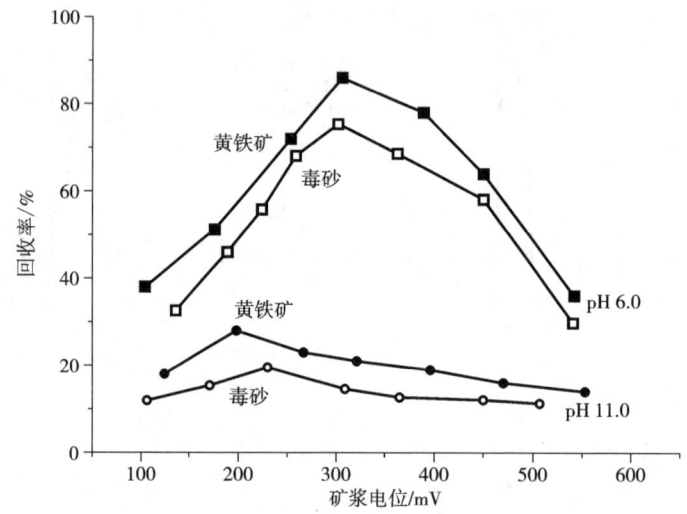

图 3-34 不同矿浆电位下黄铁矿和毒砂的浮选行为[53]

丁黄药: 1×10^{-4} mol/L

从以上讨论可见，毒砂和黄铁矿的电子化学势几乎相同，因此热力学条件下很难实现毒砂和黄铁矿的电化学浮选分离，但可以从动力学方面去寻找它们差异。研究结果表明在碳酸钠(Na_2CO_3)和硫酸钠(Na_2SO_4)存在的情况下，毒砂的氧化速率显著加快[5, 54]，这就为毒砂和黄铁矿的分离提供了动力学条件。

3.4.4 毒砂和黄铁矿的前线轨道

由表 3-9 可见，黄铁矿最高占据分子轨道(HOMO)的铁 3d 轨道系数(0.292)比硫的 3p(0.035)更大，而相反的情况发生在最低未占据分子轨道上(LUMO)，铁的 3d 轨道系数为 0.009，硫的 3p 轨道系数为 0.242。对于毒砂在 HOMO 处的铁的 3d 轨道系数(0.323)最大，其次是砷的 4p 轨道(0.264)然后是硫的 3p 轨道(0.126)；在毒砂 LUMO 轨道上，铁的 3d 轨道系数依然最大，其次是硫的 3p 轨道系数。

表 3 - 9　黄铁矿和毒砂的费米能级和轨道系数

矿物	前线轨道	轨道系数
黄铁矿	HOMO	0.292Fe 3d, 0.035S 3p
	LUMO	0.009Fe 3d, 0.242S 3p
毒砂	HOMO	0.323Fe 3d, 0.126S 3p, 0.264As 4p
	LUMO	0.401Fe 3d, 0.200S 3p, 0.090As 4p

　　硫化矿物的氧化发生在氧分子的 LUMO 轨道和矿物的 HOMO 轨道之间。HOMO 轨道的前线轨道系数表明在黄铁矿和氧的作用中铁原子最活跃，但在毒砂与氧的反应中铁、砷和硫原子都可能参与反应，因此除了氧化铁、硫酸盐，毒砂的氧化产物还包括了砷酸盐。前线轨道系数结果还说明氧与毒砂的作用比与黄铁矿的强。Corkhill[40] 和 Schaufuss[55] 的研究表明，在氧化反应中砷比铁更易反

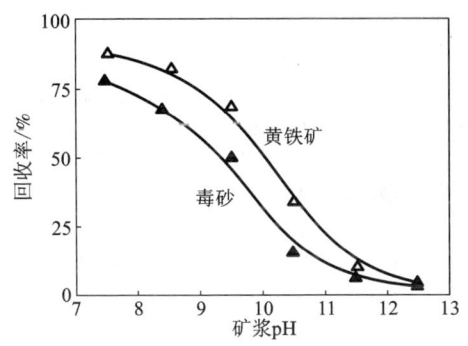

图 3 - 35　石灰调 pH 条件下，
毒砂和黄铁矿的浮选行为[17]

应，在毒砂表面吸附氧气和水时，砷可能是最活跃的原子，从而促进了砷氧化物和含砷酸的形成。因此可以通过强化砷的氧化作用来实现毒砂与黄铁矿的浮选分离。

　　前面已经提到石灰与硫化矿物表面作用似乎和矿物的 HOMO 轨道有关，特别是 HOMO 轨道中阳离子的贡献，HOMO 轨道中阳离子的轨道系数越大，矿物就越容易被石灰抑制。从表 3 - 9 可见，毒砂 HOMO 轨道中铁 3d 的轨道系数为 0.323，大于黄铁矿 HOMO 轨道中铁 3d 的轨道系数(0.292)，表明毒砂应该比黄铁矿更容易被石灰抑制。图 3 - 35 的结果证实了前线轨道系数的预测。

　　一般而言，阴离子捕收剂与硫化矿物的作用发生在捕收剂分子的 HOMO 轨道和矿物的 LUMO 轨道(铁原子)。根据 LUMO 的前线轨道系数，黄铁矿的 LUMO 的铁原子系数比毒砂要小，说明黄铁矿的铁原子亲电性比毒砂弱，因此可以利用毒砂和黄铁矿铁原子活性的差异来实现毒砂和黄铁矿的分离，即采用非硫化矿捕收剂来浮选毒砂。Kydros 等人报道了采用非硫化矿捕收剂十二烷基磺酸钠可以有效实现毒砂与黄铁矿的浮选分离[56]。

3.5　单斜和六方磁黄铁矿晶体结构与电子性质

在有色金属硫化矿中，硫铁矿的抑制是常常碰到的问题。硫铁矿中除了常见的黄铁矿外，还经常伴生有磁黄铁矿。磁黄铁矿具有自旋电子性质，能够强烈吸附氧气，从而严重干扰其他矿物的浮选。磁黄铁矿有两种晶体结构，其中单斜磁黄铁的可浮性比六方磁黄铁矿好[57]。酸性条件下，六方磁黄铁矿比单斜磁黄铁矿更容易被铜离子活化，并且石灰对六方磁黄铁矿的抑制强于单斜磁黄铁矿[58]。斜方磁黄铁矿的矿浆电位浮选区间比六方磁黄铁矿的更宽。俄罗斯的塔尔纳赫斯克选矿厂处理的磁黄铁矿中，六方磁黄铁矿则具有很好的天然可浮性[59]。本节讨论这两种晶系的磁黄铁矿在晶体结构和电子性质上的差异，并对这种差异造成浮选行为变化的原因进行阐述。

3.5.1　晶体结构

磁黄铁矿是一种非化学计量化合物，通式为 $Fe_{1-x}S$（$Fe(II)$ 和 S^{2-}），其中 x 从 $0(FeS)$ 到 $0.125(Fe_7S_8)$ 发生变化。常见的磁黄铁矿有单斜和六方两种晶体结构，Fe—S 的距离在 $0.237 \sim 0.272$ nm 范围内，平均距离为 0.250 nm。单斜磁黄铁矿中铁含量在 46.5% 和 46.8% 之间，六方磁黄铁矿中铁的范围在 47.4% 和 48.3% 之间。单斜磁黄铁矿的铁原子有三种配位方式：铁原子与六个相邻的硫原子配位，铁原子与六个相邻硫原子和另外一个铁原子配位，铁原子与六个相邻的硫原子和另外两个铁原子配位。单斜磁黄铁矿中的硫只有一种配位方式，即硫原子和相邻的六个铁原子配位。六方磁黄铁矿的铁和相邻的六个硫原子和另外两个铁原子配位，而硫原子和相邻的六个铁原子配位。单斜磁黄铁矿对称性较差，并且室温下具有铁磁性。单斜磁黄铁矿低于 $254\,℃$ 时很稳定，但是六方磁黄铁矿在高于 $254\,℃$ 时是稳定的。单斜和六方磁黄铁矿的模型如图 $3-36(a)$ 和 (b) 所示。

3.5.2　能带结构和态密度

图 $3-37$ 为单斜和六方磁黄铁矿的能带结构。从图可见，单斜磁黄铁矿和六方磁黄铁矿的能带都穿越了费米能级，它们都具有金属导电性。另外二者的能带结构完全不同，其中单斜磁黄铁矿能带整体负移，表明其电子性质相对稳定；而六方磁黄铁矿则在部分高能级上仍然有电子能级出现，表明六方磁黄铁矿电子比较活跃。另外自旋计算表明，单斜磁黄铁矿具有自旋性质，磁性较强，而六方磁黄铁矿几乎没有自旋，磁性较弱。测试结果表明[60]，单斜磁黄铁矿的比磁化系数达到 $10983 \times 10^{-6} \sim 14523 \times 10^{-6}$ cm^3/g，而六方磁黄铁矿的比磁化系数仅为 $331 \times 10^{-6} \sim 710 \times 10^{-6}$ cm^3/g。

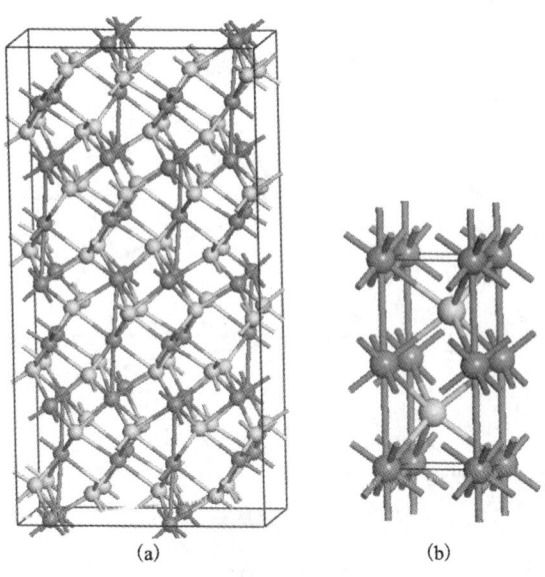

图 3 – 36　单斜和六方磁黄铁矿晶胞模型

（a）单斜磁黄铁矿；（b）六方磁黄铁矿

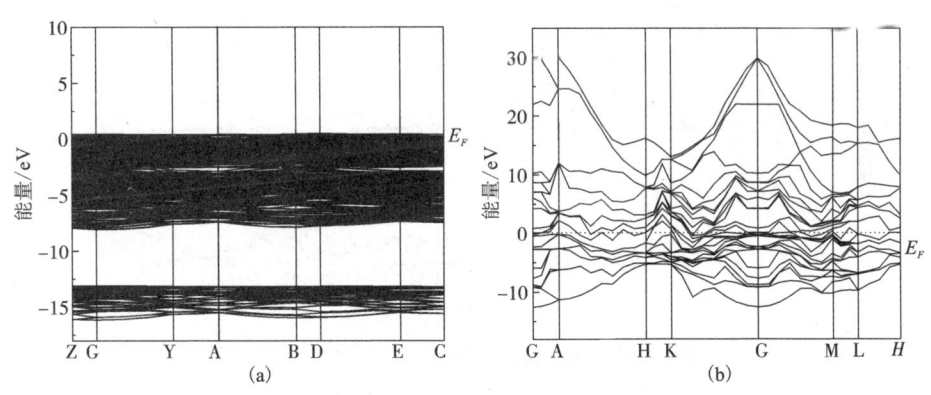

图 3 – 37　单斜和六方磁黄铁矿的能带结构

（a）单斜磁黄铁矿；（b）六方磁黄铁矿

图 3 – 38 是两种晶系磁黄铁矿的电子态密度。由图可见，单斜磁黄铁矿在 – 17 eV 和 – 12.5 cV 之间的带主要来自于硫的 3s，– 8 ~ 2 eV 之间的带主要来自于铁 3d 和硫 3p。六方磁黄铁矿的所有轨道，包括硫的 3s 和 3p，铁的 3d，4s 和 4p 在导带和价带中交叉分布，没有单独的轨道出现，甚至铁原子在费米能级处的非键轨道也发生了离域化，说明六方磁黄铁矿原了之间发生了比较强烈的轨道杂化作用，这也许是六方磁黄铁矿电子自旋作用比较弱的原因。

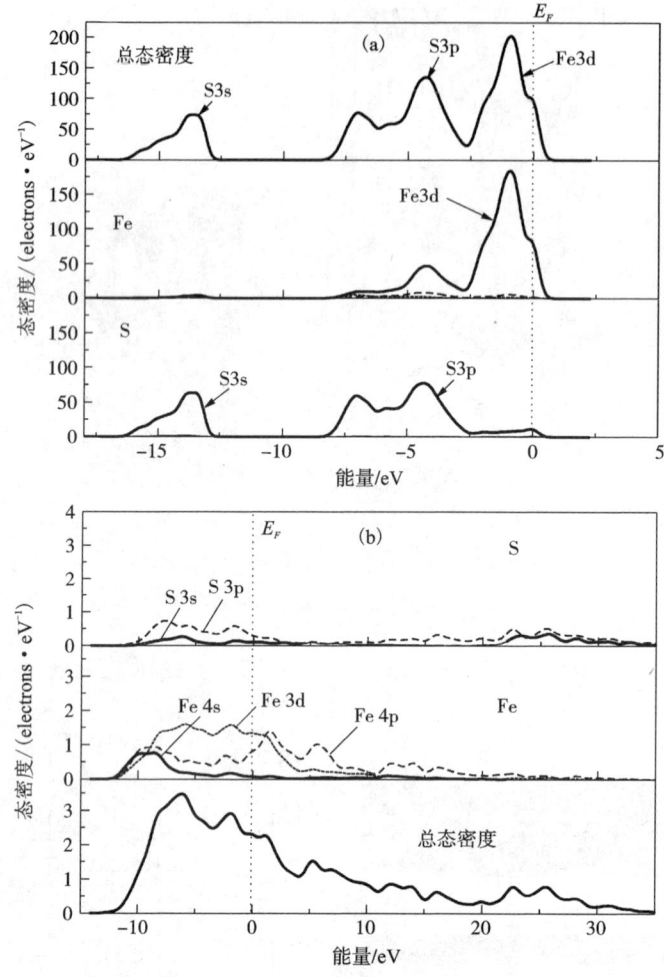

图 3 – 38　单斜和六方磁黄铁矿的电子态密度

(a)单斜磁黄铁矿；(b)六方磁黄铁矿

　　从轨道成键作用来分析，–2.5 ～ –7.5 eV 区间是单斜磁黄铁矿铁 3d 和硫 3p 的成键轨道，–2.5 ~ 0.5 eV 是它们的反键轨道；六方磁黄铁矿则没有发现明显的成键轨道和反键轨道。因此六方磁黄铁矿晶体的成键作用小于单斜磁黄铁矿，即单斜磁黄铁矿晶体中的化学键要强于六方磁黄铁矿。

　　研究结果表明"共价材料硬度等于单位面积上的化学键对金刚石压头的抵抗阻力"[61]，纯共价键的硬度理论公式为：

$$H(\text{GPa}) = AN_aE_g \qquad\qquad (3-5)$$

其中：A 为比例系数，E_g 为能隙，N_a 为单位面积上的共价键数。大多数晶体是极性共价晶体，其硬度公式为：

$$H_v(\mathrm{GPa}) = A(N_a e^{-1.19 f_i}) E_h \qquad (3-6)$$

其中：E_h 为扣除离子键贡献的异极能隙外的同极共价能隙，f_i 为离子性。根据电子态密度的成键作用可以预测矿物的硬度强弱。单斜磁黄铁矿的成键作用大于六方磁黄铁矿，因此单斜黄铁矿晶体的硬度应该比六方磁黄铁矿晶体要大。显微硬度测试结果表明，单斜磁黄铁矿显微硬度在 $280 \sim 362 \ \mathrm{kg/mm^2}$，六方磁黄铁矿显微硬度在 $218 \sim 278 \ \mathrm{kg/mm^2}$，单斜磁黄铁矿的硬度明显大于六方磁黄铁矿。

对于金属来说，最重要的物理化学过程主要发生在费米能级附近[3]，换句话说，费米能级附近的态密度代表了原子的反应活性。从图 3-38 可见，在费米能级处单斜磁黄铁矿的主要贡献来自于铁 3d 的非键轨道，少部分来自于硫 3p，六方磁黄铁矿主要来自于铁 3d、4p 和硫 3p 的杂化轨道，少部分来自于铁 4s。因此单斜磁黄铁矿电子没有六方磁黄铁矿活跃，这个结果和 Orlova 的研究结构一致[62]。

3.5.3 前线轨道

根据前线轨道理论，一个反应物的最高占据分子轨道(HOMO)和另一个反应物的最低空轨道(LUMO)的能量值之差的绝对值($|\Delta E|$)越小，两个反应物之间的相互作用就越强。对于磁黄铁矿与黄药的作用，参与反应的是黄药的 HOMO 轨道和磁黄铁矿的 LUMO 轨道。表 3-10 给出单斜磁黄铁矿和六方磁黄铁矿的 LUMO 轨道能量以及丁基黄药分子的 HOMO 轨道能量。计算结果表明单斜和六方磁黄铁矿的最低未占据空轨道为别为 $-5.18 \ \mathrm{eV}$ 和 $-5.05 \ \mathrm{eV}$。

表 3-10　黄药分子与单斜和六方磁黄铁矿的前线轨道能量

前线轨道/eV		$|\Delta E|$/eV
黄药 HOMO 轨道	磁黄铁矿 LUMO 轨道	
-5.40	单斜：-5.18	0.22
	六方：-5.05	0.35

从表 3-10 结果可见，黄药分子的 HOMO 轨道能量和单斜磁黄铁矿 LUMO 轨道能量差(0.22 eV)小于黄药和六方磁黄铁矿的能量差(0.35 eV)，表明单斜磁黄铁矿比六方磁黄铁矿更容易与黄药发生作用，单斜磁黄铁矿的可浮性比六方磁黄铁矿要好。

表 3-11 为单斜和六方磁黄铁矿的前线轨道系数。由表可见，单斜磁黄铁矿

HOMO 轨道和 LUMO 轨道中铁和硫原子的系数很接近，表明单斜磁黄铁矿 HOMO 轨道和 LUMO 轨道的主要贡献来自于铁和硫原子。六方磁黄铁矿 HOMO 轨道中铁原子的系数(0.7448)远远大于硫原子的系数(0.0002)，表明六方磁黄铁矿 HOMO 轨道的主要贡献来自于铁原子，六方磁黄铁矿 LUMO 轨道中硫原子的系数 (0.6308)大于铁原子的系数(0.3783)，表明其贡献主要来自于硫原子，少量来自于铁原子。

表 3 - 11　两种磁黄铁矿前线轨道原子系数

矿物	前线轨道	轨道原子系数
单斜磁黄铁矿	HOMO	$0.1252Fe(3d) + 0.1064S(3p)$
	LUMO	$0.1169Fe(3d-1) - 0.1149S(3p)$
六方磁黄铁矿	HOMO	$0.7448Fe(3d) - 0.0002S(3p)$
	LUMO	$0.6308S(3p) + 0.3783Fe(4p)$

图 3 - 39 是不同石灰浓度下，单斜黄铁矿和六方磁黄铁矿的浮选回收率。由图可见，单斜磁黄铁矿的浮选回收率比六方磁黄铁矿的要高，说明单斜磁黄铁矿的可浮性比六方磁黄铁矿的要好。另一方面，六方磁黄铁矿容易被石灰抑制，而单斜磁黄铁矿则不容易被石灰抑制。在前面几节的分析中，已经提出硫化矿物的 HOMO 轨道和石灰的抑制作用有关，特别是当 HOMO 轨道上阳离子贡献越大，该矿物越

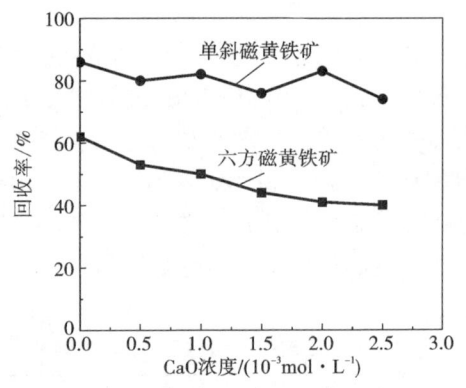

图 3 - 39　单斜和六方磁黄铁矿浮选回收率与石灰浓度的关系[58]

容易被石灰抑制。从表 3 - 11 可以发现，石灰对六方和单斜磁黄铁矿的抑制作用同样表现出类似的规律：容易被石灰抑制的六方磁黄铁矿 HOMO 轨道中铁原子贡献最大，不容易被石灰抑制的斜方磁黄铁矿中 HOMO 轨道中铁原子系数相对较小。

下面从反馈键的角度讨论硫化矿物 HOMO 轨道中阳离子系数与石灰抑制的关系。首先在碱性条件下，石灰的有效抑制成分为 $CaOH^+$，具有空轨道；其次硫化矿物阳离子大都有 d 轨道，d 轨道具有提供电子给配体形成反馈键的能力。因此当硫化矿物的最高电子占据轨道(HOMO)与石灰的最低未占据空轨道(LUMO)

发生作用时，硫化矿物 HOMO 轨道中阳离子系数越大，就越容易与石灰形成反馈键，增强石灰的抑制能力。

3.6　硫化矿物间的伽伐尼作用

硫化矿浮选是一个复杂电化学体系，电子转移不仅发生在硫化矿物和浮选药剂分子之间，不同硫化矿物之间也会发生电子转移。当两种不同的金属接触时，会形成伽凡尼电池，由伽凡尼作用造成的金属腐蚀现象称为伽凡尼腐蚀（Galvanic Corrosion），也称作电偶腐蚀。硫化矿浮选过程中从磨矿到浮选各个环节都存在电偶腐蚀作用，磨矿过程中钢球介质与硫化矿物之间会发生伽凡尼作用，浮选过程中不同硫化矿物颗粒之间也会发生伽凡尼作用。这些伽凡尼作用都会改变硫化矿物半导体性质和电化学反应活性，从而影响硫化矿物的电化学浮选行为。

3.6.1　伽伐尼作用原理

硫化矿物具有半导体性质，不同硫化矿物具有不同的静电位，当两种硫化矿物接触后，电子会从静电位低的矿物向静电位高的矿物转移，形成伽伐尼电池。硫化矿矿浆中的伽伐尼作用电偶腐蚀可归纳为图 3 – 40 所示的三种情形。图 3 – 40(a)和(c)表示发生在磨矿过程中钢球介质与硫化矿物发生的电偶腐蚀，其中图 3 – 40(a)中只有一种硫化矿物，钢球为阳极，发生铁的氧化，硫化矿物为阴极，在其表面进行氧的还原反应；图 3 – 40(c)表示有两种硫化矿存在下磨矿的伽伐尼作用模型，由于两种硫化矿物的静电位不同，静电位相对较高的硫化矿物呈电化学惰性，作为阴极，而静电位较低的硫化矿物呈电化学活性，而与钢球介质一起，主要作为阳极。图 3 – 40(b)代表了两种硫化矿物在浮选过程中发生的电偶腐蚀行为，静电位较低的硫化矿物作为阳极，发生氧化反应，而静电位较高的硫化矿物作为阴极，发生还原反应。

硫化矿物的静电位和其费米能级有关，矿物费米能级越高，其静电位就越低，反之，矿物费米能级越低，其静电位就越高。当两种矿物发生接触时，电子从费米能级高的矿物流向费米能级低的矿物，直至二者费米能级相同后，达到平衡。硫化矿物间的伽伐尼作用（或电偶腐蚀）驱动力正是来源于两种矿物之间存在的电子费米能级差，两种矿物的费米能级差异越大，它们的伽伐尼作用越显著。

在硫化矿物浮选中，方铅矿和黄铁矿是两个典型的硫化矿物，在硫化矿电化学理论研究中具有重要的地位。首先方铅矿是所有硫化矿物中静电位最低的矿物，而黄铁矿的静电位最高；其次黄药在黄铁矿表面为双黄药，在方铅矿表面为黄原酸铅，代表了硫化矿浮选捕收剂作用的两种典型电化学机理；另外，黄铁矿

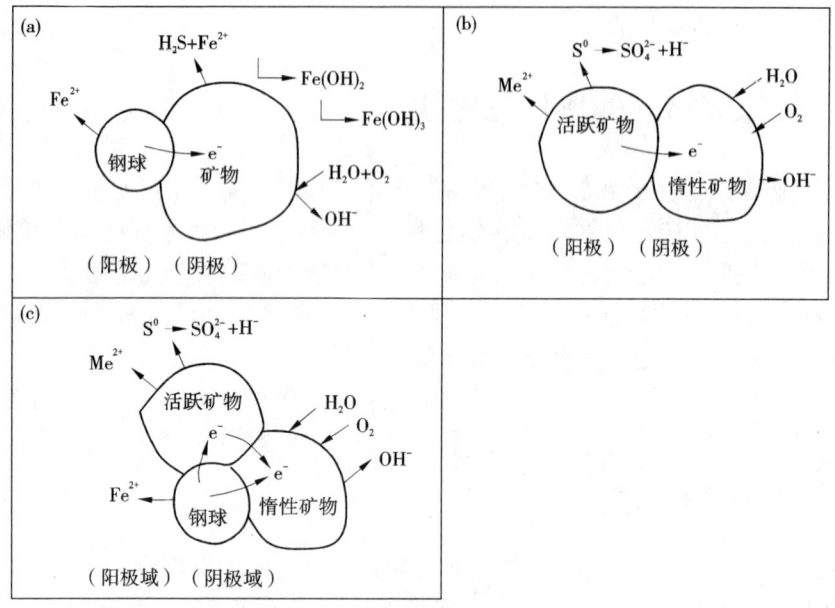

图3-40 硫化矿矿浆中的电偶腐蚀模型

(a)磨矿钢介质与硫化矿；(b)硫化矿物之间；(c)磨矿钢介质与两种硫化矿

普遍存在各种硫化矿石中，在矿浆中发生的电偶腐蚀中，黄铁矿总是作为阴极，其他静电位低的矿物为阳极，因此黄铁矿与方铅矿伽伐尼作用体系在硫化矿浮选中具有典型性和代表性。下面以方铅矿和黄铁矿代表矿物，研究伽伐尼作用对矿物浮选行为以及电子结构的影响。

3.6.2 伽伐尼作用对矿物浮选行为的影响

方铅矿和黄铁矿混合后的无捕收剂浮选回收率见图3-41。由图可见，方铅矿、黄铁矿混合体系下的矿物浮选行为和单一矿物的浮选行为不同，说明混合体系中方铅矿和黄铁矿由于颗粒间相互碰撞产生了伽伐尼作用，改变了矿物表面性质，影响了矿物的无捕收剂浮选行为。

方铅矿和黄铁矿在酸性条件具有很好的无捕收剂浮选行为，随着pH的升高，黄铁矿的无捕收剂浮选行为下降，而方铅矿仍保持很好可浮性。这是因为黄铁矿的天然可浮性较差，在酸性条件下黄铁矿表面氧化形成元素硫，从而具有较高的浮选回收率，随着pH升高后，黄铁矿表面羟基铁的形成降低了矿物表面疏水性；而方铅矿本身就有很好的天然可浮性，能够在广泛pH范围内保持较高的回收率。

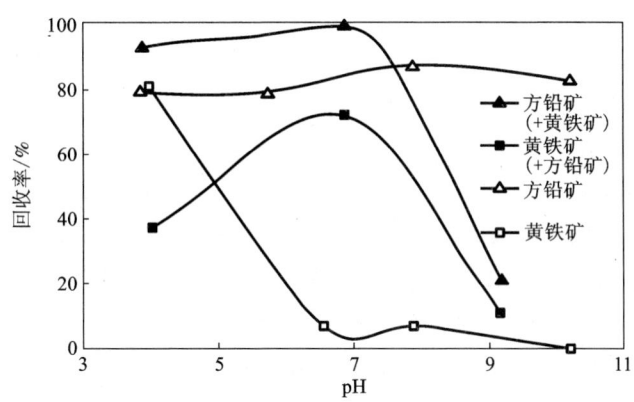

图 3 - 41　不同 pH 条件下, 伽伐尼作用对方铅矿
和黄铁矿无捕收剂浮选回收率的影响

当方铅矿和黄铁矿相互接触后, 由于伽伐尼作用, 黄铁矿作为阴极, 发生还原反应, 方铅矿作为阳极, 发生氧化反应。在酸性条件下, 黄铁矿无捕收剂浮选回收率下降, 这是由于在黄铁矿 - 方铅矿伽伐尼作用体系中, 方铅矿电子流向黄铁矿, 黄铁矿表面疏水元素硫的氧化反应受到抑制, 从而降低了可浮性; 而方铅矿由于失去电子, 有利于表面元素硫氧化反应, 可浮性变好。

当 pH 增加到 7 左右的时候, 方铅矿可浮性最好, 无捕收浮选回收率接近 100%, 这是由于黄铁矿的伽伐尼作用促进了方铅矿表面疏水元素硫的形成, 提高了方铅矿表面疏水性。另外此时黄铁矿的可浮性也变好, 无捕收浮选回收率为 70% 左右, 高于单矿物体系下的回收率。Ball 等人发现黄铁矿在 pH 6 左右出现最小浮选回收率, 其原因是黄铁矿表面大量 $Fe(OH)_3$ 胶体的形成[63]。黄铁矿和方铅矿接触后, 黄铁矿作为阴极从方铅矿表面获得电子, 抑制了黄铁矿表

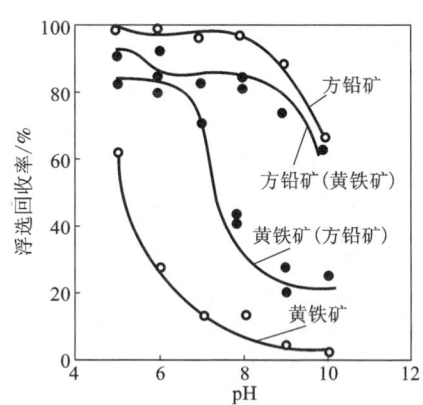

图 3 - 42　不同 pH 条件下, 伽伐尼作用
对 3418 捕收方铅矿和黄铁矿的影响

面三价铁的形成, 从而阻碍了黄铁矿表面 $Fe(OH)_3$ 的形成, 提高了黄铁矿表面疏水性。当 pH 超过 9 以后, 方铅矿回收率下降, 这是由于黄铁矿和方铅矿强烈伽伐尼作用, 导致方铅矿表面发生氧化反应形成 $Pb(OH)_2$ 和亚硫酸盐, 方铅矿表面

亲水性增强。碱性条件下，黄铁矿表面由于伽伐尼作用得到电子，降低了铁的亲电性，不利于 Fe(OH)₃ 的形成，反而提高了黄铁矿表面的疏水性。

从图 3-41 可见，伽伐尼作用导致黄铁矿和方铅矿的浮选行为趋于相似，其原因在于黄铁矿和方铅矿接触后费米能级趋于相同，从而导致方铅矿和黄铁矿具有相似的电化学浮选行为。因此可以推断凡是具有电化学活性的硫化矿物，经过伽伐尼作用后，它们的电化学浮选行为趋于相似。Pecina-Trevino 等人报道了具有电化学活性的捕收剂 3418（Sodium-di-isobutyl Dithiophosphinate，二异丁基二硫代亚磷酸钠）与黄铁矿和方铅矿的混合矿作用的结果[64]，由图 3-42 可见黄铁矿和方铅矿混合后，方铅矿回收率下降，黄铁矿回收率提高，二者的浮选行为比单矿物更加接近。由此可见矿物间的伽伐尼作用是造成人工混合矿和实际矿石与单矿物浮选行为不一致的主要因素。

3.6.3 伽伐尼作用的隧道效应

采用密度泛函理论模拟了方铅矿和黄铁矿的伽伐尼作用，计算模型见图 3-43，黄铁矿和方铅矿之间用真空层隔离。为了考察矿物接触程度对伽伐尼作用的影响，研究了方铅矿和黄铁矿之间不同距离下伽伐尼作用情况。计算结果表明方铅矿和黄铁矿接触后，方铅矿失去电子，黄铁矿得到电子。这与实际情况相吻合，黄铁矿静电位高，作为阴极得电子，方铅矿静电位低，作为阳极失去电子。

图 3-44 显示了黄铁矿和方铅矿不同接触距离下伽伐尼作用的电子转移情况。由图可见方铅矿和黄铁矿伽伐尼作用有效距离比我们想象的要大得多，在 2.7～10 Å 范围内都可以发生电子转移；矿物之间的距离越小，电子转移越多，伽伐尼作用越强；反之，距离越大，电子转移越少，伽伐尼作用越弱；当方铅矿和黄铁矿的距离超过 10 Å 后，电子转移已经非常少了，说明 10 Å 距离时方铅矿和黄铁矿的伽伐尼作用非常弱了。

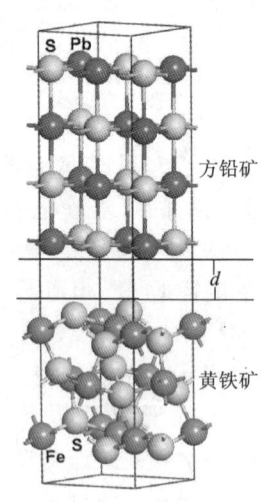

图 3-43　黄铁矿和方铅矿伽伐尼作用模型

在 2.7～3 Å 距离范围内，方铅矿和黄铁矿之间的原子可以发生成键作用，它们之间的电子转移可以通过原子的成键来实现。当距离超过 3 Å 后，黄铁矿和方铅矿原子之间不能发生成键作用，电子的转移主要靠隧道效应来实现。考虑粒子运动遇到一个高于粒子能量的势垒，按照经典力学，粒子是不可能越过势垒的；按照量子理论除了在势垒处的反射波函数外，还有透过势垒的波函数，这表明在势垒的另一边，粒子具有一定的存在概率，这就是量子理论中的粒子贯穿势垒。理论计算表明，对于能量为几电子伏的电子，势垒的能量也是几电子伏特，当势垒宽度为 10 Å 时，粒子透射概率减小到 10^{-10}，

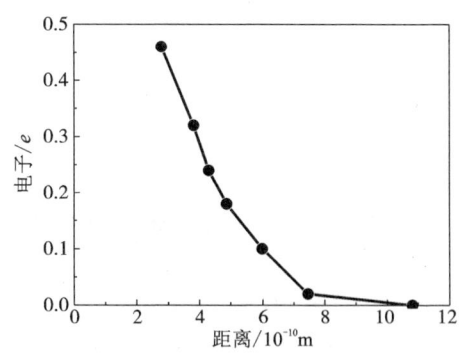

图 3 - 44　伽伐尼作用距离对黄铁矿
和方铅矿电子转移的影响

已微乎其微。方铅矿和黄铁矿之间的真空层相当于电子的势垒，真空层的宽度也就相当于势垒宽度。图 3 - 44 的结果表明，当黄铁矿和方铅矿的距离超过 10 Å 时，电子转移几乎为零，说明 10 Å 是伽伐尼作用的极限距离，也是方铅矿和黄铁矿接触电子转移的隧道效应极限势垒宽度。

3.6.4　伽伐尼作用对硫化矿物表面电荷的影响

　　由于方铅矿和黄铁矿的费米能级或静电位不同，二者接触后会发生电子转移，最后达到电子的热力学平衡，平衡后的方铅矿和黄铁矿的费米能级相同。在第 2 章费米能级的阐述中，专门讨论过矿物静电位与费米能级的关系，费米能级高的矿物，电子充填水平较高，容易给出电子，矿物的静电位较低；反之费米能级低的矿物，电子充填水平较低，不容易给出电子，矿物的静电位较高。黄铁矿和方铅矿的费米能级分别为 -4.24 eV，-5.91 eV，方铅矿的费米能级比黄铁矿高，因此当方铅矿和黄铁矿接触后，电子从方铅矿向黄铁矿转移。

　　表 3 - 12 是方铅矿和黄铁矿接触作用后电子的变化情况。由表 3 - 12 可见黄铁矿与方铅矿在 2.78 Å 距离发生伽伐尼作用后，黄铁矿表面硫原子失电子，铁原子得电子，总体上是得到电子。具体来分析，黄铁矿表面三配位的硫原子的 3s 和 3p 轨道失去少量电子，四配位硫原子则只有最外层 3p 轨道失去电子，说明三配位比四配位更活跃。黄铁矿表面的铁原子的 3d、4s 和 4p 轨道得电子，其中 4p 轨道得电子最多。从以上分析可见方铅矿与黄铁矿的伽伐尼作用导致黄铁矿表面得到电子，主要是表面铁原子得电子，硫原子则失去少量电子，因此伽伐尼作用对黄铁矿硫有一定程度的氧化作用，有利于提高其捕收剂可浮性。这也就能够合理解释图 3 - 41 中伽伐尼作用下黄铁矿无捕收剂浮选回收率在 pH 5 ~ 9 比单独黄铁矿要高的原因。

　　对于方铅矿而言，伽伐尼作用后方铅矿硫原子外层轨道失去电子，硫原子发

生了氧化作用,有利于元素硫的形成,提高了方铅矿无捕收剂浮选回收率。从表 3-12 中可见铅原子失去电子更多,亲电性增强,有利于和氢氧根的作用。因此在碱性介质中,伽伐尼作用增强了方铅矿表面与氢氧根的作用,这与图 3-41 和 3-42 的浮选结果一致。

表 3-12　伽伐尼作用对黄铁矿和方铅矿表面 Mulliken 电荷分布的影响(作用距离 2.78 Å)

表面	原子位置	伽伐尼作用	外层电子轨道			电荷/e
			s	p	d	
黄铁矿	三配位硫原子	作用前	1.88	4.39	0.00	-0.27
		作用后	1.87	4.35	0.00	-0.23
	铁原子	作用前	0.46	0.56	6.51	+0.47
		作用后	0.50	0.75	6.54	+0.21
	四配位硫原子	作用前	1.84	4.36	0.00	-0.20
		作用后	1.84	4.33	0.00	-0.17
方铅矿	铅原子	作用前	1.99	1.44	10.00	+0.57
		作用后	1.73	1.51	10.00	+0.76
	硫原子	作用前	1.92	4.74	0.00	-0.67
		作用后	1.93	4.66	0.00	-0.59

参考文献

[1] Davenport W G, King M, Schlesinger M, Biswas A K. Extractive Metallurgy of Copper[M]. Pergamon: Oxford, U.K., 2002.

[2] 胡为柏. 浮选[M]. 北京:冶金工业出版社,1989.

[3] 任尚元. 有限晶体中的电子态[M]. 北京:北京大学出版社,2006.

[4] 黄国智译. 斑铜矿与磨矿介质之间的电化学作用及其对可浮性的影响[M]. 国外金属矿选矿,2009(1-2):49-50.

[5] 冯其明,陈建华. 硫化矿浮选电化学[M]. 长沙:中南大学出版社,2014.

[6] Roos J R, Celis J E, Sudarsono A S. Electrochemical control of chalcocite and covellite—xanthate flotation[J]. International Journal of Mineral Processing, 1990, 29(1/2): 17-30.

[7] 胡熙庚. 有色金属硫化矿选矿[M]. 北京:冶金工业出版社,1987.

[8] Goh S W, Buckley A N, Lamb R N, Rosenberg R A, Moran D. The oxidation states of copper and iron in mineral sulfides, and the oxides formed on initial exposure of chalcopyrite and bornite

to air[J]. Geochimica et Cosmochimica Acta, 2006, 70(9): 2210 - 2228.

[9] Kolobova K M, Trofimova V A, Butsman M P, Shabanova I P, Moloshag V P. X - ray spectra of CuFeS₂[J]. Izvestiya Akademii Nauk SSSR, Neorganicheskie Materialy, 1988, 24: 237 - 243.

[10] Buckley A N, Woods, R. An X - ray photoelectron spectroscopic study of the oxidation of chalcopyrite[J]. Australian Journal of Chemistry, 1984, 37(4): 2403 - 2413.

[11] Kurmaev E Z, van Ek J, Ederer D L. Experimental and theoretical investigation of the electronic structure of transition metal sulphides: CuS, FeS₂ and FeCuS₂ [J]. Journal of Physics-condensed Matter, 1998, 10(7): 1687 - 1697.

[12] Mikhlin Y, Tomashevich Y, Tauson V, Vyalikh D, Molodtsov S, Szargan R. A comparative X - ray absorption near-edge structure study of bornite, Cu₅FeS₄, and chalcopyrite, CuFeS₂[J]. Journal of Electron Spectroscopy and Related Phenomena, 2005, 142(1): 83 - 88.

[13] Petiau J, Sainctavit Ph. Calas G. K X - ray absorption spectra and electronic structure of chalcopyrite CuFeS₂[J]. Materials Science and Engineering: B, 1988, 1(3 - 4): 237 - 249.

[14] Van der Laan G, Pattrick R A D, Henderson C M B, Vaughan D J. Oxidation state variations in copper minerals studied with Cu 2p X - ray absorption spectroscopy[J]. Journal of Physics and Chemistry of Solids, 1992, 53(9): 1185 - 1190.

[15] Tossell J A, Urch D S, Vaughan D J, Wiech G. The electronic structure of CuFeS₂, chalcopyrite, from X - ray emission and X - ray photoelectron spectroscopy and Xa calculations [J]. Journal of Chemical Physics, 1982, 77: 77 - 82.

[16] Fujisawa M, Suga S, Mizokawa T, Fujimori A, Sato K. Electronic structure of CuFeS₂ and CuAl₀.₉Fe₀.₁S₂ studied by electron and optical spectroscopies[J]. Physical Review B, 1994, 49 (11): 7155 - 7164.

[17] Hall S R, Stewart J M. The crystal structure refinement of chalcopyrite, CuFeS₂ [J]. Acta Crystallographica B, 1973, 29, 579 - 585.

[18] Buckley A N, Woods R. X - ray photoelectron spectroscopic investigation of the tarnishing of bornite[J]. Australian Journal of Chemistry, 1983, 36(9), 1793 - 1804.

[19] Van der Laan G, Pattrick G R A D, Charnock J M, Grguric B A. Cu L₂,₃ X - ray absorption and the electronic structure of nonstoichiometric Cu₅FeS₄ [J]. Physical Review B Condensed Matter, 2002, 66, 045104 - 1 - 045104 - 5.

[20] Evans H T, Konnert J A. Crystal structure refinement of covellite[J]. Americal Mineralogist, 1976, 61: 996 - 1000.

[21] Perry D L, Taylor J A. X - ray photoelectron and Auger spectroscopic studies of Cu₂S and CuS [J]. Journal of Materials Science Letters, 1986, 5: 384 - 386.

[22] Evans H T. Crystal structure of low chalcocite[J]. Nature, 1971, 232(29): 69 - 70.

[23] Evans H T. Djurleite (Cu₁.₉₄S) and low chalcocite (Cu₂S): New crystal structure studies[J]. Science , 1979, 203, 356 - 358.

[24] 翟丽娜, 蔡锦辉, 刘慎波. 广东凡口铅锌矿床成矿地质特征及资源预测[J]. 华南地质与矿产, 2009(2): 37 - 41.

[25] 李艳峰, 费涌初. 金川二矿区富矿石选矿的工艺矿物学研究[J]. 矿冶, 2006(9): 98 – 101.

[26] 李崇德, 项则传. 永平铜矿铜硫浮选工艺技术进展[J]. 有色金属: 选矿部分, 2000(2): 5 – 10.

[27] 庄军. 煤层中的硫化铁矿物及其成因[J]. 矿物学报, 1985(9): 245 – 248.

[28] 原田种臣. 氧化对黄铁矿、白铁矿和磁硫铁矿浮游性的影响[J]. 国外金属矿选矿, 1965 (11): 16 – 20.

[29] Schlegel A, Wachter P. Optical properties, phonons and electronic structure of iron pyrite (FeS$_2$)[J]. Journal of Physics C: Solid State Physics, 1976, 9(17): 3363 – 3369.

[30] Uhlig I, Szargan R, Nesbitt H W, Laajalehto, K. Surface states and reactivity of pyrite and marcasite[J]. Applied Surface Science, 2001, 179(1 – 4): 222 – 229.

[31] 崔毅琦, 童雄, 周庆华, 何剑. 国内外磁黄铁矿浮选的研究概况[J]. 金属矿山, 2005, 347: 24 – 26.

[32] Li Y Q, Chen J H, Kang D, Guo J. Depression of pyrite in alkaline medium and its subsequent activation by copper[J]. Minerals Engineering. 2012, 26: 64 – 69.

[33] 王李鹏. 高碱高钙受抑制黄铁矿和毒砂浮选分离的活化行为研究[D]. 江西理工大学, 2011.

[34] Edelro R, Sandström Å, Paul J. Full potential calculations on the electron bandstructures of sphalerite, pyrite and chalcopyrite[J]. Applied Surface Science, 2003, 206: 300 – 313.

[35] Von Oertzen G U, Jones R T, Gerson A R. Electronic and optical propenies of Fe, Zn and Pb sulfides[J]. Physics and Chemistry of Minerals, 2005a, 32: 255 – 268.

[36] Von Oertzen G U, Skinner W M, Nesbitt H W. Ab initio and X – Ray photoemission spectroscopy study of the bulk and surface electronic structure of pyrite (100) with implications for reactivity[J]. Physical Review B. 2005b, 72: 235427 – 1 – 235427 – 10.

[37] Womes M, Karnatak R C, Esteva J M, Lefebvre I, Alla G, Olivier-fourcade J, Jumas J C. Electronic Structures of FeS and FeS$_2$: X – Ray absorption spectroscopy and band structure calculations[J]. Journal of Physical Chemistry Solids, 1997, 58: 345 – 352.

[38] Opahle I, Koepernik K, Eschrig H. Full potential band structure calculation of iron pyrite[J]. Computational Materials Science, 2000, 17: 206 – 210.

[39] Eyert V, Höck K H, Fiechter S, Tributsch H. Electronic structure of FeS$_2$: The crucial role of electron-lattice interaction[J]. Physical Review B, 1998, 57: 6350 – 6359.

[40] Corkhhill C L, Warren M C, Vaughan D J. Investigation of the electronic and geometric structures of the (110) surfaces of arsenopyrite (FeAsS) and enargite (Cu$_3$AsS$_4$)[J]. Mineralogical Magazine, 2011, 75: 45 – 63.

[41] Huggins M L. The crystal structures of marcasite (FeS$_2$), arsenopyrite (FeAsS) and loellingite (FeAs$_2$)[J]. Physical Review, 1922, 19: 369 – 373.

[42] Buerger M J. The symmetry and crystal structure of the minerals of the arsenopyrite group[J]. Zeitschrift für Kristallographie, 1936, 95: 83 – 113.

［43］Monkhorst H J, Pack J D. Special points for Brillouin-zone integrations［J］. Physical Review B, 1976, 13: 5188 - 5192.

［44］Bayliss P. Crystal structure refinement of a weakly anisotropic pyrite［J］. American Mineralogist, 1977, 62: 1168 - 1172.

［45］Bayliss P. Crystal chemistry and crystallography of some minerals within the pyrite group［J］. American Mineralogist, 1989, 74: 1168 - 1176.

［46］Fuess H, Kratz T, Töpel-Schadt J, Miehe G. Crystal structure refinement and electron microscopy of arsenopyrite［J］. Zeitschrift für Kristallographie, 1987, 179: 335 - 346.

［47］Prince K C, Matteucci M, Kuepper K, Chiuzbaian S G, Barkowski S, Neumann M. Core-level spectroscopic study of FeO and FeS$_2$［J］. Physical Review B, 2005, 71: 085102 - 1 - 085102 - 9.

［48］Bindi L, Moelo Y, Leone P, Suchaud M. Stoichiometric arsenopyrite, FeAsS, from La Roche-Balue Quarry, Loire-Atlantique, France: Crystal structure and Mössbauer study［J］. The Canadian Mineralogist, 2012, 50: 471 - 479.

［49］Hulliger F, Mooser E. Semiconductivity in pyrite, marcasite and arsenopyrite phases［J］. Journal of Physics and Chemistry of Solids, 1965, 26: 429 - 433.

［50］Tossell J A, Vaughan D J, Burdett J K. Pyrite, marcasite, and arsenopyrite type minerals: Crystal chemical and structural principles［J］. Physics and Chemistry of Minerals, 1981(7): 177 - 184.

［51］Buerger M J. The crystal structure of gudmundite (FeSbS) and itsbearingon the existence field of the arsenopyrite structural type［J］. Zeitschrift für Kristallographie, 1939, 101: 290 - 316.

［52］Allison S A, Goold L A, Nicol M J, Granville A. A determination various solution, products of the products of reaction between sulfide minerals and aqueous xanthate and a correlation of the with electrode rest potentials［J］. Metallurgical Transactions, 1972, 3: 2613 - 2618.

［53］曾科. 硫砷矿物浮选行为与分离的研究［D］. 中南大学, 2010.

［54］Fernandez P G, Linge H G, Wadsley M W. Oxidation of arsenopyrite (FeAsS) in acid Part 1: Reactivity of arsenopyrite［J］. Journal of Applied electrochemistry, 1996, 26: 575 - 583.

［55］Schaufuss A G, Nesbitt H W, Scaini M J, Hoechst H, Bancroft M G, Szargan R. Reactivity of surface sites on fractured arsenopyrite (FeAsS) toward oxygen［J］. American Mineralogist, 2000, 85: 1754 - 1766.

［56］Kydros K A, Matis K A, Papadoyannis I N, Mavros P. Selective separation of arsenopyrite from an auriferous pyrite concentrate by sulphonate flotation［J］. International Journal of Mineral Processing, 1993, 38: 141 - 151.

［57］梁冬云, 何国伟, 邹霓. 磁黄铁矿的同质多象变体及其选别性质差异［J］. 广东有色金属学报, 1997(5): 1 - 4.

［58］洪秋阳, 汤玉和, 王毓华. 磁黄铁矿结构性质与可浮性差异研究［J］. 金属矿山, 2011 (1): 64 - 67.

［59］赫拉姆佐娃. 寻找提高镍黄铁矿和磁黄铁矿可浮性差异方法的研究［J］. 国外金属矿选

矿, 2006, 6: 18 - 19.

[60] 梁学谦. 单斜低黄铁矿和六方磁黄铁矿的分离[J]. 地质与勘探, 1984(7): 23 - 24.

[61] Gao F M, He J L, Wu E D, Liu S M, Yu D L, Li D C, Zhang S Y, Tian Y J. Hardness of covalent crystals[J]. Physical Review Letters, 2003, 91: 155021 - 155024.

[62] Oriova T A, Stupnikow V M, Krestan A L. Mechanism of oxidative dissolution of sulphides[J]. Zhurnal Prikladnoi Khimii, 1989, 61: 2172 - 2177.

[63] Fuerestenau M C. Flotation - A. M. Gaudin Memorial Volume[M]. American Institute of Mining, Metallurtical, and Petroleum Engineers, Inc. New York: 1976, Volume 1: 459 - 465.

[64] Pecina-Trevino E T, Uribe-Salas A, Nava-Alonso F. Effect of dissolved oxygen and galvanic contact on the floatability of galena and pyrite with Aerophine 3418A [J]. Minerals Engineering. 2003, 16: 359 - 367.

第 4 章　硫化矿物表面结构与电子性质

　　固体表面由于键的断裂，表面原子配位处于不平衡状态，导致表面结构发生重构，即表面原子弛豫，弛豫后的表面原子结构会发生位移，形成所谓的表面结构。在电子性质方面，由于周期性布洛赫函数在表面的不连续，导致表面电子性质发生变化，而晶格缺陷的存在会加强这种函数的不连续性和突变性。Tamm 于 1932 年提出晶体存在自由表面时就会在能隙中产生表面电子态能级，即电子的 Tamm 表面态；Schockley 于 1939 年提出共价晶体表面的悬挂键在能隙中产生表面电子态，即 Schockley 表面态。理论证明表面态能级对应的波矢是一个复数形式，因此表面态能级不能存在于无限晶体的许可能带中，只能位于禁带（能隙）中。

　　矿物的表面结构和性质是浮选的基础，决定了矿物的基本浮选行为和所使用的药剂结构。本章重点讨论常见硫化矿物的表面结构和电子性质，以及表面原子配位与活性的关系等内容。

4.1　表面电子态的发展

　　1932—1939 年 Tamm 和 Schockley 从量子力学理论上提出了表面电子态的问题[1-2]，1947 年 Bardeen 提出半导体表面电子态的状态密度与金属/半导体接触电化学特性的关系[3]，为晶体管的发明奠定了理论基础。从那以后半导体表面电子态的研究就与半导体器件的开发紧密联系在一起，从而促进了表面电子态研究领域的发展，并在 1975 年后成为固体物理学研究热点。表面电子态的研究可以划分为三个阶段：起步时期、全面发展时期和成熟时期。

4.1.1　起步时期

　　1975 年以前为表面态研究的起步时期，这个时期的特点是理论相对滞后，实验测试技术发展较快，创造了很多专门研究表面原子和电子结构的技术。最早的电子谱仪是瑞典乌普萨拉（Uppsala）大学 Siegbahn 等研制的化学分析用的电子能谱（Electron Spectroscopy for Chemical Analysis, ESCA），因所用光源是金属的特征软 X 射线，后来称之为 X 射线光电子谱（X - Ray Photoelectron Spectroscopy, XPS），它有明确的电子移位，用来确定表面层中元素的化学环境。60 年代又有俄歇电子谱(Auger Electron Spectroscopy，AES)，所谓俄歇电子就是 X 射线光电效应中非辐射退激发时向外发射的电子，这效应首先由法国物理学家 Auger 于 1925 年发现，故称为俄歇电子，AES 主要用于测定表面层中的原子成分。接触势差(Contact Potential Difference，CPD)测量主要用来测金属的功函数。1962 年英国伦敦帝国学院的 Turner 等研制成功用真空紫外光源的光电子谱，称为紫外光电子谱(Ultraviolet Photoelectron Spectroscopy，UPS)，主要测定占有态价电子结合能和状态密度以及表面态的结合能和态密度。表面电子态和表面原子结构密切相关，经过多年的努力，1971 年 Tong 和 Rhodin 第一次成功地用多重散射理论计算出 Al(001)表面的低能电子衍射(Low Energy Electron Diffraction，LEED)谱与 Jona 的实验结果符合，从此以后 LEED 谱成为测定固定表面原子结构的重要手段。

4.1.2 全面发展时期

1975—1985 年是这个领域研究全面发展的时期，其他重要技术的进步促进了表面态研究的发展，主要有以下的几种新技术：①超高真空技术更成熟，在 10^{-14} Pa 超高真空中清洁表面可保持好几天，测量可以从容进行；②计算机容量大、运算快，新的数据处理技术能很快取得实验结果；③1970 年分子束外延(MBE)技术的应用，提供更多更好的研究对象；④同步辐射储存环提供高亮度、偏振性好、波长范围从紫外到 X 射线可调的新光源。表面电子态实验研究手段也有新发展，出现角分辨光电子发射谱(Angle-Resolved Photoemission Spectroscopy，ARPEC)，能够测定晶体体内和表面电子的色散关系，还出现了利用光电效应倒逆转过程的物理现象制成的反光电子发射谱(Inverse Photoemission Spectroscopy，IPES)，测定晶体中空能级的电子结构。由于同步辐射光源的波长可变，发展了几种光子能量扫描的新技术：部分产额谱(Partial Vield Spectroscopy，PYS)和恒定初态(Constant Initial State，CIS)谱，分别测定真空能级以下和以上能区的空态，恒定末态(Constant Final State，CFS)谱测定电子占有的初态密度。另外经过几番改进，LEED 谱技术更加成熟。同时，还出现氢原子束散射技术和高分辨电子能量损失谱(High-Resolution Electron Energy Loss Spectroscopy，HREELS)，中能和高能离子束散射技术，表面 X 射线吸收边精细结构技术成为研究固体表面原子结构的实验手段。

这个时期的主要理论成就有：①Moruzzi 等用 KKR 方法系统计算了约 40 种金属的功函数，与实验结果较符合；②对半导体的弛豫和再构现象进行了有效而成功的研究，主要解决了 Si(111)−2×1 再构表面原子结构的 π 键链模型，以及闪锌矿结构半导体(110)表面弛豫结构和表面电子结构的规律性；③对于金属/半导体界面的肖特基势垒和 Si(111)−7×7 表面等热点问题提出一个又一个物理模型；④由于吸附、催化反应等应用背景，过渡金属表面的研究成为重要的热点。

另外 1980 年 Klitzing 等发现整数量子霍尔效应, 并获得 1985 年诺贝尔物理学奖。此外, 1982 年崔琦等发现的分数量子霍耳效应, 至今仍是凝聚态物理学的重要研究领域。

4.1.3　成熟时期

1985 年以后在实验技术上又有新发展: 一是扫描隧道显微镜(Scanning Tunneling Microscope, STM)和扫描隧道谱(Scanning Tunneling Spectroscopy, STS)。STM 可得到原子分辨级的表面原子结构的实空间图像; STS 由于其电子能量可调, 可获得与表面局域结构相联系的表面态的实空间图像。二是 LEED 谱可以反演产生实空间原子结构图像, 而且由于技术上改进使低能正电子衍射(LEPD)谱也得到实际应用, 由 LEED 谱反演产生的原子结构图像更为清晰。

这个时期理论研究也有新的进展: ①困扰人们达 27 年之久的 Si(111) -7×7 这样复杂的表面结构, 终于找到了一个合理的模型, 并且从系统能量取最小值的方法在理论上得到这样一组模型; ②在局域密度泛函框架下, 能够与体内电子结构一样有效地计算表面态电子结构, 并可同样计入相对论效应和多体效应; ③1985年 Car 和 Parrinello 提出一种将局域密度泛函和分子动力学相结合的新方法, 能够给出 GaAs(110)弛豫表面原子位置如何演变的过程。这些成果表明表面电子态的研究的确趋于成熟, 摆脱了理论落后于实验的局面, 已有能力预测可能出现的结构; ④在分数量子霍尔效应领域又不断有新的实验结果, 在理论上, 出现了复合费密子模型以及相关理论; ⑤面对高 T_c 超导体研究的挑战, 对高 T_c 超导体费密面结构的理论计算和实验测定取得很大的成就, 而且开辟了实验研究超导体能隙对称性的新局面。

4.2　表面弛豫和表面态

4.2.1　表面弛豫

固体晶体结构是一种稳定的周期性点阵结构, 表面则是晶体周期性排列的点阵结构在某一方向突然断开, 形成不同于内部原子环境的结构。这种非周期性表面结构受力不再对称, 表层原子之间的距离需要重新调整, 以达到新的平衡, 这种现象称为表面弛豫。对于许多半导体和少数金属, 表面层原子有比较复杂的重新排列现象, 键合的方式也有变化, 因此最表面原子排列的周期性并不是体内的简单延伸。这种表面层中排列和键合情况的变化有时也称为表面再构。表面由于具有不饱和键和悬挂键的存在, 表现较强的吸附能力和反应活性。

由图 4-1 可见, 表面原子总能量与原子位移之间有一个最小值, 在钨原子位

移为 0.018 nm 时，表面原子总能量最
小，表面结构最稳定，表面原子位移过
大(超过 0.02 nm)，表面原子总能量急
剧升高，表面处于不稳定状态。该结果
说明，表面弛豫现象的发生来源于系统
总能量趋于最小值，即能量最低原理。
因此一般在进行表面研究时，首先需要
考虑的就是对所构建的表面进行弛豫，
获得表面能最低的稳定表面结构。

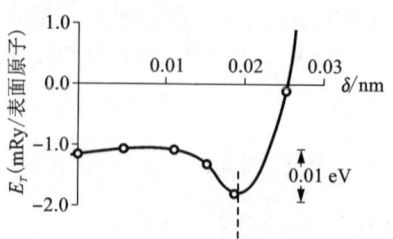

图 4 - 1   W(001)面每个表面原子
总能量与其畸变位移的关系[4]

4.2.2   表面电子态

在晶体表面，由于原子的周期性排
列突然中断，表面原子受力不对称，表面原子发生弛豫，产生重构现象。由于表
面原子配位数的变化，以及原子间距离的调整，电子分布也会出现相应调整，另
外由于表面原子不再处于周期性势场的作用，其电子态也会发生变化。对于一维
半无限晶格在体相和表面处的势能为：

$$V(z) = \begin{cases} V(z + na) & z < 0 \\ V_0 & z \geq 0 \end{cases} \tag{4-1}$$

如图 4 - 2 所示，当半无限晶格 $z < 0$ 时，电子的势能 $V(z)$ 为体相势能，是周
期性的，即 $V(z) = V(z + na)$，其中 a 是晶格周期；当 $z \geq 0$ 时，电子势能 $V(z)$ 为
表面势能，$V(z)$ 为常数(V_0)。

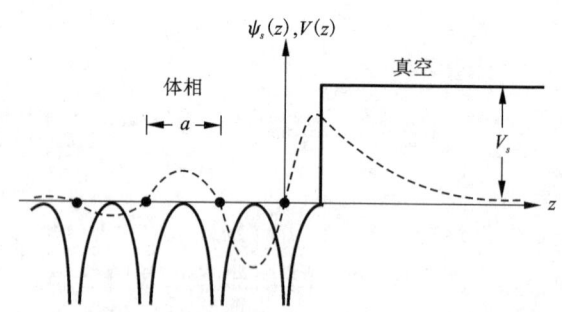

图 4 - 2   一维半无限晶格中电子的势能(实现)和表面态波函数(虚线)

单电子的薛定谔方程为：

$$\left[-\frac{\hbar^2}{2m} \frac{d^2}{dz^2} + V(z) \right] \varphi(z) = E\varphi(z) \tag{4-2}$$

在 $z>0$ 表面区域，当 $E<V_0$ 时，波函数写为：

$$\varphi_1(z) = A\exp\left[-\frac{\sqrt{2m(V_0-E)}}{\hbar}z\right] \qquad (4-3)$$

在 $z<0$ 体相区域，波函数写为：

$$\varphi_2(z) = Bu_k(z)\mathrm{e}^{ikz} + Cu_{-k}(z)\mathrm{e}^{-ikz} \qquad (4-4)$$

其中波矢 $\bm{k}$ 为实数，范围在 $-\dfrac{\pi}{a} \leqslant k < \dfrac{\pi}{a}$。在 $z=0$ 处，波函数及其导数要满足连续条件。由以上公式可见，在晶体内部和表面的电子能级具有不同波函数。另外，还需要考虑由于周期性势场在 $z=0$ 的表面处中断而出现的复数波矢：

$$k = k' + \mathrm{i}k'' \qquad (4-5)$$

其波函数状态为：

$$\varphi_2(z) = B'u_k(z)\mathrm{e}^{ik'z}\mathrm{e}^{-k''z} + C'u_{-k}(z)\mathrm{e}^{-\mathrm{i}k'z}\mathrm{e}^{k''z} \qquad (4-6)$$

设 $k''>0$，当 $z\to -\infty$ 时，$\varphi_2(z)$ 要保持有限或趋于零，于是得到 $B'=0$。在 $z=0$ 处波函数及其导数连续的条件为：

$$C'u_{-k}(0) = A \qquad (4-7)$$

$$C'[-\mathrm{i}k'u_{-k}(0) + u'_{-k}(0)] = -A\frac{\sqrt{2m(V_0-E)}}{\hbar} \qquad (4-8)$$

消去以上两式中的系数 C' 和 A，就可以获得表面态能级：

$$E_s = E = V_0 - \frac{\hbar^2}{2m}\left[\frac{u'_{-k}(0)}{u_{-k}(0)} - \mathrm{i}k'\right]^2 \qquad (4-9)$$

由 (4-9) 可见，表面态能级对应的波矢是一个复数，因此这个能级不可能在晶体的许可能带之中（对应波矢为实数），只能位于能隙之中。表面态能级对应的波函数就是表面态波函数，如图 4-2 所示，它在真空区是指数衰减的，在晶体中是震荡衰减函数。

对于三维晶体，其表面原子排列为二维周期性，表面相邻两个原子的波函数之间有交叠，从而导致表面态波函数之间存在相互作用，使表面能级展宽为表面能带。表面态的密度与单位面积表面原子数具有相同数量级，大约为 $10^{15}\ \mathrm{cm}^{-2}$，如果每个表面原子提供一个表面态电子，则表面电子数面密度也是 $10^{15}\ \mathrm{cm}^{-2}$ 数量级，它们组成一个依托于体内电子系统的子系统，具有一些独特的性质。Lang 和 Kohn 采用凝胶模型研究了金属表面电子数密度的分布[5-6]，见图 4-3。

从图 4-3 可以看出，表面电子数密度分布有如下特点：

1）电子气从金属表面"溢出"，进入真空区（$z>0$），在表面产生静电偶极层，该偶极层产生的电势阻止了电子继续逸出金属，达到平衡。从图中可以看出在表面附近造成电子分布是连续的，并没有出现突变点，这主要是因为实际表面势垒高度有限，电子具有波动性，在边界处要保证波函数和它的导数连续，电子才能

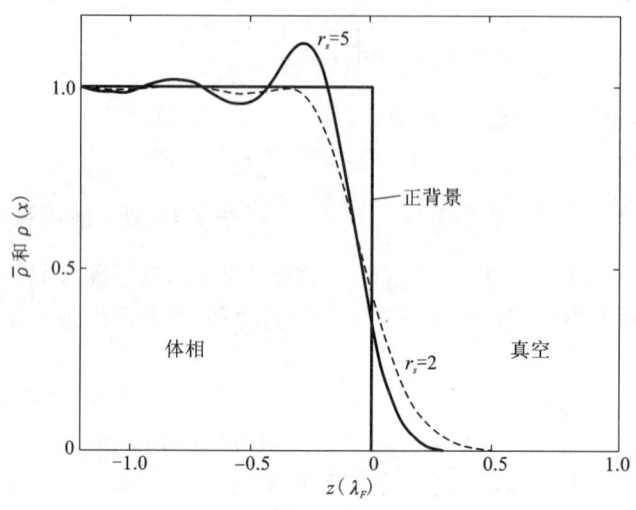

图 4 – 3　表面附近电子数密度曲线

穿越表面，因此产生这样的表面偶极层是量子效应的体现。

　　2) 沿体内方向，电子数密度呈衰减震荡，渐趋于体内的电子数密度。这种震荡又称为 Friedel 震荡，是电子波动性的量子效应体现。

4.2.3　层晶模型

　　表面结构不同于体相结构，其周期性结构由三维变成二维，在表面层以上的空间周期性势场发生中断，需要用不同的波函数来进行处理。1972 年，Appelbaum 和 Hamann 用波函数接合技术来处理半无限金属晶体电子结构自洽计算的边界条件[7]。由于体内波函数 $\varphi^B(r)$ 和表面波函数 $\varphi^S(r)$ 都具有二维周期性，均可展开为下列形式：

$$\varphi(r) = \sum_k \mathrm{e}^{\mathrm{i}(k_z + k_{//}) \cdot r} \varphi_k(k_{//}, z) \qquad (4-10)$$

　　在真空区离表面很远的 z_a 点，不论是 $\varphi_k^B(k_{//}, z_a)$ 还是 $\varphi_k^S(k_{//}, z_a)$ 均应趋于 0。在体内深处的 z_b 点，$\varphi_k^B(k_{//}, z_b)$ 要同相应的布洛赫函数 $\mathrm{e}^{\mathrm{i}k_z z_b} u(k_{//}, z_b)$ 光滑接合。对于表面态 $\varphi_k^S(k_{//}, z_a)$ 应趋于 0。根据以上处理，就可以求得表面布里渊区中体内能带的投影图以及表面态的色散曲线，在此基础上可以算出不同原子层的投影态密度。对 Na(100) 表面的计算表明，离表面几个原子层的投影态密度就可以达到体内相应原子层的态密度。该结果表明可以用层晶模型和超原胞方法，通过计算体相能带相同的途径来求体内和表面的电子结构。

　　层晶的概念就是由五至十层原子层加上一定厚度的真空层组成的模型，同时认为层晶—真空区(10~20 Å)在垂直晶面的 z 方向无限重复,形成的超晶胞模型,如图 4-4 所示。这样就可以在局域密度近似下用任何一种能带计算方法来求此晶体的电子结构,层晶中心层的电子结构具有体内或无限晶体的特性,层晶边缘层和近边缘几层的电子结构代表晶体外表面和次表面的电子结构。换句话说,采用表面加真空层的模型,用计算体相能带结构的方法来获得表面的电子结构。真空层的厚度主要是消除表面之间的镜像作用,太大的真空层会增加计算量,一般取 10~20 Å。

4.3 硫化矿物表面弛豫

矿物表面解理后会出现不同的弛豫情况,甚至表面产生重构现象,图 4-4 显示了自然界常见的方铅矿(100)解理面、闪锌矿(110)解理面以及黄铁矿(100)解理面的表面模型。

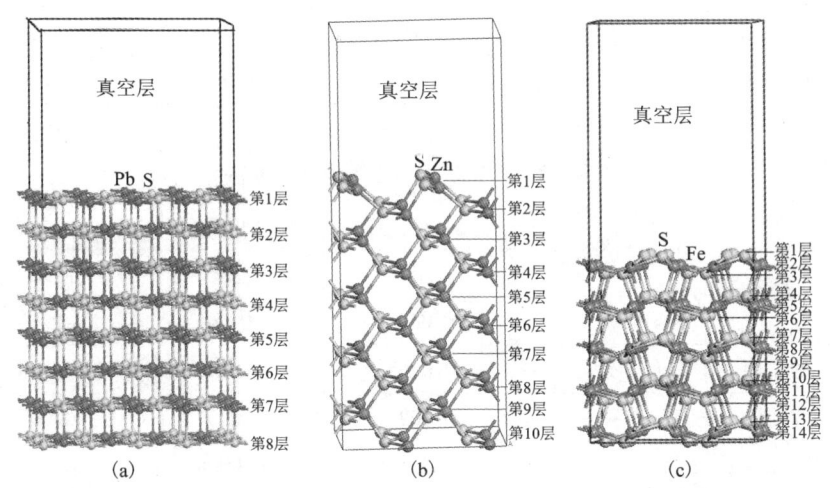

图 4-4 (4×2)方铅矿(100)面(a)、(2×2)闪锌矿(110)面(b)
及(2×2)黄铁矿(100)面(c)层晶模型

表 4-1 和表 4-2 分别列出了弛豫后方铅矿和黄铁矿表面几层原子的配位数及位移,其中负号表明原子沿轴的负方向弛豫,反之则沿轴正方向弛豫。对于方铅矿表面,第一层的硫原子和铅原子向表面内部弛豫,而第二层的原子都沿 z 轴方向向表面外部弛豫,且这一层的硫原子和铅原子弛豫最为明显,第三层原子都向表面内部弛豫,且弛豫较小。在黄铁矿表面上,表面第一层硫原子向表面内部弛豫,最明显的弛豫是第二层的表面铁原子,向内部弛豫了大约 0.01 nm,第三层

中的硫原子向表面弛豫。原子仅在顶部三层产生了明显的弛豫,第四至第六层原子经历了微小的位移,第七至第九层原子的弛豫可以忽略不计。

表面弛豫计算表明,黄铁矿和方铅矿表面解理后都发生了不同程度的表面弛豫,但没有产生明显的表面重构作用,且仅有顶部三层原子的弛豫略微明显,更低层的原子的弛豫非常小。

表 4 - 1   方铅矿表面原子配位及位移

原子	配位数	原子位移/nm		
		Δx	Δy	Δz
第一层的铅原子	5	- 0.0001	- 0.0001	- 0.0082
第一层的硫原子	5	0	0	- 0.0101
第二层的铅原子	6	0	0	0.0102
第二层的硫原子	6	0.0001	- 0.0003	0.0128
第三层的铅原子	6	- 0.0001	- 0.0001	- 0.0040
第三层的硫原子	6	0	0	- 0.0060

表 4 - 2   黄铁矿表面原子配位及位移

原子	配位数	原子位移/nm		
		Δx	Δy	Δz
第一层的硫原子	3	0.0060	- 0.0062	- 0.0035
第二层的铁原子	5	0.0065	0.0065	- 0.0090
第三层的硫原子	4	0.0021	0.0032	0.0093
第四层的硫原子	4	0.0008	0.0004	0.0003
第五层的铁原子	6	0.0005	- 0.0010	0.0014
第六层的硫原子	4	0.0003	- 0.0008	0.0003
第七层的硫原子	4	- 0.0002	0.0000	0.0004
第八层的铁原子	6	0	0.0001	0
第九层的硫原子	4	- 0.0002	0.0002	- 0.0003

计算得到的理想闪锌矿(110)面的结构参数以及低能电子衍射(LEED)的测试结果列于表 4 - 3。闪锌矿(110)表面单胞的侧视图见图 4 - 5,同时表 4 - 3 中

的结构参数也示于图中。从表 4-3 可知，计算结果与实验值有较好的一致性，说明计算方法是可靠的。

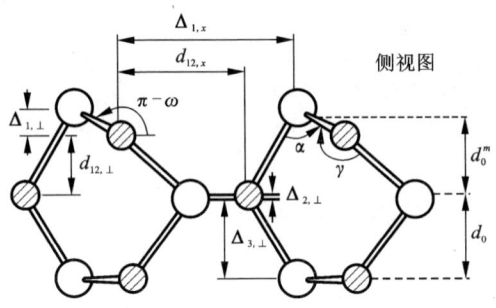

图 4-5 闪锌矿(110)表面原胞侧视图

表 4-3 闪锌矿(110)表面驰豫结构参数/Å

	$\Delta_{1,\perp}$	$\Delta_{1,x}$	$\Delta_{2,\perp}$	$d_{12,\perp}$	$d_{23,\perp}$	$d_{12,x}$
LEED[8]	0.59	4.19	0.00	1.53	1.91	3.15
DFT-GGA	0.55	4.21	0.00	1.49	1.87	3.12

对于个别矿物的某一表面，在表面弛豫时会出现表面原子较大幅度重构现象。图 4-6 是黄铜矿(001)面表面弛豫原子的变化情况，由图可见表面重构后，第一层的铁原子和铜原子到了第二层，而原本是第二层的硫原子到了第一层。这一结果与 Oliveira 等人的计算结果相同[9]。磁黄铁矿表面弛豫时，也发现了类似黄铜矿的重构现象。从图 4-7 可见，本来在第二层的硫原子重构后到了第一层，第一层的铁原子重构后到了第二层。

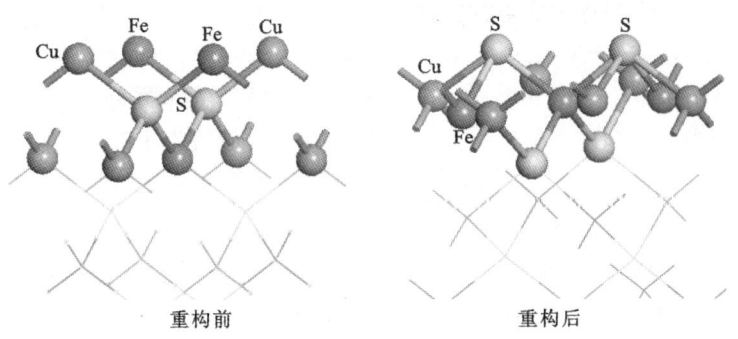

重构前   重构后

图 4-6 黄铜矿(001)面的重构

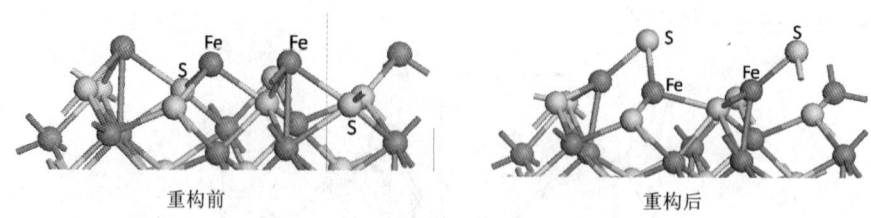

重构前   重构后

图 4-7 　磁黄铁矿(001)面的重构

4.4　硫化矿物表面态能级

　　表面层上的原子所处的环境与体相中的原子不同,具有不饱和性,表现出较强的表面反应活性。按照能带理论,由于周期性布洛赫在表面的不连续,导致表面原子电子能级进入禁带区,形成新的表面态能级。下面分别讨论方铅矿和黄铁矿表面态能级的变化情况。

　　能带的宽窄在能带的分析中占据很重要的位置。能带越宽,也即在能带图中的起伏越大,说明处于这个带中的电子有效质量越小,非局域(non-local)的程度越大,组成这条能带的原子轨道扩展性越强。如果形状近似于抛物线形状,一般称为类 sp 带(sp-like band);反之,一条比较窄的能带表明对应于这条能带的本征态主要是由局域于某个格点的原子轨道组成,这条带上的电子局域性非常强,有效质量相对较大。

　　图 4-8 是方铅矿体相和表面的能带图,由图可见方铅矿表面能带比体相更密,这是因为采用的表面模型原子数比体相多的缘故。比较方铅矿体相和表面的能带结构,方铅矿表面的禁带宽度从体相 0.5 eV 增大到 0.7 eV,说明方铅矿表面电子结构发生了显著变化,电子从价带跃迁到导带需要更大的能量。另外方铅矿表面能带结构也发生了明显变化:①方铅矿表面导带的能带分离成两组,而体相则相互交叉成一组能带,说明表面的出现导致导带能级发生分裂,靠近费米能级的这一组能带更容易获得电子;②方铅矿表面价带顶明显比体相方铅矿更靠近费米能级,按照分子轨道理论,价带顶处是电子最容易给出电子的能级,因此方铅矿表面的电子比体相更加活跃。

　　图 4-9 是黄铁矿体相和(100)表面能带图。对于黄铁矿表面,其能带结构和体相有明显的区别,首先黄铁矿表面禁带宽度变窄,只有 0.45 eV,而体相禁带为 0.62 eV,这一现象和方铅矿表面是相反的,方铅矿表面的禁带宽度比体相大,说明黄铁矿和方铅矿在半导体性质上具有明显的不同。其次黄铁矿表面价带下移,

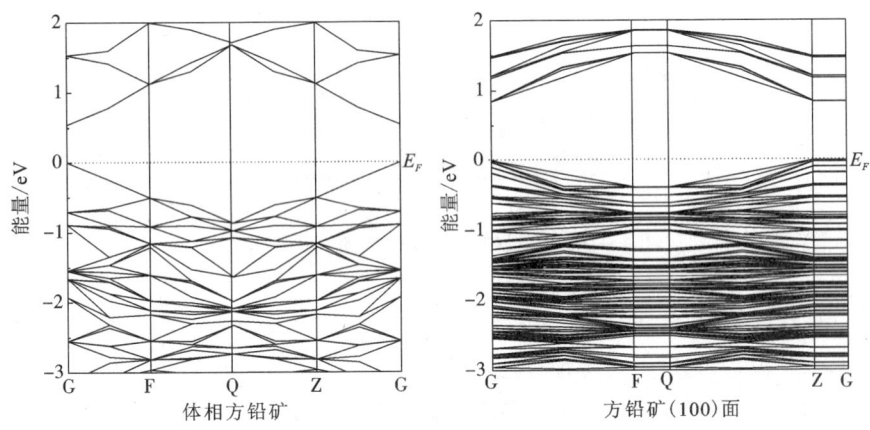

图 4 - 8 方铅矿体相和(100)表面能带图

说明黄铁矿得电子能力增强,导带底处的能带线比体相平缓,说明黄铁矿表面导带底电子有效质量增大,电子的局域性变强。另外对于价带而言,黄铁矿表面价带在 G 点处达到了费米能级,说明黄铁矿表面具有一定的金属性,电子容易跃迁到导带。

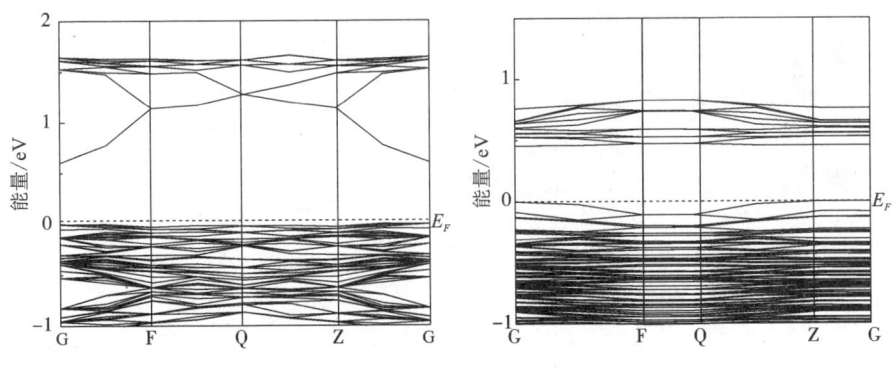

图 4 - 9 黄铁矿体相和(100)表面能带图

根据前面的讨论可知,方铅矿体相到表面是一个禁带宽度变大的过程,而黄铁矿体相到表面是一个禁带宽度变小的过程。图 4 - 10 显示了方铅矿和黄铁矿两种矿物在表面能带的变化模型。

禁带宽度是半导体的一个重要特征参量,其大小与半导体的能带结构有关,即与晶体结构和原子的结合性质等有关。半导体价带中的大量电子都是价键上的电子,称为价电子,不能够导电,即不是载流子,只有当价电子跃迁到导带产生

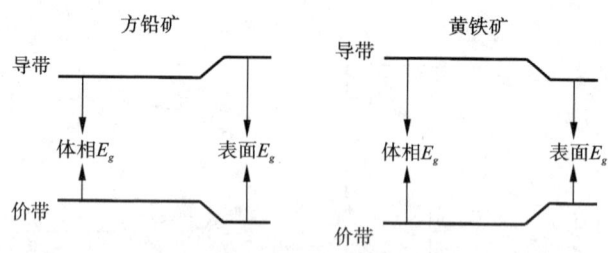

图 4-10　方铅矿和黄铁矿表面能带模型图

出自由电子和自由空穴后，才能够导电。因此禁带宽度的大小实际上是反映了价电子被束缚强弱程度的一个物理量，也就是产生本征激发所需要的最小能量。根据前面对方铅矿和黄铁矿表面结构的弛豫研究发现，方铅矿表面具有较大的弛豫，而黄铁矿表面则弛豫很小。因此，可以推测黄铁矿和方铅矿两种硫化矿物表面禁带宽度的变化是由于不同的原因造成的。黄铁矿表面禁带宽度的减小不是由表面弛豫造成的，而是由于表面原子配位数减小，对价电子束缚能力减弱，从而减小了价电子跃迁到导带的能量。而方铅矿表面原子的配位数虽然和体相相比也是减小的，但是由于铅原子的原子序数较大，对价电子束缚作用较强，从而弱化了配位数变化，方铅矿表面结构较大弛豫对价电子的束缚产生了显著的影响，导致电子跃迁能量增大。

　　从表面禁带宽度变化方面来看，由于方铅矿表面对价电子的束缚程度要比黄铁矿表面强，因此可以认为方铅矿表面电子活性要比黄铁矿表面弱。研究结果证实巯基类捕收剂在方铅矿表面都是形成金属盐，没有电化学吸附的捕收剂产物，而黄药、黑药和乙硫氮等捕收剂在黄铁矿表面都可以发生电化学吸附，并形成捕收剂二聚物。

4.5　表面电子态密度

　　在固体物理中，尤其是金属导体中，费米能级处的电子态密度是最重要和最活跃的。从物理意义上来讲，费米能级是电子的平均电化学势；从统计上的意义看，费米能级处是量子态被电子占据和未占据的标志，费米能级以下量子态基本被占据，费米能级以上基本未被占据。因此费米能级附近电子态密度分布基本代表了电子能否发生转移的能力，也即费米能级附近处电子最活跃。

　　图 4-11 是黄铁矿（100）面上外表面、次表面和体相层铁硫原子的位置和标号，图 4-12 和图 4-13 是不同位置的铁原子和硫原子的电子态密度。从图 4-12 可知与体相铁原子（Fe12）比较，次表面铁原子（Fe7）的配位数没有变，电子态

密度也变化不大；铁 3d 轨道的成键轨道 e_g 几乎没有变化，反键轨道 e_g^* 在 1~2 eV 处出现了一个峰，说明次表面层的铁原子成键被削弱了，活性有所增强；另外铁 3d 的非键轨道 t_{2g} 和体相原子相比有所变化，这是由于次表面层铁原子的空间对称性下降导致的。黄铁矿表面铁原子 (Fe3) 由于键的断裂，其配位数只有五配位，比体相的六配位少一个配位；从图中可以明显看出 Fe3d 的成键轨道 e_g 在 −2 eV 附近的态密度峰强明显增强，说明表面铁原子不饱和成键能力变强，导带中的 3d 态由一个峰明显变为两个峰。与体相六配位铁原子 (Fe12) 相比表面五配位铁原子 Fe3 原子的带隙降低，并且 3d 态明显穿过费米能级（其他两个铁原子的态密度稍微穿过费米能级，

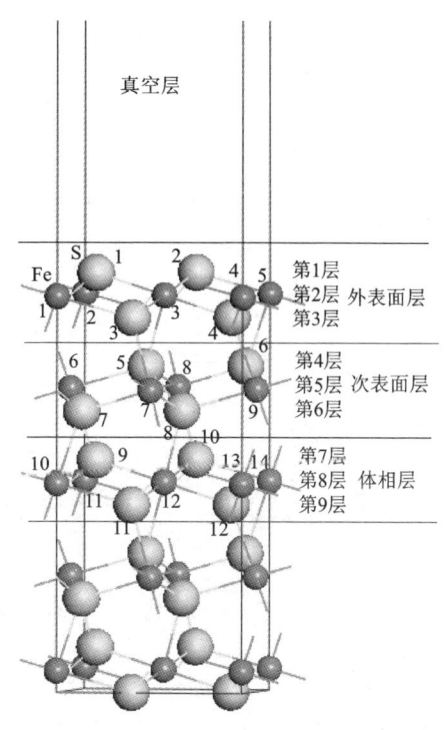

图 4 − 11　黄铁矿表面不同层原子编号

是因为 smearing 宽度的取值的原因），因此黄铁矿 (100) 表面具有一些似金属特征，这与黄铁矿样品具有光学反射表面的物理外观一致，也与 Hung 等人的计算结果一致[10]。

图 4−13 是不同表面层硫原子态密度的变化曲线。表面第一层 S1 原子的 3p 态对 −2.5~0 eV 之间的态密度的贡献最强，在 −2 eV 处增加得最明显，其次是第三层的 S3 原子，而深层表面的 S5、S7 态密度几乎相同。可见三层以下的表面原子比较稳定。这与原子弛豫的结果是一致的。

图 4−14 为黄铁矿表面总电子态密度。比较铁原子和硫原子的态密度可知，与体相比较，表面铁原子的 3d 态和硫原子的 3p 态在费米能级附近的重叠增大，杂化作用增强。另外黄铁矿表面铁原子的 3d 态对态密度的贡献最大，可以预测，在氧化还原反应过程中表面铁位将是反应的活性点。这与 Rosso 等人的 STM 研究和理论计算结果一致[11]，他们采用层晶模型进行计算，发现由于表面配位的缺失引起铁 $3d_{z^2}$ 表面态进入带隙中，并且通过 STM 研究证实了这个表面态的存在。另外，对表面铁和硫原子的分态密度的计算表明，最高占据态主要为似 $3d_{z^2}$ 特征，而最低非占据态为铁 $3d_{z^2}$ 和硫 3p 态的混合特征。

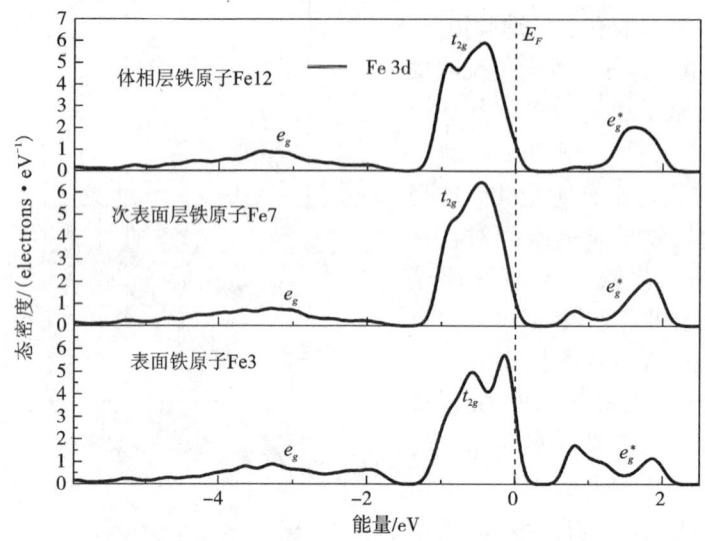

图 4 – 12　黄铁矿(100)面不同位置的铁原子态密度

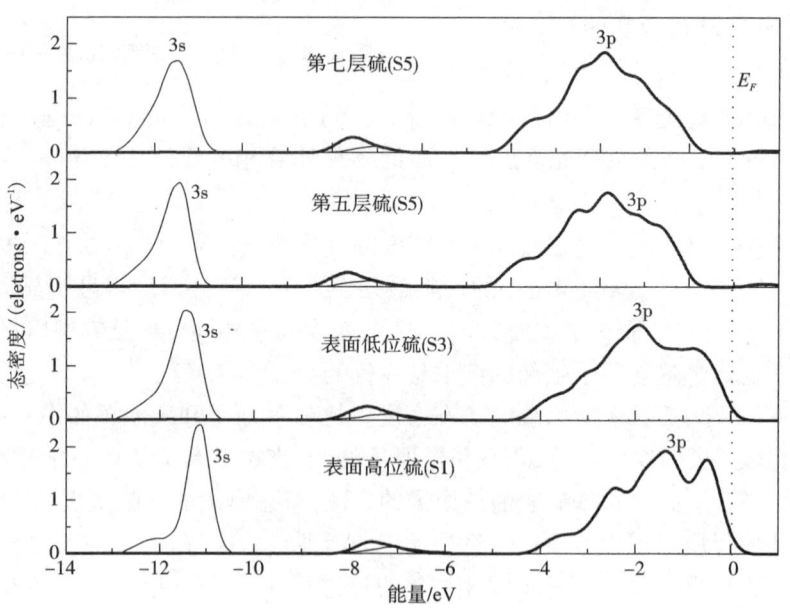

图 4 – 13　黄铁矿(100)面不同位置硫原子态密度

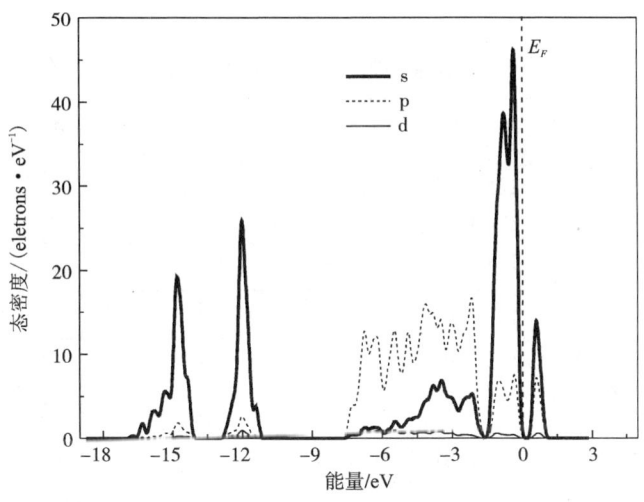

图 4 – 14　黄铁矿表面态密度

4.6　表面原子电荷分布

表面结构在重新平衡的过程中，不仅几何结构会发生重构，表面原子上的电荷也会发生重新分布。表 4 – 4 列出了黄铁矿(100)表面 Mulliken 电荷分布，原子的位置如图 4 – 11 所示。由表中数据可见，从体相到表面层，黄铁矿硫原子和铁原子电荷有一个非常明显的变化，那就是硫原子从体相的正电荷变到表面的负电荷，铁原子从体相负电荷变到表面的正电荷。具体来看，从体相层到外表面层，硫原子的 3s 和 3p 轨道电子数增加，其中 3p 轨道上的电子显著增加，说明表面层硫原子在电荷重新平衡过程中获得了铁原子的电子。对于铁原子，从体相层到外表面层，铁的 4s 和 3d 轨道上电子数基本不变，4p 轨道上电子数则明显减少，从体相 0.64 减少到 0.43，说明表面层铁原子的 4p 轨道失去了电子，这与外表面硫原子 3p 轨道的电子相对应，说明在表面原子重构和电荷重新平衡过程中，硫原子和铁原子的电子转移发生在能量相近的 p 轨道，这一现象可能与黄铁矿表面弛豫较小有关。由硫原子和铁原子的电子得失情况可知，在黄铁矿(100)表面上，电荷在铁原子和硫原子之间发生了转移，从铁原子上转移到了硫原子上，这与 Nesbitt 等人针对黄铁矿表面提出的观点一致[12]，即在有硫—硫键断裂的表面上，会发生铁原子失去电子被氧化而硫原子获得电子被还原的反应，而 Oertzen 等人采用 XPS 方法对黄铁矿(100)表面的研究也表明表面电荷从铁原子到硫原子的迁移[13]。此外，原子自旋值表明黄铁矿(100)面上的 5 配位及体相中的铁原子都是自旋中性的。

表 4 - 4   黄铁矿表面弛豫后原子的 Mulliken 电荷分布

原子层	原子编号	s	p	d	总电子	电荷/e
外表面层	S1	1.86	4.25	0	6.11	-0.11
	S4	1.82	4.20	0	6.02	-0.02
	Fe3	0.34	0.43	7.15	7.92	+0.08
次表面层	S5	1.80	4.10	0	5.90	+0.10
	S7	1.81	4.12	0	5.93	+0.07
	Fe7	0.35	0.61	7.16	8.12	-0.12
体相层	S9	1.81	4.11	0	5.92	+0.08
	Fe12	0.35	0.64	7.17	8.16	-0.16

一般来说，金属的费米能级高于半导体矿物，对态密度的分析表明黄铁矿表面具有一些似金属特征，而体相为半导体，因此电子有从表面流向体相的趋势，即黄铁矿表面具有吸电子能力，对表面原子电荷的分析证实了这一结果。如图 4 - 15 所示，每六个原子层的硫和铁原子数都一样，因此六个原子层代表一个周期，其中从表面开始第一个六原子层为表面层，第二个六原子层可以看作体相层，图中的数字为这两种原子层原子的总电荷。结果表明，表面层所带的电荷为 $-0.33e$，体相层所带电荷为 $-0.97e$，这说明体相层处于电子富集状态而表面层处于电子缺失状态，因此黄铁矿表面层具有吸收电子的能力。在浮选实践中，由于黄铁矿表面具有吸电子性，黄药上的电子容易向黄铁矿表面转移，从而发生氧化反应，形成双黄药。

方铅矿表面具有层状结构，每一层的铅原子和硫原子的位置都具有相同 z 坐标，表面结构相对简单。表面弛豫后的方铅矿表面三层的电子变化情况见表 4 - 5。由表可见硫原子电荷从体相层到外表面层从 $-0.67e$ 变到 $-0.68e$，变化不大，但是铅原子电荷却有显著的变化，从体相层的 $0.71e$ 减少到次表面层的 $0.67e$，再减少到外表面层 $0.61e$，方铅矿表面铅原子电荷有从体相到表面递减的趋势。从电子的轨道分布来看，铅原子价电子层为 $5d^{10}6s^26p^2$，硫原子价电子层为 $3s^23p^4$，方铅矿晶体中主要是硫 3p 轨道和铅 6p 轨道发生作用，铅 6p 轨道上的电子转移到硫 3p 轨道上。在方铅矿表面结构弛豫过程中，硫 3p 轨道和铅 6p 轨道上的电子基本没有变化，说明方铅矿表面结构弛豫基本上不改变硫 3p 轨道和铅 6p 轨道的作用，但是外表面层铅原子 6s 轨道上的电子却明显增多，从体相层

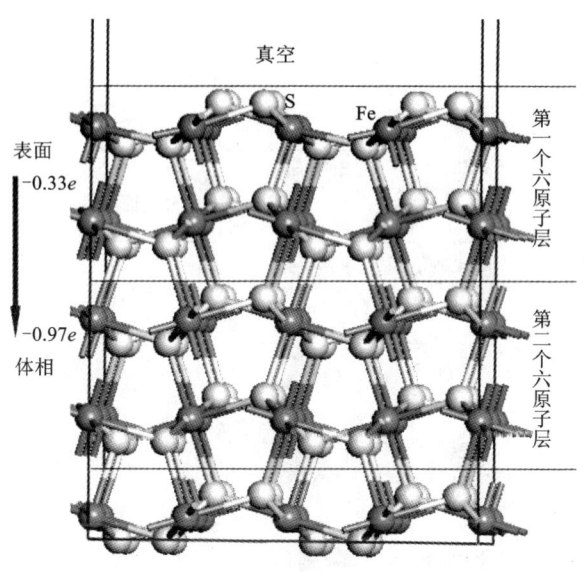

图 4 - 15　黄铁矿表面层电荷变化示意图

的 $6s^{1.88}$ 变成外表面层的 $6s^{1.98}$。从方铅矿表面电子分布和电荷变化来看，方铅矿外表面总电子数比体相层要大，净电荷的变化则是从体相层 $0.04e$ 变化到外表面层的 $-0.07e$，说明方铅矿表面具有富集电子的性质。方铅矿表面这一性质不利于黄药分子氧化形成双黄药，目前方铅矿表面只检测到黄原酸铅，没有发现双黄药。

表 4 - 5　方铅矿表面弛豫后原子的 Mulliken 电荷分布

层数	原子	s	p	d	总电子	电荷/e
外表面层	Pb	1.98	1.41	10	13.39	0.61
	S	1.93	4.75	0	6.68	-0.68
次表面层	Pb	1.90	1.43	10	13.33	0.67
	S	1.92	4.73	0	6.65	-0.65
体相层	Pb	1.88	1.41	10	13.29	0.71
	S	1.93	4.74	0	6.67	-0.67

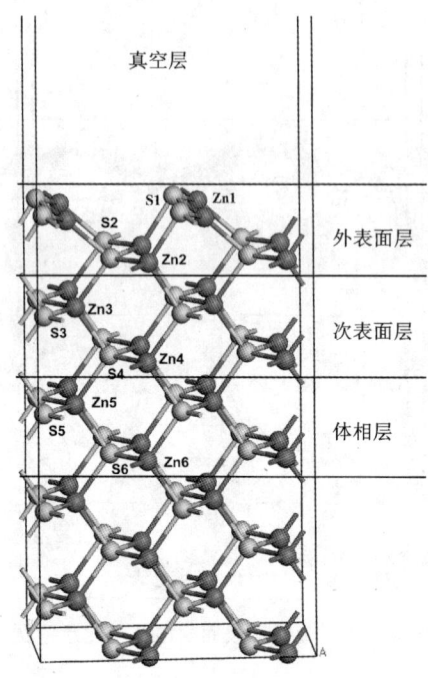

图 4 - 16   闪锌矿表面结构及原子位置

表 4 - 6   闪锌矿表面弛豫后原子的 Mulliken 电荷分布

	原子	s	p	d	总电子数	电荷/e
外表面层	S1(三配位)	1.86	4.65	0.00	6.51	- 0.51
	S2(四配位)	1.82	4.67	0.00	6.49	- 0.49
	Zn1(三配位)	0.91	0.79	9.97	11.68	0.32
	Zn2(四配位)	0.75	0.93	9.98	11.66	0.34
次表面层	S3(四配位)	1.82	4.65	0.00	6.47	- 0.47
	S4(四配位)	1.82	4.66	0.00	6.48	- 0.48
	Zn3(四配位)	0.55	0.93	9.98	11.46	0.54
	Zn4(四配位)	0.46	0.93	9.98	11.37	0.63
体相层	S5(四配位)	1.82	4.66	0.00	6.48	- 0.48
	S6(四配位)	1.82	4.66	0.00	6.48	- 0.48
	Zn5(四配位)	0.50	0.94	9.98	11.41	0.59
	Zn6(四配位)	0.48	0.94	9.98	11.40	0.60

　　闪锌矿表面原子结构和编号见图 4-16。从表 4-6 可见，在闪锌矿表面几何重构过程中，外表面层的原子电荷发生重新分布，锌原子电荷分布变化较大，硫原子变化较小。闪锌矿晶体结构中一个锌原子和四个硫原子配位，一个硫原子和四个锌原子配位，锌和硫原子为四配位结构。由于表面原子键的断裂，外表面层原子有两种结构：即三配位的 Zn1 和 S1，四配位的 Zn2 和 S2，不同配位数的原子和不同位置的原子的电子转移和分布不同。

　　具体来分析，硫原子价电子构型为 $3s^2 3p^4$，锌原子价电子构型为 $3d^{10} 4s^2 4p^0$，闪锌矿体相层硫原子 3s 轨道失去电子，3p 轨道得到电子，锌原子 4s 和 4p 轨道发生杂化作用，同时表现为失去电子，3d 轨道由于处于较深能级，同时为填满的稳定结构，基本不参与作用，因此体相层硫原子和锌原子电子转移主要发生在 s 轨道和 p 轨道。对于次表面层的原子，虽然和体相一样，都是四配位结构，但是由于连接到外表面层，在 z 方向有不对称结构。不同位置硫原子电荷变化不大，但不同位置的锌原子却有较大的差异，Zn3 和 Zn4 原子的 3d 和 4p 轨道电子没有发生变化，3s 轨道却有较大差异。相比体相层锌原子，次表面层 Zn4 原子 4s 失去电子，Zn3 原子 4s 却是得到电子，表现出空间结构对锌原子得电子能力的影响（锌 4s 轨道为活跃的外层轨道）。最外层结构的锌原子和硫原子，高位的 Zn1、S1 由于键的断裂，只有三配位，低位的 Zn2、S2 仍然是四配位，很明显高位硫原子和锌原子由于配位数的减少会引起电子分布的较大改变。高位硫原子（S1）3s 轨道获得了较多的电子，S1 原子的电荷也比体相层要负；低位硫原子（S2）由于配位数没有发生变化，只是空间结构的对称性发生变化，因此在电荷上只有较小变化，基本接近体相电荷。对于锌原子，高位锌原子和低位锌原子的电荷都发生了较大变化，和体相锌原子相比，锌原子的 4s 轨道电子数都增加，4p 轨道则不同，只有高位锌原子（Zn1）4p 轨道失去电子，低位锌原子（Zn2）没有发生变化，说明高位三配位的锌原子电子分布受影响最大。

　　从上面的分析可以看出，由闪锌矿外表面荷层原子都比体相层获得了较多的电子，说明闪锌矿表面发生了电子富集，其中三配位锌原子 4s 轨道电子数明显增加，降低了三配位锌原子的亲核性，不利于亲核性巯基类浮选捕收剂分子的作用。

4.7　表面结构对电子性质的影响

　　从理论上讲，原子配位数越少，对价电子束缚越小，电子的局域性减弱，离域性增强，原子反应活性越强。由于表面结构的不对称性，随着表面结构的弛豫，表面电子也会发生重新分布，形成表面电子态。Tamm 早在 1932 年就提出电子在晶体表面会产生出现在能隙中表面态能级[1]，对于具有 d 电子的表面来说（大部分硫化矿物都具有 d 电子），表面最外层原子的配位数要比体相内原子的配位数少,从而导致 d 电子的势能上升,使原本比较局域的 d 态产生了高出 3d 体能带的 d 电子表面能级,这就是表面 Tamm 态。

图 4-17 是黄铁矿体相和表面不同硫原子配位数的铁原子电子态密度,其中自由铁原子可以看做配位数为 0 的特殊情况。由图可见,对于配位数为 0 的自由铁原子,其费米能级处的电子态密度主要由 3d 和 4s 构成,当铁原子配位数从 3 增加到 6 的时候,费米能级附近 p 轨道和 s 轨道电子态消失,只剩下 3d 态。说明由于硫原子的配位作用,增强了对铁原子电子的束缚程度。另外就铁原子 3d 电子态的变化情况而言,不同结构下的铁原子 3d 态具有很大的不同,其中(110)面三配位铁原子的 3d 电子态离域性最强,轨道没有发生分裂,而其他配位数的铁原子,不管是四配位,还是五配位和六配位,其 3d 轨道都明显分裂为三部分,其中费米能级处为 t_{2g} 非键轨道,其他两部分是 e_g 成键轨道和 e_g^* 反键轨道。从铁原子表面态来看,表面铁原子的电子态密度随着配位数的减少,其 3d 态越来越向正能级方向移动,即配位数的减少,导致 d 电子能级升高,形成表面态能级。

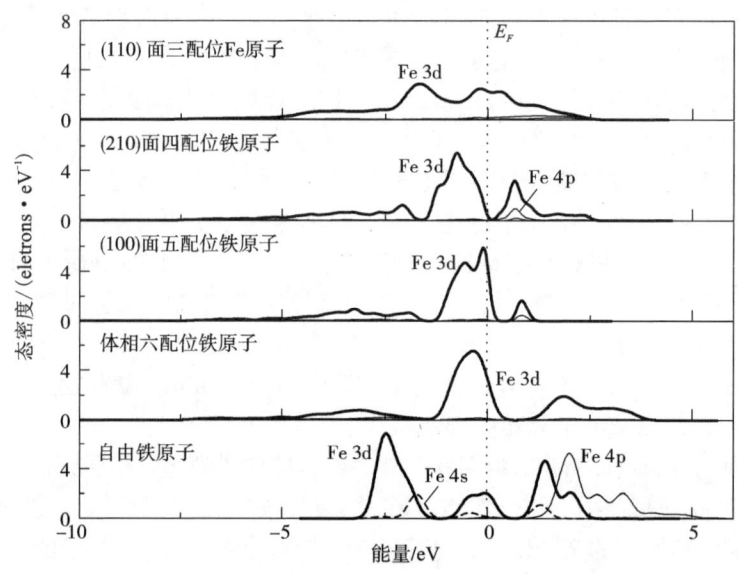

图 4-17 黄铁矿不同配位数的铁原子的电子态密度

4.8 表面原子反应活性表征

4.8.1 前线轨道系数

矿物浮选过程中,药剂分子和矿物的作用发生在矿物表面,矿物表面原子与其所处的环境有关。这里所说的环境主要是相邻原子的类型、原子的配位数以及原子的空间结构,这三种环境因素中的任何一个发生变化都会导致表面原子的活性发生改变。例如,方铅矿和白铅矿,它们的铅原子所处的空间结构和配位原子不同,反应活性也不尽相同,黄药可以很容易浮选方铅矿,但却不能浮选白铅矿。对于黄铁矿、白铁矿和磁黄铁矿,它们的配位原子相同,都是硫原子,但是铁原子所在的表面空间结构不同,这三种硫铁矿表面的铁原子活性不同,具有不同的可浮性。

图 4 – 18 是黄铁矿(100)面的结构。由图可见,黄铁矿(100)面的铁原子都是四配位(Fe1、Fe2、Fe3、Fe4),和体相铁子的配位数相同;而硫原子的位置有两种:高位(S1、S2、S3、S4)和低位(S5、S6、S7、S8),其中高位硫原子为三配位,低位硫原子为四配位(和体相原子相同)。从上节的讨论可以知道,三配位硫原子(S1)比四配位硫原子(S2)要活跃,一般认为硫的氧化优先发生在高位硫原子。

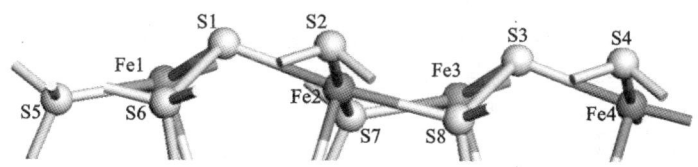

图 4 – 18　黄铁矿(100)面结构

确定矿物表面不同位置原子的反应活性,对于进一步了解矿物表面吸附机理具有重要的意义。在第 2 章中对前线轨道的讨论中已经指出,通过比较原子的前线轨道系数可以知道该原子对前线轨道的贡献,对前线轨道贡献大的原子就是反应活性最强的原子。采用前线轨道系数的方法研究了晶格杂质对闪锌矿、方铅矿和黄铁矿性质的影响,获得了比较理想的结果[14-16],那么能否采用前线轨道系数来研究表面原子的反应活性呢?采用层晶模型,计算了方铅矿表面原子的前线轨道系数,方铅矿(100)表面模型和原子编号见图 4 – 19。

从前面的层晶模型阐述中可以知道,对于层晶模型在 z 方向被真空层隔离,而在

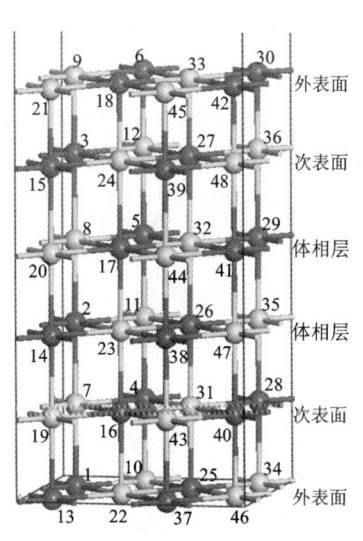

图 4 – 19　计算前线轨道系数的方铅矿 (100) 表面模型及原子编号

x 和 y 方向具有周期性，因此图 4 - 19 中上下两个三层是对称和相同的。体相层的原子被完全配位，没有多余价键，反应活性应该最低，而外表面原子由于配位不饱和，有剩余价键，其反应活性最高。但是计算结果却发现方铅矿表面 HOMO 轨道和 LUMO 轨道系数最大的原子并不是外表面上的原子，而是分别出现在次表面层原子和体相层，其中 HOMO 轨道系数最大的原子为 S43(0.2473)原子和 Pb16(0.2445)，LUMO 轨道系数最大的原子为 S11(0.2953)和 Pb38(0.2774)；被认为最具有活性的外表面层原子 S21 和 Pb18 的 HOMO 轨道系数只有 0.03367 和 0.1203，S45 和 Pb42 的 LUMO 轨道系数也只有 0.1044 和 0.05921。这一结果没有正确反映矿物表面结构和表面原子的反应活性，因而是不正确的。因为对于矿物表面而言，只有外表面原子具有不饱和键，从而具有吸附或者反应活性，而次表面和体相层原子处于饱和配位状态，是不可能具有吸附或反应活性。出现这一结果的原因在于前线分子轨道理论是基于分子理论，在计算的时候把矿物表面作为一个分子结构来处理，任何原子都可以具有反应活性，但是矿物表面具有吸附活性的原子只能是外表面的原子，不能在矿物表面内部。因此前线轨道系数的方法不适合用来研究具有周期性结构的矿物表面。

4.8.2　Fukui 函数

为了获得分子或原子的反应活性，研究者们采用原子电荷、自由价键、自旋布居以及电荷密度等方法和理论提出了化学势、化学硬度和软度、反应性指数等多种参数来定量评价分子或原子的反应活性，目前比较成功的就是前线轨道理论，但是前面的结果表明前线轨道系数不适合用来表征矿物表面原子的反应活性。下面介绍另外一种表征原子反应活性的指数——Fukui 函数。Fukui 函数根据电子的得失情况来判断电荷密度的敏感性，从而获得分子或原子亲核性和亲电性[17-21]。FFs 提供了三个指数，亲核性指数(Nucleophilic)f^+，亲电性指数 f^-，亲基性指数(Radical)f^0，其理论计算公式如式(4 - 11)、式(4 - 12)和式(4 - 13)所示。

$$f^+(r) = \frac{1}{\Delta N}[\rho_{N+\Delta}(r) - \rho_N(r)] \tag{4-11}$$

$$f^-(r) = \frac{1}{\Delta N}[\rho_N(r) - \rho_{N-\Delta}(r)] \tag{4-12}$$

$$f^0(r) = \frac{1}{2}[f^+(r) + f^-(r)] \tag{4-13}$$

式中：N 是电子数，ΔN 是得失电子数，ρ 是电荷密度。从式(4 - 11)计算公式可知，亲核性指数反映了一个分子或原子得到电子后电荷密度的变化程度，电荷密度变化越大表明该分子或原子亲核性越强。式(4 - 12)表明一个分子或原子失去电子后电荷密度的变化程度越大，其亲电性越强。

采用 Fukui 函数研究了硫化矿物表面不同层原子的反应活性，结果见表 4 - 7。由表中数据可见，Fukui 函数计算出的矿物表面原子亲核和亲电指数最大值都在表面最外层，次表面层的原子亲核和亲电指数急剧变小，原子反应活性变差，说明 Fukui 函数较好的反映了矿物表面原子具有不饱和性和反应活性这一特征。然而仔细分析数据却发现在计算矿物表面原子的亲核和亲电活性时，硫原子的计算值偏大，如方铅矿、辉锑矿和辉钼矿中亲核和亲电性指数最大都是硫原子。如果只考虑相对大小，即亲核性只关注硫原子的活性，亲电性只关注阳离子的活性，Fukui 函数还是可以用来表征矿物表面原子的反应活性。

表 4 - 7　硫化矿物表面不同层原子的亲核和亲电指数

	亲核 f^+		亲电指数 f^-	
	S(1)0.079	Zn(2)0.043	S(1)0.101	Zn(2)0.021
	S(3)0.079	Zn(4)0.043	S(3)0.101	Zn(4)0.021
	S(6)0.004	Zn(5)0.022	S(6)0.025	Zn(5)0.001
	S(8)0.004	Zn(7)0.022	S(8)0.025	Zn(7)0.001
	S(9)0.005	Zn(10)0.03	S(9)0.027	Zn(10)0.007
	S(11)0.005	Zn(12)0.03	S(11)0.027	Zn(12)0.007

闪锌矿表面

	亲核 f^+		亲电指数 f^-	
	Pb(18)0.07	S(9)0.009	Pb(6)0.069	S(9)0.017
	Pb(30)0.07	S(21)0.009	Pb(18)0.069	S(21)0.017
	Pb(6)0.069	S(33)0.009	Pb(30)0.069	S(33)0.017
	Pb(42)0.069	S(45)0.009	Pb(42)0.069	S(45)0.017
	Pb(3)0.001	S(12)0.002	Pb(3)0.015	S(12)0.002
	Pb(16)0.001	S(24)0.002	Pb(16)0.015	S(24)0.002
	Pb(39)0.001	S(36)0.002	Pb(27)0.015	S(36)0.002
	Pb(27)0.001	S(48)0.002	Pb(39)0.015	S(48)0.002
	Pb(6)0	S(8)0.009	Pb(6)0.05	S(8)0.012
	Pb(29)0	S(32)0.009	Pb(29)0.05	S(20)0.012
	Pb(41)0	S(20)0.009	Pb(41)0.05	S(32)0.012
	Pb(12)0	S(44)0.009	Pb(32)0.05	S(44)0.012

方铅矿表面

续上表

	亲核 f^+		亲电指数 f^-	
第1层 第2层 第3层 第4层 第5层 第6层	S(1)0.066 S(2)0.066 S(3)0.066 S(4)0.066 S(5)0.015 S(6)0.015 S(7)0.015 S(8)0.015	Mo(1)0.002 Mo(2)0.002 Mo(3)0.002 Mo(4)0.002	S(1)0.064 S(2)0.064 S(3)0.064 S(4)0.064 S(5)0.017 S(6)0.017 S(7)0.017 S(8)0.017	Mo(1)0.007 Mo(2)0.007 Mo(3)0.007 Mo(4)0.007
第7层 第8层 第9层 辉钼矿表面	S(9)0.02 S(10)0.02 S(11)0.02 S(12)0.02	Mo(5)0.01 Mo(6)0.01 Mo(7)0.01 Mo(8)0.01	S(9)0.046 S(10)0.046 S(11)0.046 S(12)0.046	Mo(5)0.007 Mo(6)0.007 Mo(7)0.007 Mo(8)0.007

参考文献

[1] Tamm I E. On the possible bound states of electrons on a crystal surface[J]. Phys. Z. Soviet. 1932: 733 – 746.

[2] Shockley W. On the surface states associated with a periodic potential[J]. Physical Review, 1939, 56: 317 – 323.

[3] Bardeen J. Surface states and rectification at a metal semi-conductor contact[J]. Physical Review, 1947, 71: 717 – 727.

[4] Fu C L, Freeman A J, Wimmer E, Weinert M. Frozen-Phonon total-energy determination of structural surface phase transitions: W(001)[J]. Physical Review Letters, 1985, 54(20): 2261 – 2264.

[5] Lang N D, Kohn W. Theory of metal surfaces: Charge density and surface energy[J]. Physical Review B, 1970, 1(12): 4555 – 4567.

[6] Lang N D. Density-functional studies of metal surfaces and metal-adsorbate systems[J]. Surface Science, 1994, 299/300: 284 – 297.

[7] Appelbaum J A, Hauman D R. Variational calculation of the image potential near a metal surface [J]. Physical Review B, 1972, 6(4): 1122 – 1130.

[8] Duke C B, Wang Y R. Surface structure and bonding of cleavage faces of tetrahedrally coordinated Ⅱ - Ⅳ compounds[J]. Journal of Vacuum Science & Technology B, 1988, 6(4):

1440 – 1443.

[9] Oliveira C, Lima G F, Abreu H A, Duarte H A. Reconstruction of the chalcopyrite surfaces—A DFT study[J]. The Journal of Physical Chemistry C, 2012, 116: 6357 – 6366.

[10] Hung A, Muscat J, Yarovsdy I, Russo S P. Density-functional theory studies of pyrite FeS_2 (100) and (110) surfaces[J]. Surface Science, 2002, 513(3): 511 – 524.

[11] Rosso K M, Becker U, Hochella M F Jr. Atomically resolved electronic structure of pyrite(100) surfaces: An experimental and theoretical investigation with implications for reactivity [J]. American Mineralogist, 1999, 84: 1535 – 1548.

[12] Nesbitt H W, Bancroft G M, Pratt A R, Scaini M J. Sulfur and iron surface states on fractured pyrite surfaces[J]. American Mineralogist, 1998, 83(9/10): 1067 – 1076.

[13] Von Oertzen G U, Skinner W M, Nesbitt H W. Ab initio and XPS studies of pyrite (100) surface states[J]. Radiation Physics and Chemistry, 2006, 75(11): 1855 – 1860.

[14] Chen Y, Chen J H, Guo J. A DFT study of the effect of lattice impurities on the electronic structures and floatability of sphalerite[J]. Minerals Engineering, 2010, 23: 1120 – 1130.

[15] Chen J H, Wang L, Chen Y, Guo J. A DFT study on the effect of natural impurities on the electronic structures and flotation behavior of galena [J]. International Journal of Mineral Processing, 2011, 98: 132 – 136.

[16] Li Y Q, Chen J H, Chen Y, Guo J. Density functional theory study of the influence of impurity on electronic properties and reactivity of pyrite[J]. Transactions of Nonferrous Metals Society of China, 2011, 21(8): 1887 – 1895.

[17] Ayers P W, Parr R G, Pearson R G. Elucidating the hard/soft acid/base principle: A perspective based on half-reactions [J]. Journal of Chemical Physics. 2006, 124 (19): 194107.

[18] Parr R G, Bartolotti L J. On the geometric mean principle for electronegativity equalization[J]. Journal of the American Chemical Society, 1982, 104(14): 3801 – 3803.

[19] Zhang Y K, Yang W T. Perspective on density-functional theory for fractional particle number: Derivative discontinuities of the energy[J]. Theoretical Chemistry Accounts, 2000, 103(3 – 4): 346 – 348.

[20] Gyftopoulos E P, Hatsopoulos G N. Quantum-thermodynamic definition of electronegativity [J]. Proceedings of the National Academy of Sciences of the United States of America. 1968, 60 (3): 786 – 793.

[21] Yang W T, Zhang Y K, Ayers P W. Degenerate ground states and a fractional number of electrons in density and reduced density matrix functional theory [J]. Physical Review Letters, 2000, 84(22): 5172 – 5175.

第 5 章　硫化矿物表面与浮选药剂分子的相互作用

浮选药剂在矿物表面的吸附是一个相互作用的过程，而不是一个简单化学反应过程，只有当浮选药剂分子和矿物表面在结构上和性质上相匹配时，才能形成有效的吸附作用。普拉蒂普认为浮选药剂的选择性取决于药剂分子和矿物表面结构之间的"空间结构化学相容性"。对于硫化铅和氧化铅、硫化铁和氧化铁以及硫化铜和氧化铜等同名阳离子矿物，用黄药可以很容易捕收方铅矿、黄铁矿和黄铜矿，但却不能捕收白铅矿、赤铁矿和孔雀石。这是因为浮选药剂和矿物表面的作用，不仅与矿物表面金属原子有关，还与矿物表面的结构和性质有关。对于具有半导体性质的硫化矿物来说，电子可以在浮选药剂和矿物表面之间相互转移，硫化矿物表面电子参与了药剂分子的吸附反应。因此在研究浮选药剂与矿物表面作用时，需要考虑矿物表面结构和电子性质。本章主要讨论浮选药剂分子(包括氧分子)与硫化矿物表面作用的空间构型、电子转移以及原子成键等内容。

5.1　氧分子在方铅矿和黄铁矿表面的吸附

有色金属硫化矿浮选是一个电化学过程，矿物表面的氧化对其浮选行为具有重要的影响，硫化矿物的浮选行为与表面氧化之间存在密切的关系[1-2]。已经证实捕收剂黄药在硫化矿物表面的吸附是一个电化学反应过程，黄药在硫化矿表面发生阳极氧化生成金属黄原酸盐或双黄药，氧分子在矿物表面发生阴极还原[3]；另外硫化矿无捕收剂浮选主要是通过氧化来控制矿物表面产物，形成疏水元素硫或亲水硫酸盐，实现硫化矿物的浮选和抑制[4-6]。在这些氧化过程中都涉及氧分子和硫化矿物表面之间的电子转移机制，下面讨论氧分子在方铅矿和黄铁矿两种典型硫化矿物表面的吸附构型及电子转移情况。

5.1.1　表面层晶模型

黄铁矿晶体常呈立方体，晶体的空间对称结构为 $Pa\bar{3}(T_h^6)$，分子式为 FeS_2，属于等轴晶系，每个单胞包含四个 FeS_2 分子，铁原子分布在立方晶胞的六个面心及八个顶角上，每个铁原子与六个相邻的硫原子配位，形成八面体构造，而每个硫原子与三个铁原子和一个硫原子配位，形成四面体构造，另外两个硫原子之间形成哑铃状结构，以硫二聚体(S_2^{2-})形式存在，且沿着(111)方向排列。常见的解理面为沿铁—硫键断裂的(100)面，表面上的铁原子与五个硫原子配位，而最外层硫原子与两个铁原子及一个硫原子配位。方铅矿晶体也常呈立方体，立方面心格子，空间对称结构为Fm3m，分子式为PbS，属等轴晶系，每个单胞包含四个PbS分子，每个硫原子分别与六个相邻的铅原子配位而每个铅原子也分别与六个相邻的硫原子配位，形成八面体构造。常见的解理面为沿铅—硫键断裂的(100)面，表面上的硫原子分别与五个铅原子配位，铅原子分别与五个硫原子配位。(2×2)黄铁矿和(4×2)方铅矿(100)表面层晶模型显示在图5－1中。

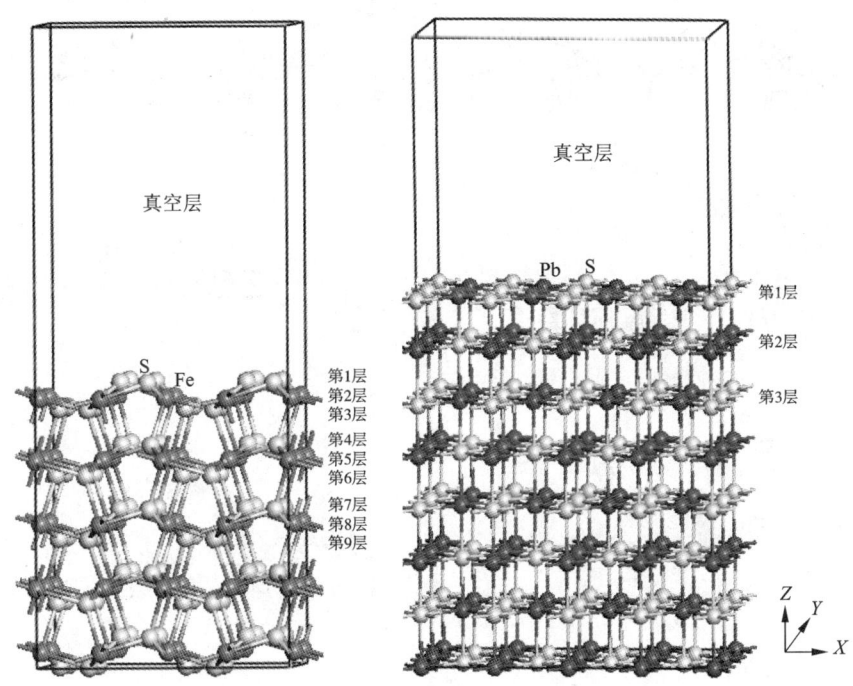

图 5－1　(2×2)黄铁矿(100)表面层晶模型和(4×2)方铅矿(100)表面层晶模型

5.1.2　氧分子在黄铁矿和方铅矿表面的吸附构型

为了确定氧分子在黄铁矿和方铅矿表面的吸附方式，分别对氧分子在各个吸附位进行了测试(见图5－2和图5－3)，并计算了吸附能，计算结果列在表5－1和表5－2中。吸附能计算结果表明，在黄铁矿表面上，氧分子在顶部硫位、平行于硫—硫键、垂直于穴位(分别见图5－2(a)、(d)和(e))吸附时的吸附能较大，而在顶部铁位、平行于铁—硫键和平躺在穴位[分别见图 5－2(b)、(c)、(f)和(g)]吸附时的吸附能较低，且以平躺在穴位上以一个氧原子对着顶部硫原子、另一个氧原子对着表面铁原子[见图 5－2(g)]时的吸附能最低，表明这种吸附方式最为稳定；在方铅矿表面，氧分子以平躺于穴位且两个氧原子分别对着两个硫原子[见图 5－3(f)]吸附在表面时的吸附能最低，吸附最稳定，而其他吸附方式：顶部硫位、顶部铅位、平行于硫—铅键、平躺在穴位(处于铅原子之间)以及垂直于穴位[分别见图 5－3(a)、(b)、(c)、(d)和(e)]，都不是最稳定吸附构型。

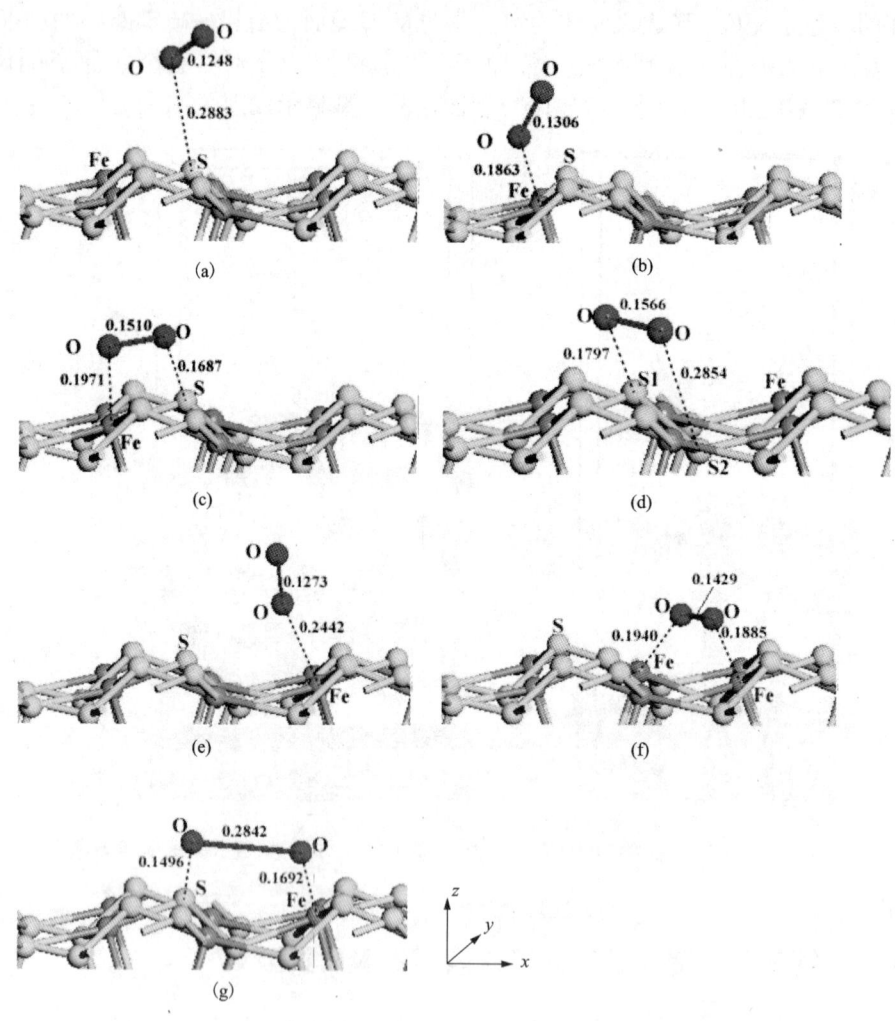

图 5－2　氧分子在黄铁矿(100)面不同位置的平衡吸附构型

(a)硫顶位；(b)铁顶位；(c)平行 Fe—S 键；(d)平行 S—S 键；
(e)垂直于穴位；(f)与穴位两个铁原子平行；(g)与穴位铁硫原子平行

在黄铁矿和方铅矿表面吸附后的氧分子都发生了解离,并分别与表面的原子成键。从氧分子在两种矿物表面上的最稳定吸附方式可以知道,在黄铁矿表面上,氧原子分别与硫和铁原子键合,而在方铅矿表面上,氧原子只与硫原子键合而未与铅原子键合。氧分子在黄铁矿和方铅矿表面的吸附能分别为 -2.522 eV(图 5-2(g))和 -1.191 eV(图 5-3(f)),前者明显低于后者,表明其与黄铁矿表面的相互作用更强,在黄铁矿表面的反应活性更大,这也体现在不同表面吸附后的氧—氧键长和氧—硫键长的区别中。在黄铁矿和方铅矿表面上,氧—氧键长分别为 0.2842 nm 和 0.2698 nm,氧分子在黄铁矿表面的解离更彻底;氧—硫键长分别为 0.1496 nm 和 0.1644 nm,氧原子与黄铁矿表面的硫原子之间的键合更为紧密。从以上的分析可以知道,当氧分子吸附后,黄铁矿表面上的硫原子被氧化得更为彻底,即所带正价将更高,这与实际情况相符,即黄铁矿的阳极氧化产物主要硫组分为硫酸盐(SO_4^{2-}),而方铅矿的阳极氧化产物主要硫组分为元素硫(S^0)[3]。这也表明黄铁矿具有较差的无捕收剂浮选特性,而方铅矿具有较好的无捕收剂浮选行为。

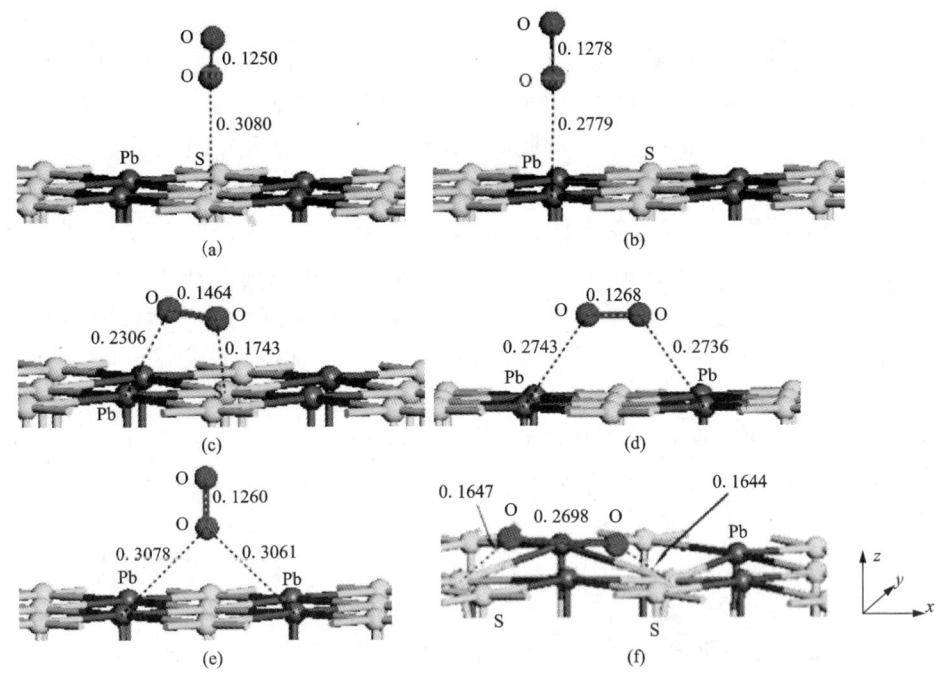

图 5-3　氧分子在方铅矿(100)面不同位置的平衡吸附构型

(a)硫顶位;(b)铅顶位;(c)平行 Pb—S 键;
(d)与穴位两个铅原子平行;(e)垂直穴位;(f)平行穴位两个硫原子

表 5 - 1　氧分子在黄铁矿 (100)面的吸附能

吸附位	吸附能/eV
硫顶位	- 0.311
铁顶位	- 1.040
平行 Fe—S 键	- 0.861
平行 S—S 键	- 0.006
垂直穴位	- 0.469
与穴位铁原子平行	- 1.219
与穴位硫原子和铁原子平行	- 2.522

表 5 - 2　氧分子在方铅矿(100)面 吸附时的吸附能

吸附位	吸附能/eV
硫顶位	- 0.407
铅顶位	- 0.107
平行 Pb—S 键	0.067
与穴位铅原子平行	- 0.306
垂直穴位	- 0.084
与穴位硫原子平行	- 1.191

5.1.3　表面原子电荷分析

图 5 - 4 显示了黄铁矿和方铅矿表面原子的 Mulliken 电荷,原子旁的数字表示电荷值,单位为 e,显示的图为顶视图。黄铁矿(100)表面硫二聚体中的 S1 原子位于表面顶部,S2 原子位于表面底部[图 5 - 4(a)]。从图中可以看出,黄铁矿表面 S1 原子带电荷 - 0.10e,而 S2 原子带电荷 - 0.02e。另外,与铁原子配位的不同方向上的硫原子所带电荷不同,处于表面底部的硫原子(S2 和 S3)所带负电荷少于表面顶部的硫原子(S4 和 S5)。表面铁原子带正电荷 0.08e。从氧分子吸附后的表面原子电荷[图 5 - 4(b)]可以看出,与氧成键的 S1 和 Fe1 原子失去了较多的电荷给氧原子而分别带正电荷 0.74e 和 0.36e,而与 S1 成键的 O1 原子所带负电荷(- 0.76e)远多于与 Fe1 原子成键的 O2 原子(- 0.44e),表明氧原子从表面硫原子上获得的电荷多于从铁原子上获得的电荷。另外,除与表面顶部 S1 原子配位的硫原子和其余铁原子(除 Fe1)得到少量电荷外,氧分子周围的其余硫原子则失去少量电荷。氧分子吸附对更远处的表面原子的电荷影响较小。

在方铅矿(100)表面上,铅原子带正电荷 0.61e 而硫原子带负电荷 - 0.68e[图 5 - 4(c)],氧分子吸附后对其周围原子的电荷影响较为明显。分别与氧原子成键的 S1 和 S2 原子所带电荷已从原来的负电荷到吸附氧后略带正电荷(0.07),氧对距离稍远的硫原子电荷影响很小,靠近氧原子的铅原子(Pb1 和 Pb2)失去电荷,而离氧较远的铅原子(Pb3 和 Pb4)则得到极少量的电荷,由原来的 0.61e 变为 0.58e。另外,氧分子吸附对表面硫原子的构型产生了较为明显的影响,与氧成键的 S1 和 S2 原子沿着 x 轴被排斥开来。

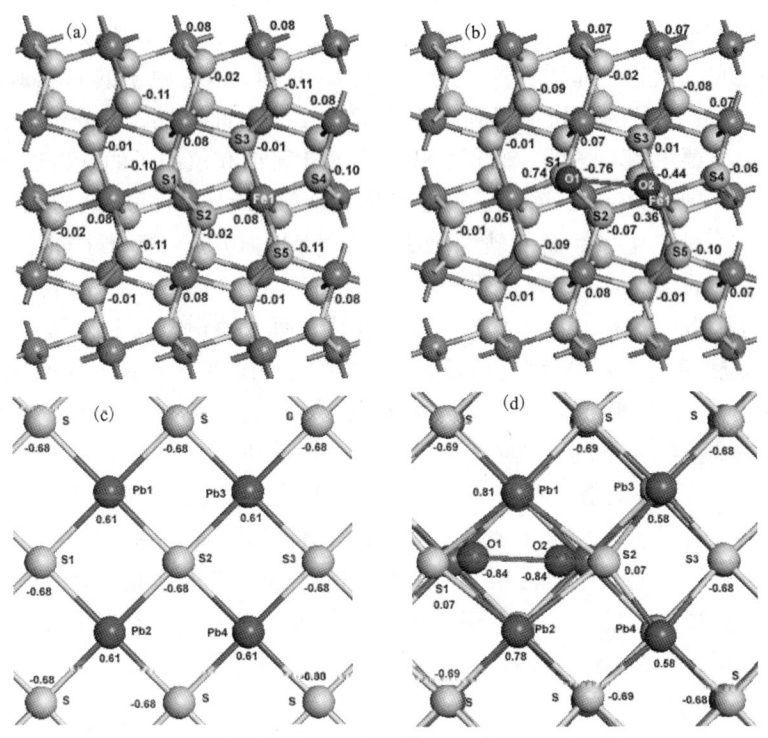

图 5 - 4　氧分子吸附前后氧原子及表面原子的 Mulliken 电荷(e)

(a)黄铁矿表面；(b)吸附氧分子后的黄铁矿表面；(c)方铅矿表面；(d)吸附氧分子后的方铅矿表面

　　从整体上来看，氧分子在黄铁矿表面吸附后，两个氧原子获得电子，电荷分别为 -0.76e 和 -0.44e，即氧分子从黄铁矿表面上夺走 1.20 个电子；对于方铅矿表面，氧分子吸附后两个氧原子的电荷都为 -0.84e，即氧分子从方铅矿表面夺走 1.68 个电子。比较氧分子在黄铁矿和方铅矿表面获得电子的能力，发现方铅矿表面比黄铁矿表面更容易失去电子，这与它们的半导体性质有关。黄铁矿具有比较高的静电位和表面缺电子性质，方铅矿表面则具有较低的静电位和表面电子富集性质，因此方铅矿表面比黄铁矿表面更容易失去电子，也更容易发生氧化(按照静电位的大小，电位小者氧化优先发生)。实践中，方铅矿具有很好的电化学无捕收剂浮选性能，矿物表面容易氧化形成疏水元素硫，而黄铁矿则基本没有电化学无捕收剂浮选性能，一般认为黄铁矿表面不太容易形成元素硫。

　　氧分子与黄铁矿和方铅矿表面原子作用的详细电子转移情况见表 5 - 3 和表 5 - 4。由表 5 - 3 可以知道，氧分子在黄铁矿表面吸附后，与氧原子成键的 S1 原子(顶部硫)的 s 轨道失去少量电子而 p 轨道都失去较多电子，离氧稍远处的 S2

和 S3 原子的 s 轨道电子基本没有变化但 p 轨道失去非常少量的电子。铁原子（Fe1）的 s 轨道电子不变，p 轨道得到非常少量的电子，而 d 轨道则失去了较多电子。氧原子的 s 轨道电子没有产生变化，与 S1 成键的 O1 原子的 p 轨道比与 Fe1 原子成键的 O2 原子的 p 轨道得到了更多的电子。由此可知，氧分子与黄铁矿表面的反应，主要由硫原子的 p 轨道、铁原子的 d 轨道和氧原子的 p 轨道参与。

由表 5-4 可以看出，氧分子在方铅矿表面吸附后，与氧成键的硫原子（S2）的 s 轨道失去少量电子，而 p 轨道则失去了大量的电子。氧分子周围的铅原子（Pb1 和 Pb2）的 s 轨道电子基本没有变化，p 轨道失去较多电子；离氧吸附位置稍远的铅原子（Pb3）的 s 轨道电子基本没有变化，而 p 轨道则得到少量电子。此外铅原子的 d 轨道电子数没有变化，表明 d 轨道电子没有参与氧气的反应。氧的 s 轨道得到少量电子，而 p 轨道得到较多的电子。由此可知，氧分子与方铅矿表面的反应，主要由硫原子的 p 轨道、铅原子的 p 轨道和氧原子的 p 轨道参与。

从图 5-5 的电子差分密度（(a) 和 (b)，黑色区域表示电子富集，白色区域表示电子缺失，背景色表示电子密度为零）和电子密度图 (c) 和 (d) 可以清楚地看到，吸附后氧原子周围电子富集而与之配位的铁原子和硫原子周围则呈电子缺失状态，氧与矿物表面的原子发生相互作用而成键。另外氧分子在表面解离成单氧状态，氧原子之间已经不成键。

表 5-3　氧分子吸附前后黄铁矿表面原子及氧原子的 Mulliken 电荷布居

	原子		s	p	d	总电子数	电荷/e
黄铁矿表面	S1	吸附前	1.86	4.25	0.00	6.01	-0.01
		吸附后	1.70	3.56	0.00	5.26	0.74
	S2	吸附前	1.82	4.20	0.00	6.02	-0.02
		吸附后	1.83	4.25	0.00	6.07	-0.07
	S3	吸附前	1.82	4.20	0.00	6.01	-0.01
		吸附后	1.82	4.16	0.00	5.99	0.01
	Fe1	吸附前	0.34	0.43	7.15	7.92	0.08
		吸附后	0.34	0.48	6.81	7.64	0.36
氧分子	O1	吸附前	1.88	4.12	0.00	6.00	0.00
		吸附后	1.93	4.83	0.00	6.76	-0.76
	O2	吸附前	1.88	4.12	0.00	6.00	0.00
		吸附后	1.93	4.51	0.00	6.44	-0.44

表 5 - 4 氧分子吸附前后方铅矿表面原子及氧原子的 Mulliken 电荷布居

原子			s	p	d	总电子数	电荷/e
方铅矿表面	S2	吸附前	1.92	4.76	0.00	6.68	-0.68
		吸附后	1.84	4.09	0.00	5.93	0.07
	Pb1	吸附前	1.99	1.40	10.00	13.39	0.61
		吸附后	2.00	1.19	10.00	13.19	0.81
	Pb2	吸附前	1.99	1.40	10.00	13.39	0.61
		吸附后	2.00	1.22	10.00	13.22	0.78
	Pb3	吸附前	1.99	1.40	10.00	13.39	0.61
		吸附后	1.98	1.44	10.00	13.42	0.58
氧分子	O1	吸附前	1.88	4.12	0.00	6.00	0.00
		吸附后	1.92	4.92	0.00	6.84	-0.84
	O2	吸附前	1.88	4.12	0.00	6	0.00
		吸附后	1.92	4.92	0.00	6.84	-0.84

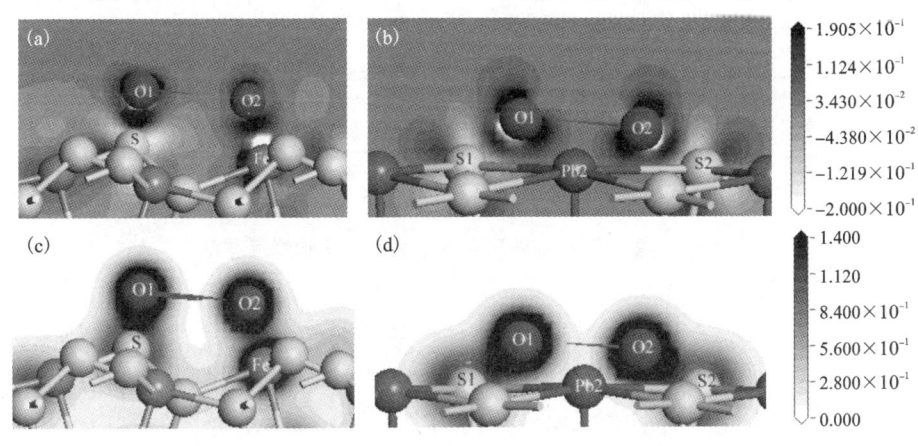

图 5 - 5 氧分子吸附后黄铁矿和方铅矿的电子密度和差分电子密度

(a)黄铁矿表面差分电子密度；(b)方铅矿表面差分电子密度；
(c)黄铁矿表面电子密度；(d)方铅矿表面电子密度

5.1.4 氧分子吸附对黄铁矿和方铅矿表面态的影响

从前面的原子电荷布居分析可知氧分子在黄铁矿和方铅矿表面吸附的时候，主要是氧原子、硫原子和铅原子的 p 轨道以及铁原子的 d 轨道参与相互作用，因此图 5-6 和图 5-7 分别作出了氧分子吸附前后黄铁矿和方铅矿表面及表面主要参与反应原子的态密度，并考察主要参与反应的电子轨道态密度变化。氧的外层 p 电子组态为[7]：

$$(\sigma_{2p_z})^2 (\pi_{2p_x})^2 (\pi_{2p_y})^2 (\pi_{2p_x}^*)^1 (\pi_{2p_y}^*)^1 (\sigma_{2p_z}^*)^0$$

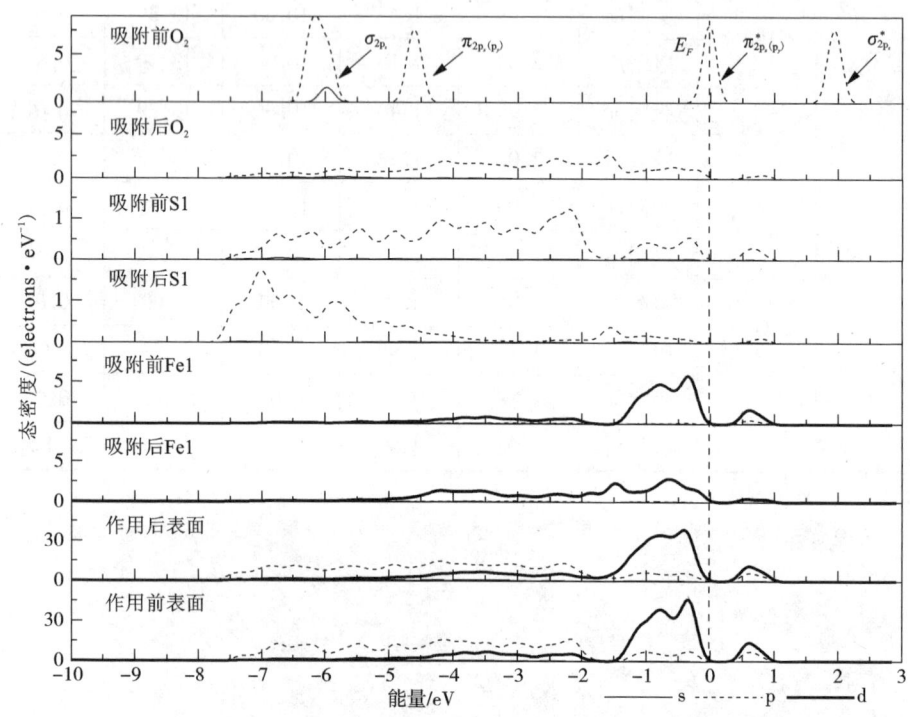

图 5-6　氧分子吸附前后黄铁矿表面原子和氧气态密度

如图所示，在 -6 eV 和 -4.5 eV 处有一个分别由成键 σ_{2p_z} 态和 π_{2p_x}（π_{2p_y}）组成的态密度峰（p_x 和 p_y 的原子轨道态密度曲线是重合的）；费米能级处的态密度则由半满的反键 $\pi_{2p_x}^*$（$\pi_{2p_y}^*$）态组成；最后，在约 1.8 eV 处存在一个空反键 $\sigma_{2p_z}^*$ 态。

在黄铁矿表面上，与氧成键的硫原子和铁原子的态密度发生了极为明显的变化，而氧气分子本身的态密度也发生了变化，说明氧吸附对矿物表面态产生了明显的影响。下面主要通过讨论占据电子态来讨论氧与表面的相互作用。费米能级以下 -8~0 eV 能量范围内吸附氧的 p 轨道电子态密度呈连续分布状态，电子非局域性增强，吸附氧后的 S1 原子在费米能级以下 -8~-1.50 eV 范围内的 p 电子态密度峰向低能方向移动，而 -1.5~0 eV 的 p 电子态密度明显降低。Fe1 原子的 d 轨道电子对态密度的贡献占主要作用，吸附氧后在 -6~0 eV 范围内形成连续分布,并且 −1.5 ~ 0 eV 范围内的 d 电子态密度明显降低。氧吸附对方铅矿表面也产生了明显影响,在费米能级以下 −6 ~ 0 eV 范围内吸附后的氧 p 轨道电子态密度呈连续分布状态,且主要集中在 −5.5 ~ −3.5 eV 能量范围内。S2 原子由于吸附氧导致原来处于 −4 ~ 0 eV 范围的连续 p 电子态在 −6 ~ 0 eV 能量范围内形成两个集中态,即集中在 −5 ~ −4 eV 和 −1 ~ 0 eV 能量范围内。Pb1 原子的整体态密度向低能方向移动了较小距离且 p 电子态密度明显降低(d 轨道电子能量非常低,在氧吸附过程中没有参与反应),−3 ~ −1 eV 能量范围内的 p 电子态由于氧吸附而几乎消失。

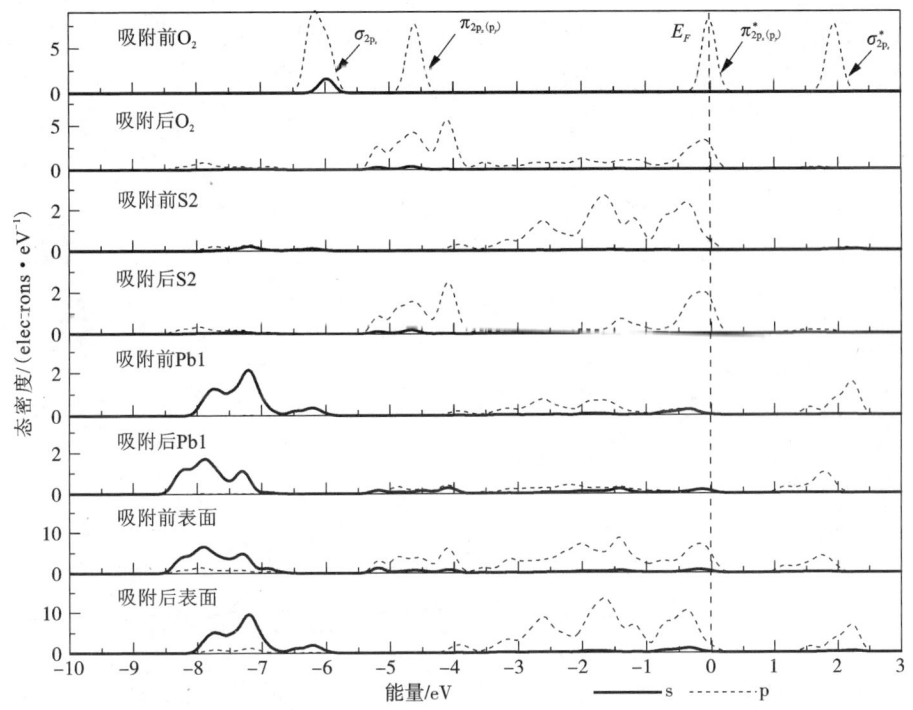

图 5 −7 氧分子吸附前后方铅矿表面原子和氧气态密度

由态密度图可以看出,在黄铁矿表面上,氧与硫成键的时候,电子主要由硫的 p 轨道向氧的 p 轨道转移,而与铁成键的时候,则主要由铁的 d 轨道电子向氧的 p 轨道转移,形成 d→p 反馈键。在方铅矿表面上,电子主要由硫和铅的 p 轨道向氧的 p 轨道转移,而铅的 d 轨道由于没有参与反应,未能与氧的 p 轨道形成 d→p 反馈键。因氧与铁之间 d→p 反馈键的形成,氧分子在黄铁矿表面的吸附将更为稳定,黄铁矿表面将被氧化得更为彻底,这与前面对吸附能和键长的计算的结果一致。

另外，还对表面原子的自旋进行了分析，如图 5 – 8 和 5 – 9 分别为氧分子吸附前后的黄铁矿和方铅矿表面原子自旋，图中仅显示了主要参与反应的轨道电子自旋，即硫 3p、氧 2p、铁 3d 和铅 6p 轨道电子，主要考察其在费米能级（E_F）附近的变化，alpha 和 beta 分别代表向上和向下自旋。由图 5 – 8 可以看出，氧分子吸附前的铁原子（Fe1）为低自旋态，吸附后产生了自旋，而与铁原子成键的氧原子（O2）也产生了自旋。吸附前后的硫原子（S1）都是低自旋态的，与硫原子成键的氧原子（O1）也为低自旋态。由图 5 – 9 可以看出，吸附前后的氧、硫和铅原子都是低自旋态的，没有产生自旋现象。从电子自旋分析可以看出，在黄铁矿表面上的氧和铁原子由于发生相互作用而产生了自旋现象，而在方铅矿表面的氧则没有发生自旋现象，具有磁性的物质之间更容易产生相互吸引，因此氧分子在黄铁矿表面的反应活性比在方铅矿表面大。

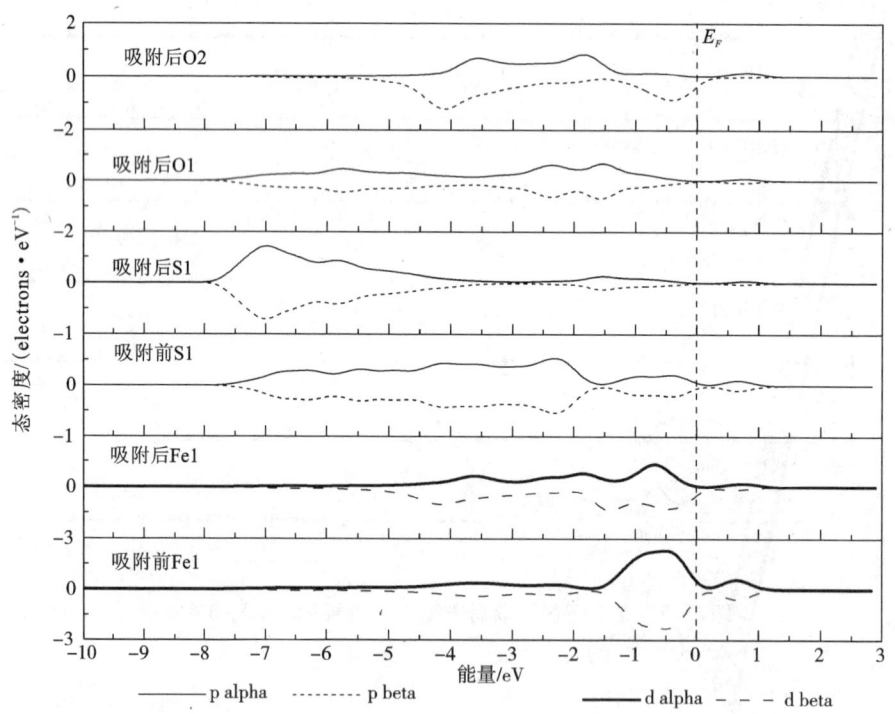

图 5 – 8　氧分子吸附前后黄铁矿表面原子和氧原子的自旋态密度

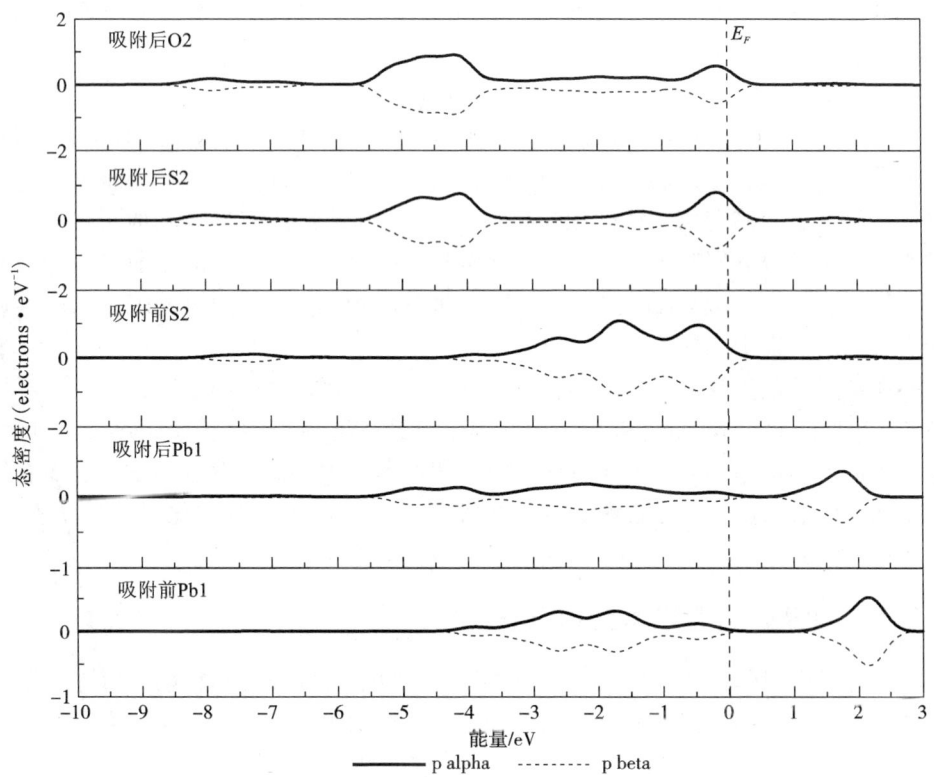

图 5-9　氧分子吸附前后方铅矿表面原子和氧原子的自旋态密度

5.2　闪锌矿和黄铁矿表面铜活化

在硫化矿浮选实践中，闪锌矿因其天然可浮性差而需要铜活化才能达到浮选目的。国内外对闪锌矿的活化进行了很多研究，但是在铜活化的过程、作用机理以及表面反应产物等方面仍然存在争议。另外，晶体中各种杂质缺陷的存在使得这一过程更为复杂[8]。例如铁闪锌矿是一种常见的硫化锌矿物，铁杂质对闪锌矿的铜活化及其随后的浮选行为有明显影响。Solecki 的研究表明[9]，在人工合成的闪锌矿中，随着闪锌矿中铁含量的增加铜离子吸附量减少。Szczype 等人进一步证实了对于人工合成的闪锌矿，铁含量的增加会导致黄药在铜活化后的闪锌矿表面发生吸附，这主要是因为闪锌矿表面铜的减少[10]。Boulton 等人也认同这种观点[11]。然而 Harmer 等人的研究却表明闪锌矿中的铁含量增加了铜在表面的吸附量，与低铁含量的闪锌矿相比，铁含量的提高，增加了表面缺陷位置，使得更多的铜离子吸附到表面[12]。Cu(Ⅱ)在闪锌矿表面的吸附会释放出等量的 Zn^{2+} 到溶液中，反应式见式(5-1)[13]：

$$ZnS_{(s)} + Cu^{2+}_{(aq)} \longrightarrow Cu_xZn_{1-x}S_{(s)} + Zn^{2+}_{(aq)} \qquad (5-1)$$

SIMS 和 XPS 分析结果表明[14]，在低 pH 下，到达闪锌矿表面的 Cu(Ⅱ)离子立刻被还原成 Cu(Ⅰ)离子，并且与表面任意位置的锌发生替换，从而将锌离子释放到溶液中。当铜离子浓度比较高时，在闪锌矿表面第二层及其他层将会发生类似的 Cu(Ⅰ)离子与 Zn(Ⅱ)离子的替换反应，而这种反应可能是通过表面层的 Cu(Ⅰ)离子与第二层的锌的交换或者是表面的 Cu(Ⅱ)离子通过间隙进入闪锌矿的次表面层而发生交换反应。

铜离子也是黄铁矿的有效活化剂，但其活化机理完全不同于闪锌矿。对于黄铁矿，早期的时候 Bushell 和 Krauss[15] 提出黄铁矿能被铜活化的原因是铜取代铁生成了 CuS，而 Weisener、Gerson 和 Wang 等的研究发现铜吸附在黄铁矿表面后没有铁从表面解离出来，因而铜是吸附在表面上对黄铁矿进行活化[16-18]。本节主要讨论闪锌矿表面和黄铁矿表面铜吸附的结构和电子转移情况。

5.2.1 闪锌矿铜活化模型和电子性质

首先对理想闪锌矿表面、次表面和第三层的不同位置的锌和铜交换进行了优化计算。铜与闪锌矿表面锌原子的置换反应可以由下式表示：

$$Zn_{40}S_{40} + Cu \longrightarrow CuZn_{39}S_{40} + Zn$$

图 5-10 是闪锌矿表面模型，从图可见铜原子可以和闪锌矿表面两个位置的铜原子进行替换，即顶位和底位。

通过计算得到的铜原子与理想闪锌矿表面不同位置锌原子的替换能为：顶位为 -82.09 kJ/mol，底位为 -66.81 kJ/mol，说明在活化时，铜原子优先与理想闪锌矿表面最外层的锌原子发生替换反应。铜活化后的闪锌矿表面的能带结构如图 5-11 所示。与理想闪锌矿表面能带结构相比，铜活化后，闪锌矿的能带结构变化不大，导带和价带的位置基本不变，仅在禁带中出现了一条杂质能级。

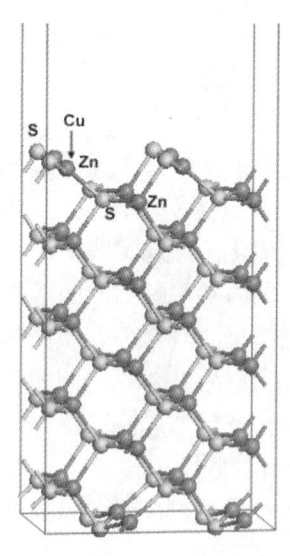

铜活化后的闪锌矿表面三层的态密度如图 5-12 所示。铜活化对闪锌矿表面态密度

图 5-10　闪锌矿表面铜活化模型

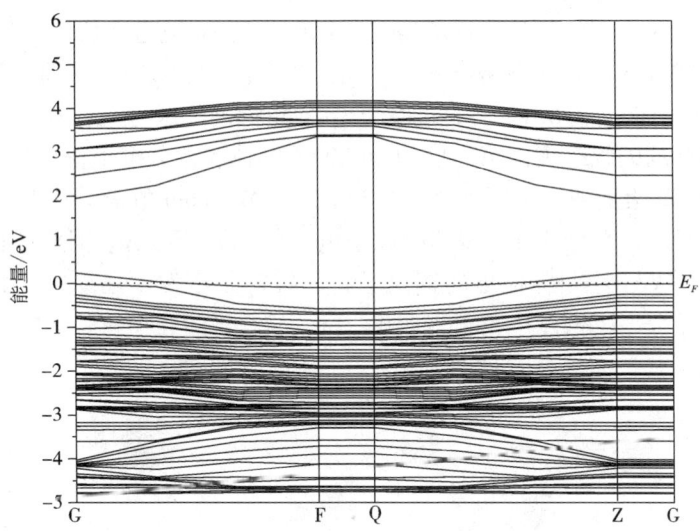

图 5 - 11　铜活化后闪锌矿表面能带结构

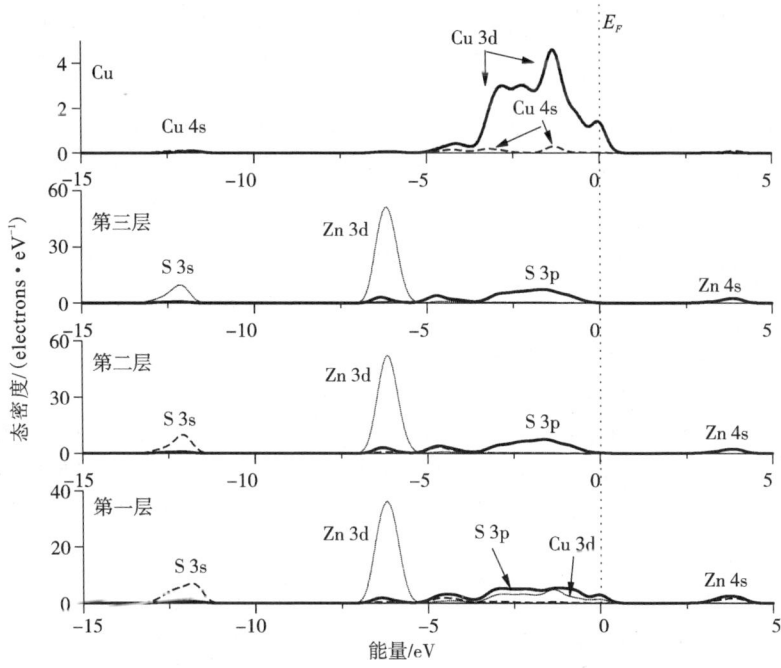

图 5 - 12　铜活化后闪锌矿表面三层态密度

的影响主要集中在表面第一层价带上部。铜原子的 3d 轨道产生了分裂，表面第一层费米能级处出现的新的表面能级是由铜原子的 3d 轨道和硫原子的 3p 轨道组成的。与理想闪锌矿表面态密度相比，铜活化后的闪锌矿表面锌原子的 3d 轨道从 −5.82 eV 迁移至 −6.17 eV，硫原子 3p 轨道向高能级方向移动。

铜活化后的闪锌矿表面第一层的 Mulliken 电荷和差分电子密度如图 5 − 13 所示。铜与闪锌矿表面的锌原子发生替换后，所带 Mulliken 电荷为 0.16e，与铜原子相连的硫原子的电荷减少了，说明硫原子电子向铜原子转移，铜原子在闪锌矿表面为低价态，这与文献[14]提出的铜离子在闪锌矿表面发生还原吸附的机理相吻合。另外从差分电子密度中也可以看出，Cu—S 键之间存在较强的电子转移。

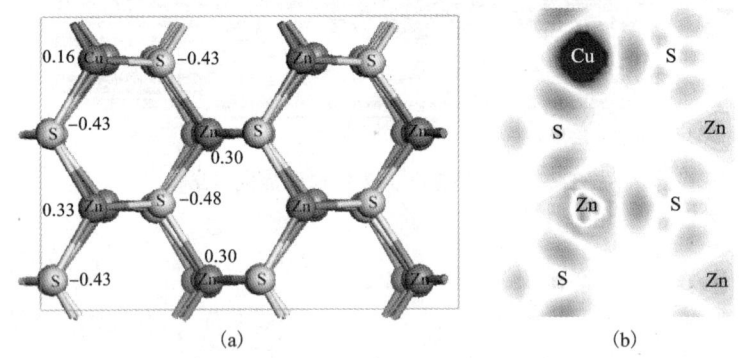

(a) (b)

图 5 − 13 铜活化后闪锌矿(110)表面 Mulliken 电荷(a)和差分电子密度(b)

5.2.2 黄铁矿铜活化模型和电子性质

图 5 − 14 显示了铜在黄铁矿(100)表面的两种活化方式，图(a)为铜取代铁模型，图(b)为铜吸附在表面硫上的模型。计算结果表明，铜取代铁的取代能为正值，并且高达 665.42 kJ/mol，这表明铜很难取代铁，因而不可能通过取代铁的方式活化黄铁矿。铜吸附在表面硫位的吸附能为 −119.61 kJ/mol，铜与硫成键，明显的化学吸附。因此，铜是以吸附在表面硫位的方式活化黄铁矿的。

图 5 − 15 显示了铜在表面的吸附构型、原子所带电荷和电子密度图，图中原子标签括号里的数字为原子所带电荷，单位为 e，键上的数字为键长，单位为 Å，电荷密度图中的背景色表示电荷密度为零区域，成键原子之间电子密度越大键的共价性越强。由图 5 − 15(b)可知，铜吸附在表面的硫原子上(S1)，Cu—S1 键长为 2.109 Å，从图 5 − 15(c)可以看出 Cu 和 S1 原子之间电子密度较大，为共价成键。在黄铁矿中实际是两个硫原子形成的硫二聚体与铁原子成键，因而在考虑铜

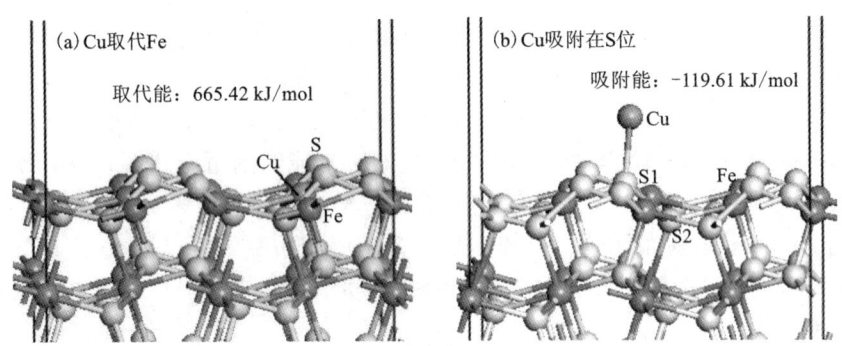

图 5 - 14　铜活化黄铁矿的两种模型：铜取代铁(a)和铜吸附在表面硫位(b)

吸附的时候应该分析硫二聚体与铜之间的相互作用。在图 5 - 15(a)和(b)中的表面硫二聚体为(S1—S2)，从电荷转移的情况可以看出，铜吸附后，(S1—S2)的整体电荷发生了变化，负电荷值降低，从原来的 $-0.12e$ 降到 $-0.09e$，计算结果与 von Oertzen 等对 SXPS S 2p 谱的观察一致[19]，即在铜吸附后，表面硫二聚体的结合能升高，负电荷密度降低，也与他们的计算结果一致。此外，铜带正电荷，而表面铁原子的正电荷值降低，说明表面获得了来自于铜的电子。

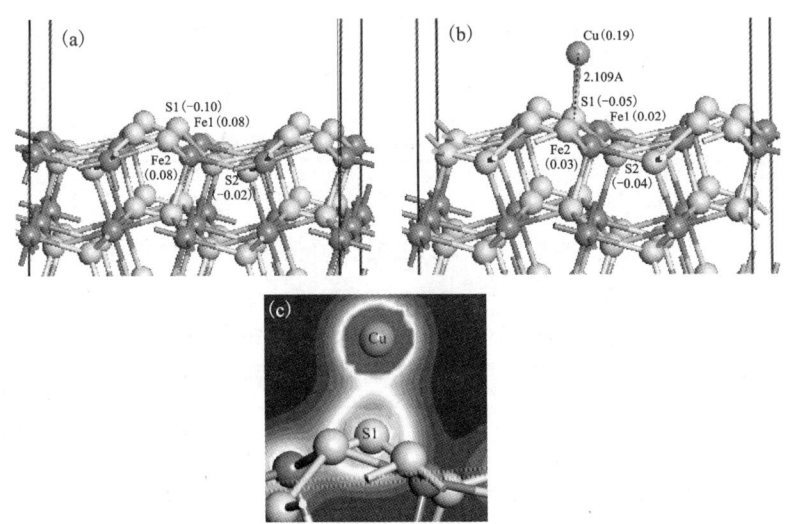

图 5 - 15　铜在黄铁矿(100)表面的吸附构型及 Mulliken 电荷

(a)铜吸附前；(b)铜吸附后；(c)电子密度图

图 5-16 显示了铜吸附前后的表面及铜的态密度。未吸附前的 Cu（自由铜）的态密度主要由它的 3d 态贡献，并且 3d 态位于费米能级附近，态密度峰尖而细，此外 4s 态在费米能级附近也有少量贡献。吸附在表面后，费米能级附近的 3d 和 4s 态密度明显减少，说明 3d 和 4s 态失去电子，而 3d 态还大幅向低能方向移动，3d 态主峰由 -0.2 eV 降至 -2.5 eV 处，此外费米能级附近有少量的 4p 出现（图中放大处）。吸附铜后黄铁矿表面的态密度整体向低能方向移动。对吸附前后铜原子的 Mulliken 电荷布居分析可知（表 5-5），吸附后铜带正电荷，黄铁矿表面获得电子；除了黄铁矿表面从铜的 3d 轨道和 4s 轨道获得电子外，铜原子自身的 4p 轨道也获得电子。

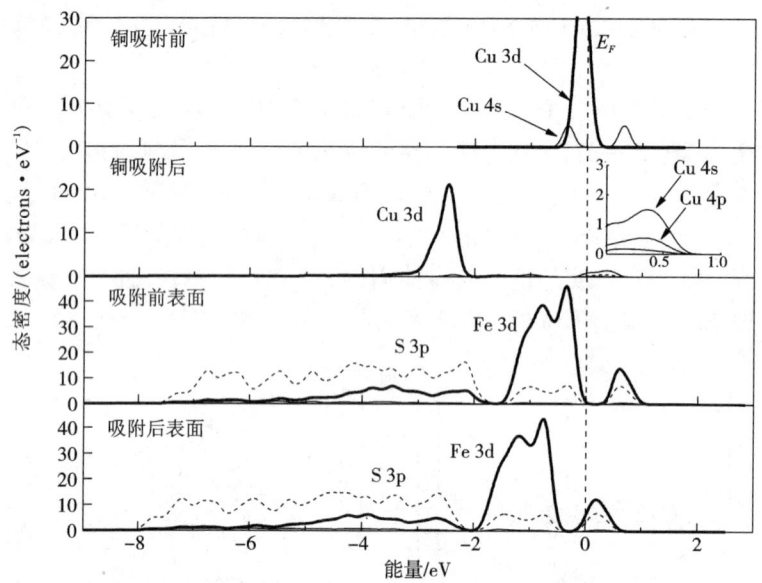

图 5-16　在理想黄铁矿表面吸附前后铜和表面的态密度

表 5-5　铜在理想黄铁矿表面吸附前后的 Mulliken 电荷布居

	s	p	d	电荷/e
自由铜原子	1.00	0.00	10.00	0.00
吸附铜原子	0.88	0.10	9.83	0.19

5.3　黄药分子与方铅矿和黄铁矿表面的相互作用

自从 1925 年美国的 Keller 发现黄药可以作为硫化矿物浮选捕收剂以来，黄药与硫化矿物表面的作用机理一直是硫化矿浮选理论研究热点之一。Salamy 和 Nixon 在 1954 年提出了硫化矿浮选电化学机理[20]，认为黄药与硫化矿物的作用是一个电化学过程。Allison 等人根据黄药溶液中矿物的平衡电位和双黄药的可逆电位的关系[21]，提出了硫化矿物与黄药作用的静电位模型。然而 Wang 和 Forssberg 则认为黄原酸铁通过离子交换方式吸附在黄铁矿表面[22-23]，并且双黄药分子和黄药离子也可以进一步吸附在黄原酸铁分子层上。Greenler 的研究发现更多硫离子氧化的方铅矿比少量氧化的方铅矿吸附更多黄药，提出了黄药离子与氧化的方铅矿表面发生离子交换的作用模型[24]。Hung 等人模拟了氢黄药分子（$HOCS_2^-$）在黄铁矿（100）、（110）、（111）表面的吸附特性[25-26]，但却没能模拟出黄铁矿表面双黄药分子形成的机制。本节从矿物晶体结构和电子性质等方面阐述黄药分子与方铅矿和黄铁矿表面作用的区别，并从固体物理方面对硫化矿物表面双黄药的形成机制进行探讨。

5.3.1 黄药分子在硫化矿物表面的吸附构型和相互作用

真空厚度为 15 Å 的十五个原子层的（2 × 2）黄铁矿（100）面模型和八个原子层的（4 × 2）方铅矿（100）面模型如图 5 – 17 所示。在黄铁矿（100）表面每个铁原子与五个硫原子配位、每个硫原子与两个铁原子和一个硫原子配位，在黄铁矿（100）表面有完整的 S_2^{2-} 存在；在方铅矿（100）表面每个铅原子与五个硫原子配位、每个硫原子与五个铅原子配位。

黄药分子在方铅矿和黄铁矿表面不同位置的吸附结果表明，黄铁矿表面铁位和方铅矿表面铅位是黄药分子能量上最有利的吸附位置（见图 5 – 18），黄药分子在黄铁矿和方铅矿表面的吸附能分别为 – 233.35 kJ/mol 和 – 82.71 kJ/mol。测试结果表明黄药与黄铁矿反应的吸附热在 – 235.2 ~ – 256.2 kJ/mol 之间[27]，黄药与方铅矿反应的吸附热为 – 83 kJ/mol[28]，与计算结果接近。计算结果与实验结果都表明黄药在黄铁矿表面发生了很强的化学吸附，而在方铅矿表面化学作用则相对较弱。

图 5 – 18 显示黄药在方铅矿和黄铁矿表面黄药的吸附构型，数值表示的原子间距离，单位为 Å。图 5 – 18 表明黄药硫原子与两个表面铁原子紧密结合，在黄铁矿表面形成两个原子距离为 2.28 Å 的 Fe—S 键[图 5 – 18（a）]，小于硫原子和铁原子的原子半径之和 2.30 Å，电子密度图清楚显示了 Fe—S 原子之间具有较大的电子密度，说明黄药硫原子和铁原子之间存在较强共价作用。而在方铅矿表面黄药硫原子与铅原子之间距离为 2.89 Å 和 2.96 Å[图 5 – 18（b）]，大于硫原子与铅原子的原子半径之和（2.79 Å）相近，说明它们之间的作用较弱。另外从电子密度图也可看出黄药硫原子和表面铅原子之间电子密度非常小。

按照化学作用理论，两个黄药分子与一个铁离子（铅离子）发生反应，形成黄

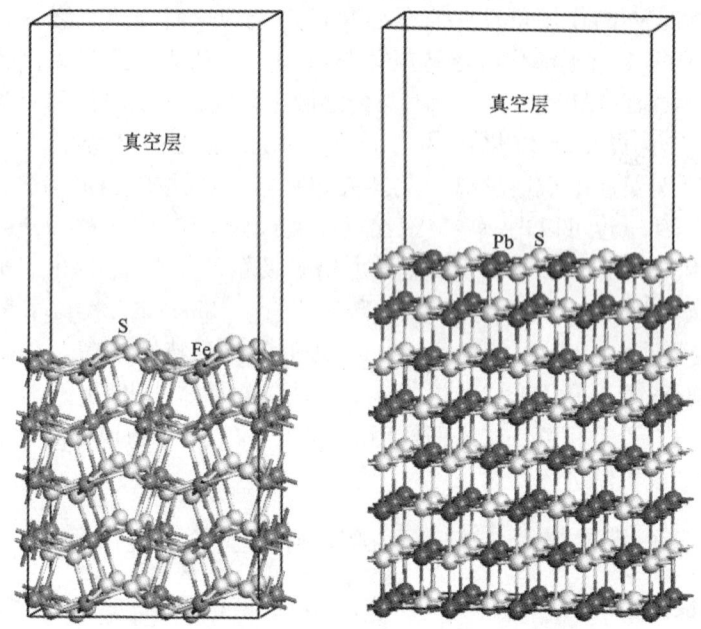

图 5 – 17　黄铁矿(100)表面和方铅矿(100)表面

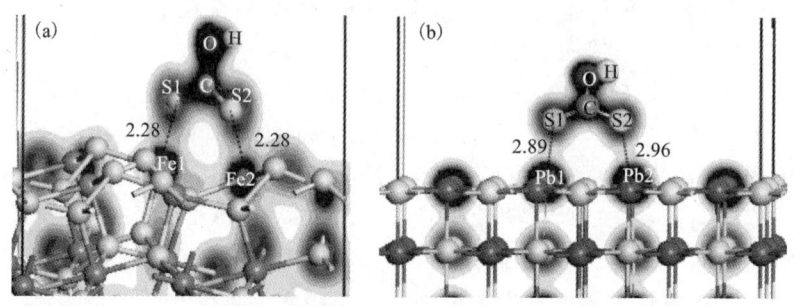

图 5 – 18　黄药分子在黄铁矿和方铅矿表面吸附构型及键长(Å)

原酸亚铁(在无氧环境条件下，只考虑二价铁)或黄原酸铅：

$$2X^- + Fe^{2+} =\!=\!= FeX_2 \tag{5-2}$$

$$2X^- + Pb^{2+} =\!=\!= PbX_2 \tag{5-3}$$

　　但是事实上黄铁矿和方铅矿表面的原子是具有一定的空间结构，如图 5 – 18 所示，只有表面上方具有空间和剩余价键可发生作用，不可能出现两个黄药分子吸附在黄铁矿表面上一个铁原子或方铅矿表面上一个铅原子的结构。

　　另外，黄原酸亚铁(FeX₂)和黄原酸铅(PbX₂)稳定常数分别为[3]1.58 × 10⁻⁷和10⁻¹⁶·⁷，从稳定常数来看黄药与方铅矿表面的作用应该大于黄药与黄铁矿表面的作用，然而计算结果却表明黄原酸亚铁比黄原酸铅更容易形成。这是因为矿物表面金属原子的反应活性不仅与金属原子本身的性质有关，还与其所处的矿物表面空间结构有关。黄铁矿(100)面的铁原子和方铅矿(100)面的铅原子都是五个硫原子配位，但它们所处的空间结构不同，原子的反应活性也不同。

　　黄铁矿表面硫原子和铁原子态密度与方铅矿表面硫原子和铅原子的态密度如图 5-19 所示。这表明费米能级(E_F)附近的黄铁矿表面态主要来自于 Fe 3d 态[图 5-19(a)]，表明黄药分子与黄铁矿表面的作用可能优先发生在铁位并有较大的反应。然而方铅矿的表面态在 E_F 附近，主要贡献为硫 3p 态，大部分贡献来自于铅的 6s 和 6p 态[图 5-19(b)]，表明表面铅原子表现出非常小的反应性。除此之外铅的 5d 态位于深部价带，表明铅的 5d 态不参与黄药和方铅矿的任何反应。因此黄铁矿表面的铁原子反应活性强于方铅矿表面的铅原子。

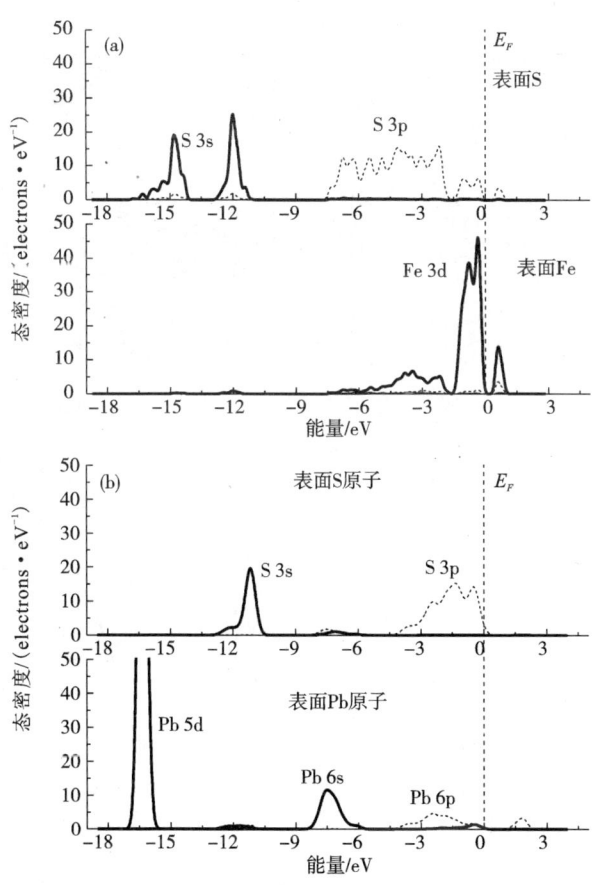

图 5-19　黄铁矿表面和方铅矿表面原子分态密度

5.3.2 氧分子吸附对矿物表面与黄药作用的影响

由于在实际体系中很难做到完全无氧的环境，关于氧在硫化矿物浮选中作用一直有争议，因为即使微量的氧浓度也会导致矿物表面氧化，足以改变矿物浮选行为。采用量子计算可以很好地模拟硫化矿物表面氧化作用及其对浮选的影响。图 5-20 为氧分子吸附后的方铅矿和黄铁矿表面再吸附黄药分子的结果，其中氧分子在黄铁矿和方铅矿表面都发生了解离吸附[29]。从图可见，黄药在黄铁矿表面的吸附能从无氧状况下的 -233.35 kJ/mol 变为有氧的状况下的 -215.19 kJ/mol，黄药在方铅矿表面的吸附能则是从无氧状况下的 -82.71 kJ/mol 降低到 -102.00 kJ/mol。说明矿物表面氧化作用减弱了黄药分子在黄铁矿表面的吸附，增强了黄药分子在方铅矿表面的吸附。这与 Klymowsky[30] 的结果一致，在氧饱和的溶液中方铅矿的浮游回收率最大[图 5-21(a)]，黄铁矿则受抑制[图 5-21(b)]。

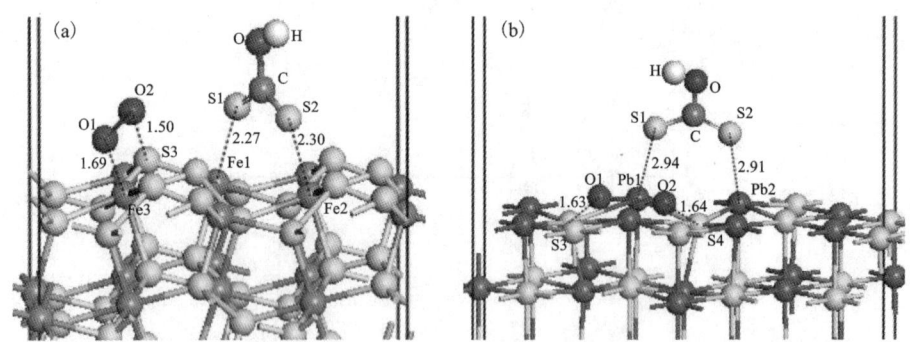

图 5-20　黄药分子在吸附了氧分子的黄铁矿(a)和方铅矿(b)表面的吸附构型及键长(Å)

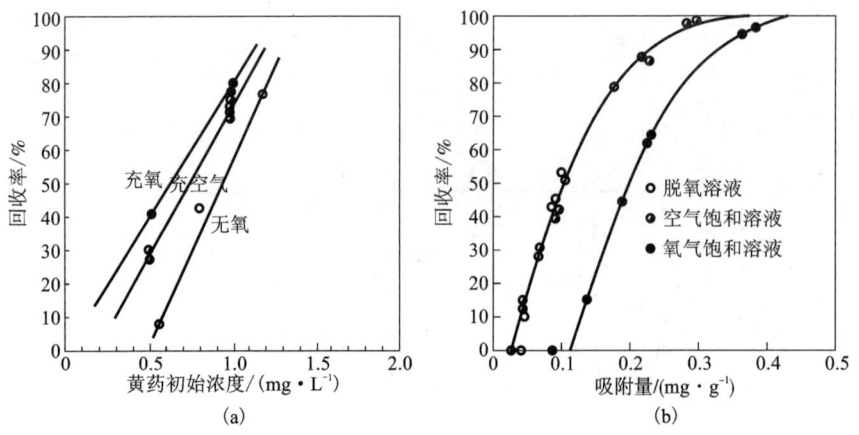

图 5-21　氧气氛围对方铅矿(a)和黄铁矿(b)浮选回收率的影响[30]

　　氧化之前黄铁矿表面硫原子和铁原子的态密度和方铅矿表面硫原子和铅原子的态密度如图 5-22 所示。由图可见，-0.35 eV 的能量水平在氧化的铁 3d 态下的峰值大幅下降，这表明在存在氧的情况下费米能级附近的铁的 3d 电荷活性将下降，因此黄药与被氧化的铁相互作用比较弱。氧化的铅的 6s 和 6p 态跨过了费米能级价态范围明显增宽，表明在氧化后铅 6s 和 6p 电荷在费米能级附近的活性增加，从而增强了黄药与氧化方铅矿的相互作用。

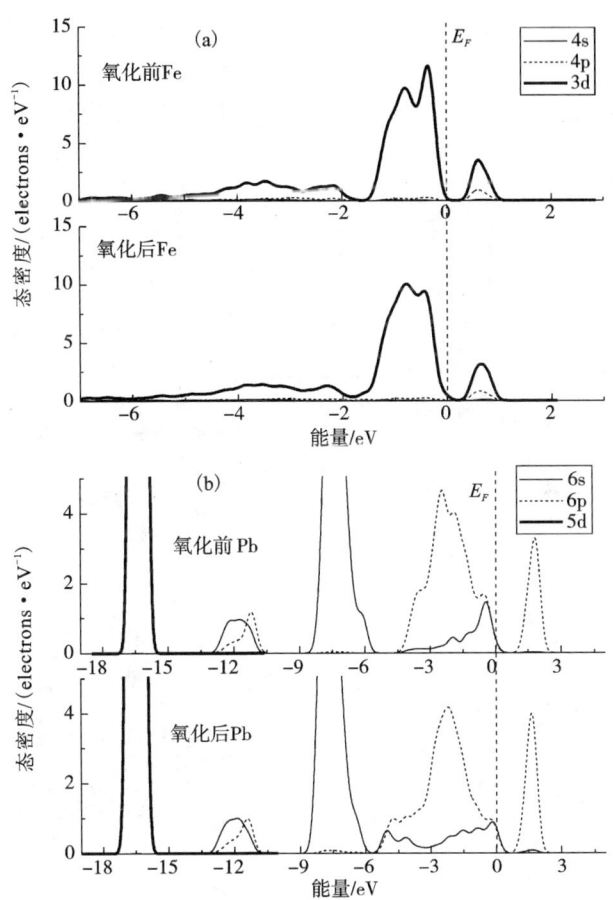

图 5-22　氧化对黄铁矿(a)和方铅矿(b)表面电子密度的影响

5.3.3　双黄药的形成

　　黄药在黄铁矿和方铅矿表面反应的产物分别是双黄药和黄原酸铅，按照浮选电化学理论[3]，黄药在硫化矿物表面的产物与其矿物静电位有关，当矿物静电位大于黄药氧化为双黄药的可逆电位时，矿物表面形成双黄药；反之，当矿物静电位小于黄药氧化为双黄药的可逆电位时，矿物表面形成金属黄原酸盐。静电位模型说明矿物表面与黄药作用的反应产物与硫化矿物的性质有关。

图 5 - 23 显示了在黄铁矿和方铅矿表面两个 $HOCS_2^-$ 分子初始和最终的吸附构型。从图 5 - 23(a) 和(b) 可以发现两个黄药分子在黄铁矿表面吸附作用后，黄药分子中的 S2 和 S4 两个硫原子的距离为 2.10 Å，这与它们的硫原子半径之和 2.08 Å 接近，表明两个硫原子已经成键形成了双黄药分子。另外从图中还可以看出双黄药分子中的 S3 原子与黄铁矿表面的铁原子之间的距离为 2.42 Å，稍大于硫铁原子半径之和 2.30 Å，也属于成键作用范围。双黄药在黄铁矿表面的吸附能为 -61.75 kJ/mol，属于弱化学作用，但比物理吸附要大(物理吸附能在 40 kJ/mol 以下)。

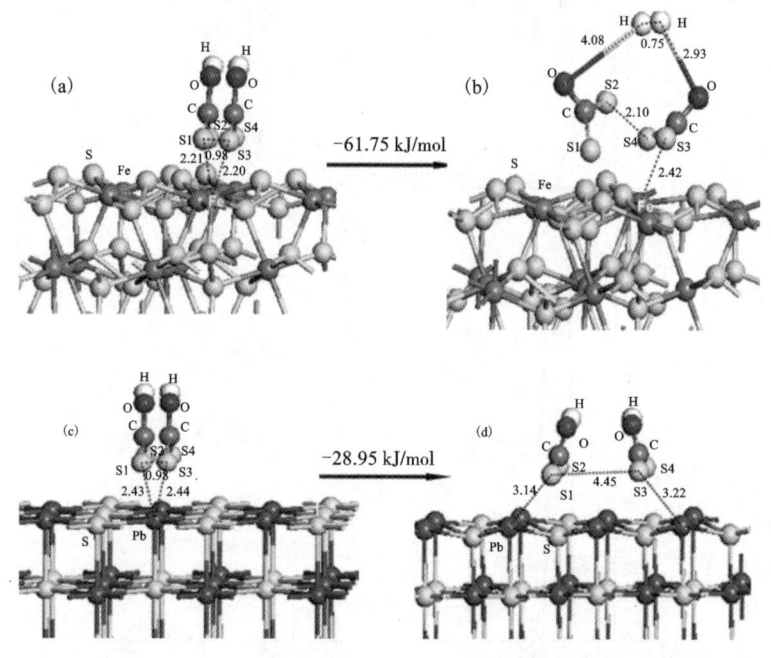

图 5 - 23　两个黄药分子在黄铁矿表面(a, b)和方铅矿表面(c, d)作用情况

从图 5 - 23(c) 和(d) 可见，在方铅矿表面两个黄药分子吸附作用后，发生了排斥作用，两个黄药分子间的距离变长了，没有形成双黄药。说明方铅矿表面不利于双黄药分子的形成。下面从矿物晶体结构和性质来探讨矿物表面双黄药分子形成的影响。

根据结晶化学，黄铁矿和方铅矿晶体的形成过程如下所示：

$$\left.\begin{array}{l} S^{2-} \rightarrow S^{-} + e \\ S^{2-} \rightarrow S^{-} + e \end{array}\right\} \rightarrow [S_2]^{2-} \tag{5-4}$$

$$[S_2]^{2-} + Fe^{2+} \longrightarrow FeS_2 \tag{5-5}$$

$$S^{2-} + Pb^{2+} \longrightarrow PbS \tag{5-6}$$

式(5-4)和式(5-5)是黄铁矿晶体的形成反应,式(5-6)为方铅矿晶体形成的化学反应。从黄铁矿晶体形成的反应可见,还原性的 S^{2-} 失去一个电子形成 S^{-},两个 S^{-} 再形成一个硫二聚物($[S_2]^{2-}$),硫的二聚物再与铁反应形成二硫化亚铁(FeS_2),因此在黄铁矿晶体形成过程中 -2 价硫氧化成 -1 价,由此可以推断黄铁矿晶体的形成需要一定氧化气氛。而按照式(5-6)方铅矿晶体的化学反应,方铅矿的硫为 -2 价,是还原态,方铅矿晶体在还原环境下形成。按照固体物理理论,电子处于一定能级之中,电子从高能级向低能级方向转移。按照这一原理我们可以给出氧化体系和还原体系的电子能量状态,还原氛围意味着体系容易给电子,体系电子处于较高的能量状态;氧化氛围则意味体系容易获得电子,体系电子处于低能量状态。因此在氧化气氛下形成的黄铁矿晶体中的电子处于低能量状态,而在还原气氛下形成的方铅矿晶体中的电子处于高能量状态。换句话讲,黄铁矿晶体中的电子不容易向外发生转移,黄铁矿晶体容易捕获电子,黄铁矿具有氧化性。因此黄铁矿具有高电极电位(电极电位和电子能量在数值上是相反的,即低电子能量表现出高电极电位,高电子能量表现出低电极电位)和较高电催化性的特点。还原气氛下形成的方铅矿晶体中的电子能量较高,容易向外转移,具有还原性,因此方铅矿具有低电极电位特性。黄药在矿物表面形成双黄药是一个氧化过程,黄铁矿晶体电子能量低,容易夺取黄药离子的电子,将黄药氧化为双黄药。

双黄药的形成是一个电化学反应:

阳极反应:

$$2X^{-} \longrightarrow X_2 + 2e \tag{5-7}$$

阴极反应:

$$O_2 + 2H_2O + 4e \longrightarrow 4OH^{-} \tag{5-8}$$

电化学理论只是解决了双黄药的产物问题,没有解决双黄药在矿物表面的形成机制和吸附构型等问题。Haung 和 Miller 等人的研究表明,黄铁矿表面吸附的氧可以将黄药氧化成双黄药[27],但这一发现却不能解释为什么吸附在方铅矿表面的氧不能将黄药氧化成双黄药。Fuerstenau 和 Wang 提出三价铁离子可以把黄药氧化成双黄药[23, 31],能够合理解释黄铁矿表面双黄药形成的原因,但由于没有考虑到矿物的半导体性质,无法解释赤铁矿表面(三价铁)为什么不会有双黄药形成这一现象。

黄药在矿物表面氧化为双黄药的过程也就是电子在黄药和矿物表面之间发生

电子转移的过程，电子的转移方向取决于反应物的化学势，或者叫化学位，电子的化学势就是矿物的费米能级(E_F):

$$E_F = \mu = \left(\frac{\partial F}{\partial N} \right)_{T,p} \tag{5-9}$$

其中：μ 是化学势，F 代表系统的自由能，N 是电子总数，T 是温度，p 是压力。根据化学势原理，物质总是从化学势较高的相转移到化学势较低的相。对于电子而言，电子总是从化学势高的物质向化学势低的物质转移，用费米能级来表达就是：电子从费米能级高的地方转移到费米能级低的地方。电子的化学势有点类似水的流动概念，即水总是从高的地方流向低的地方。

量子理论计算结果表明，乙基黄药的费米能级(E_F)为 -3.958 eV，黄铁矿的费米能级为 -5.936 eV，方铅矿的费米能级为 -3.742 eV。比较黄药、方铅矿和黄铁矿的费米能级，可以看出黄铁矿的费米能级(-5.936 eV)比黄药(-3.958 eV)低，表明黄药的电子将向黄铁矿转移，黄药分子在黄铁矿表面失去电子发生氧化反应，形成双黄药。方铅矿的费米能级(-3.742 eV)比黄药(-3.958 eV)高，表明黄药电子不能向方铅矿转移，黄药分子在方铅矿表面不会失去电子，仍保持离子态，形成黄原酸铅。

另外，在硫化矿物表面发生的黄药氧化和氧气还原是一对共轭电化学反应，即电化学反应式(5-7)和式(5-8)是相互依存的，共轭电化学反应的发生需要满足以下两个条件：

(1)阴极和阳极反应要同时存在，缺一不可；

(2)两个反应之间要有可供电子转移的通道。

矿物表面黄药的氧化反应式(5-7)的发生需要另一个共轭反应式(5-8)的参与，这就是硫化矿浮选需要氧的电化学解释。计算结果表明，在无氧的情况下黄药能够在黄铁矿表面自发氧化形成双黄药，这个氧化作用应该是黄铁矿表面的催化作用。但该结果只是一个热力学上的可能性(阳极反应)，要形成持续的反应需要有阴极反应参与(氧气还原)。另外氧气和黄药同时存在的条件下，还需要条件(2)，即电子转移通道，矿物必须导电，电子才能在阳极和阴极之间转移。硫化矿物的半导体性质为电子转移提供了物理通道。

为了让读者更加清楚硫化矿物半导体性质的重要性，下面以闪锌矿为例来进一步阐述。理想闪锌矿为绝缘体(带宽3.6 eV)，不导电，也不吸附氧气，此时条件(1)和条件(2)都不能满足，因此理想闪锌矿表面不能发生黄药的电化学反应，即闪锌矿不能用黄药浮选。当闪锌矿表面吸附铜离子后，一方面闪锌矿表面导电性增强(相当于表面掺杂了铜原子)，另一方面表面吸附的铜离子是氧气吸附的活性点，这个时候条件(1)和条件(2)都同时满足，黄药在铜活化的闪锌矿表面发生电化学氧化，形成双黄药[32]，这就是对闪锌矿的铜活化的电化学解释。

5.4　捕收剂分子与硫化矿物表面的选择性作用

选择性是衡量捕收剂性能优劣的最重要标准，也是矿物的高效浮选分离的基础[33]。黄药(二硫代碳酸盐)、黑药(二硫代磷酸盐)和硫氮(二硫代氨基甲酸)是在硫化矿浮选实践中使用最为普遍的三种捕收剂。一般而言，黄药的捕收能力强，但选择性差，一般用于混合浮选；黑药和硫氮则具有较好的选择性，通常用于铜和铅硫化矿的优先浮选，其中黑药在弱碱性条件下使用，硫氮则在高碱性下使用。这三种捕收剂的吸附机理及选择性已经有很多报道[34-39]，但都是从捕收剂分子结构方面进行阐述。捕收剂的选择性指的是对矿物表面具有选择性作用，药剂分子结构和矿物表面性质都会对捕收剂选择性产生显著影响。下面从矿物结构和性质、捕收剂分子性质以及它们的相互作用来探讨黄药、黑药和硫氮分子的选择性作用机理。

5.4.1　方铅矿(100)和黄铁矿(100)表面结构和电子性质

矿物表面结构和性质对于浮选药剂的作用具有重要作用，方铅矿(100)面的解离导致 Pb—S 键断裂，表面铅原子和硫原子从体相的六配位变为五配位。黄铁矿(100)面上的铁原子和硫原子从体相的六配位变为表面的五配位和三配位，原子配位数的减少提高了原子的反应活性。另外黄铁矿表面比方铅矿表面发生了更大的弛豫，这也会导致二者在表面电子性质方面较大的差异。

图 5-24 和图 5-25 是方铅矿中铅原子和硫原子以及黄铁矿中铁原子和硫原子的态密度，元素符号旁边的数字表示层数，例如，S1 表示在第一层的硫原子。与深层(Pb5 和 Pb7)相比，第一层铅原子(Pb1)由于缺少一个配位硫原子，其电子态密度不同于其他层的铅原子态密度，表面层铅原子在费米能级处的态密度分布增加，意味铅原子反应活性增强。从不同层硫原子的电子态密度可以看出，从内部到表面方向，硫原子的态密度在费米能级处的分布是逐渐增多的。方铅矿表面 S1 和 S3 原子对费米能级处态密度贡献较大，而 S5 和 S7 原子贡献较小，说明表面硫原子比体相硫原子有更大的反应活性。因此方铅矿表面硫容易发生氧化生成元素硫及硫酸盐，这也是方铅矿的电化学浮选活性较强的一个原因。

对于黄铁矿表面，铁原子在 -1.5~0.5 eV 为 3d 的非键轨道(t_{2g}轨道)，对表面吸附活性贡献不大，铁原子最重要的成键轨道和非键轨道电子态密度分布在 0.5~2.2 eV(e_g^* 反键轨道)和 -6.03~-2.5 eV(e_g 成键轨道)。从图 5-25 可见，黄铁矿最外层铁原子(Fe3)的反键轨道在费米能级处更大，削弱了最外层铁原子与硫原子的成键，导致外层铁原子电子比内层和体相层更活跃。这是因为外层原子铁原子少一个配位硫原子的缘故，配位数越少，原子活性增强。

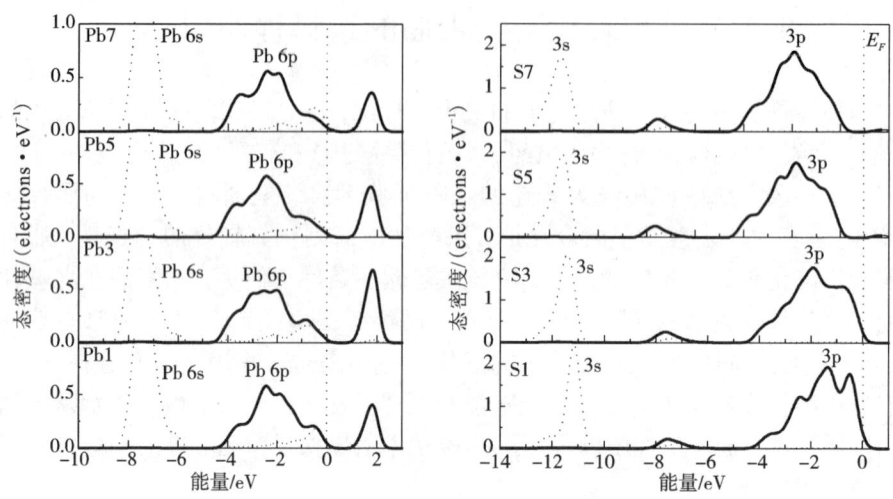

图 5 – 24　方铅矿表面不同表面层的铅原子和硫原子态密度

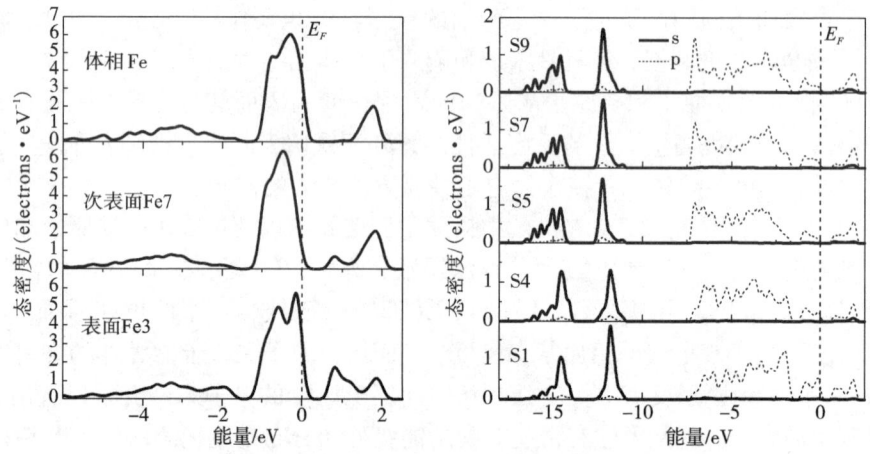

图 5 – 25　黄铁矿表面不同表面层的铁原子和硫原子态密度

　　硫化矿物的无捕收剂电化学浮选行为主要取决于矿物表面硫原子的氧化能力。当矿物表面硫原子氧化生成零价硫时，硫化矿物表面疏水，可浮性变好；当硫原子氧化为硫酸盐或硫代硫酸盐时，矿物表面亲水，可浮性变差。比较方铅矿和黄铁矿表面原子态密度，可以发现黄铁矿表面铁原子相对活跃，方铅矿表面则是硫原子相对活跃，说明黄铁矿的无捕收剂可浮性较差，方铅矿具有良好的无捕收剂可浮性，这与电化学浮选试验结果一致[3, 6]。

5.4.2　捕收剂吸附的几何构型和电子密度

为了进一步探讨黄药、黑药和硫氮三种捕收剂在方铅矿和黄铁矿表面吸附性能的差异，采用量子理论计算了这三种捕收剂分子在方铅矿和黄铁矿表面吸附的几何构型和电子密度。

图 5-26 显示了黄药分子与方铅矿和黄铁矿表面原子成键的电子密度和键长情况，其中，S1 和 S2 分别是单键硫原子和双键的硫原子。在方铅矿表面，黄药分子的 S1 原子和方铅矿表面 Pb1 原子之间的距离是 2.863 Å，而黄药的 S2 原子和表面 Pb2 原子之间的距离是 2.935 Å，表明黄药的单键硫原子 S1 和方铅矿表面 Pb1 原子之间作用较强。另外从电子密度图上也可看出 S1—Pb 之间的电子密度大于 S2—Pb2，表明 S1—Pb 之间有较强的共价键。在黄铁矿表面，黄药分子的两个硫原子 S1 和 S2 分别与黄铁矿表面的 Fe1 和 Fe2 原子成键，键长分别为 2.284 Å 和 2.281 Å，基本相等，表明黄药分子的两个硫原子同时与黄铁矿表面发生了作用，从图 5-26(b) 的电子密度图上也可看出 S1—Fe1 和 S2—Fe2 电子密度较大，发生了较强的共价作用。

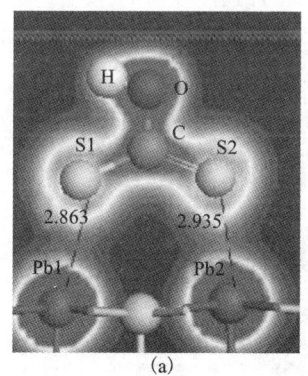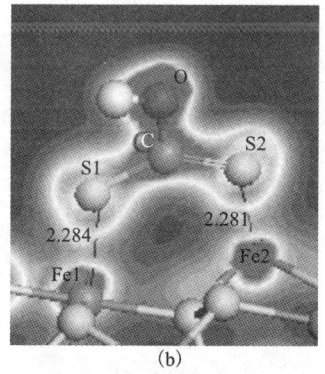

(a)　　　　　　　　　　　(b)

图 5-26　黄药分子在方铅矿表面(a)和黄铁矿表面(b)吸附的电子密度图

图 5-27 所示为 PbS 和 FeS$_2$ 表面黑药分子吸附后的电子密度和键长情况。在方铅矿表面，黑药分子的两个硫原子与方铅矿表面两个铅原子作用，S1—Pb1 和 S2—Pb2 的键长分别为 2.860 Å 和 2.881 Å，说明黑药分子的两个硫原子都和方铅矿表面铅原子发生了作用。和黄药分子与方铅矿表面铅原子作用的键长进行比较，黑药分子中两个硫原子的作用强度相同，黄药分子则是单键硫原子强于双键硫原子，电子密度图显示黑药分子的两个硫原子与方铅矿表面的铅原子之间存在较强的共价作用。黑药分子的两个硫原子与黄铁矿表面的铁原子的键长分别为

2. 324 Å 和 2. 376 Å，大于黄药分子与铁原子作用键长(2. 284 Å 和 2. 281 Å)，说明黑药分子与黄铁矿表面作用弱于黄药分子，电子密度图也显示了黑药分子与黄铁矿表面作用较弱。

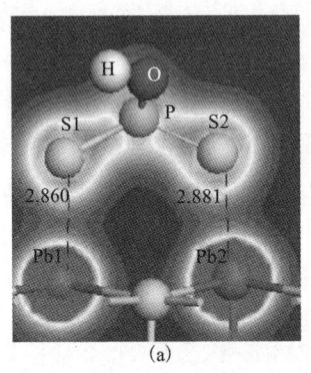 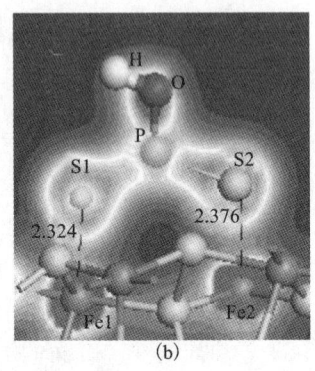

(a)　　　　　　　　　　(b)

图 5 - 27　黑药分子在方铅矿表面(a)和黄铁矿表面(b)吸附的电子密度图

图 5 - 28 是硫氮分子在方铅矿和黄铁矿表面吸附的电子密度和键长情况。和黑药分子类似，硫氮分子的两个硫原子同时与方铅矿表面两个铅原子发生作用，S1—Pb1 和 S2—Pb2 的键长分别为 2. 863 Å 和 2. 862 Å，从图上可清楚看见硫氮分子的单键硫原子和双键硫原子，二者具有相同的作用。比较黄药、黑药和硫氮分子三种药剂的两个硫原子与方铅矿表面铅原子作用的键长，可以发现硫氮分子与方铅矿表面铅原子作用的平均键长最短，说明硫氮分子与方铅矿表面作用最强。

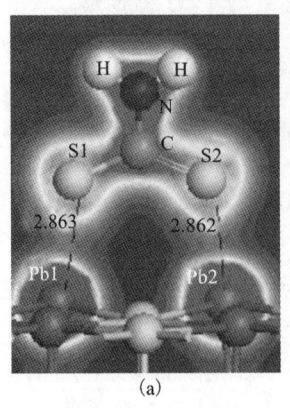 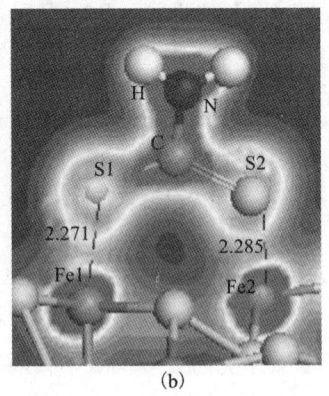

(a)　　　　　　　　　　(b)

图 5 - 28　硫氮分子在方铅矿表面(a)和黄铁矿表面(b)吸附的电子密度图

表 5 - 6 列出了这三种捕收剂分子与方铅矿和黄铁矿作用的键长数据。对比这三种捕收剂分子与黄铁矿表面铁原子作用平均键长，可以看出，硫氮分子最

小，其次为黄药，最大为黑药分子，说明黑药分子与黄铁矿作用最弱。对于方铅矿，硫氮与方铅矿的平均键长最小，作用最强，其次为黑药，最大为黄药，说明黄药不适合用来选择性浮选方铅矿。

表 5-6　黄药、黑药和硫氮分子与方铅矿和黄铁矿表面原子作用的键长数据

捕收剂	矿物	键长/Å	平均键长/Å
黄药	方铅矿	2.863, 2.935	2.899
	黄铁矿	2.284, 2.281	2.283
黑药	方铅矿	2.860, 2.881	2.871
	黄铁矿	2.324, 2.376	2.308
硫氮	方铅矿	2.863, 2.862	2.8625
	黄铁矿	2.271, 2.285	2.2775

5.4.3　电子态密度的分析

电子态密度是一个物理学的概念，它描述了电子在某一个能量范围内的数量，电子态密度分布越大，表明该区域的电子数越多。在这一节我们将从捕收剂分子电子态密度的变化来分析分子作用强弱。

图 5-29(a)，(b) 和(c)所示分别为黄药、黑药和硫氮分子在方铅矿和黄铁矿表面吸附前和吸附后的态密度。由图可见，在吸附之前，黄药、黑药和硫氮分子官能团的部分态密度值在费米能级附近是相似的，都是由 S 的 3p 轨道组成，这是因为这三种捕收剂分子官能团中都含有硫原子的缘故。费米能级附近为 S 的 3p 轨道说明这三种捕收剂反应活性最强的为硫原子，这与吸附构型结果是一致的。另外专门分析了 S 原子的单键和 S 原子的双键的态密度，结果发现二者没有区别，说明黄药、黑药和硫氮分子中的两个 S 原子具有相似的化学反应活性，这是由于 π 键的共轭效应引起的。在其他能量区域黄药、黑药和硫氮分子出现不同的态密度分布，这是由于捕收剂分子官能团上连接不同原子造成的，黄药为氧原子，黑药为磷原子，硫氮则是氮原子。

当三种捕收剂分子在矿物表面发生吸附之后，它们的态密度发生了明显变化。下面从两个方面来分析黄药、黑药和硫氮分子吸附后的变化：

(1)这三种捕收剂分子在黄铁矿和方铅矿表面吸附后态密度能量都发生了负移，说明捕收剂分子与矿物表面发生了作用，获得了电子，形成了稳定的电子结构。一般来说，态密度负移越多，电子结构越稳定，作用也越强。从图中可见，

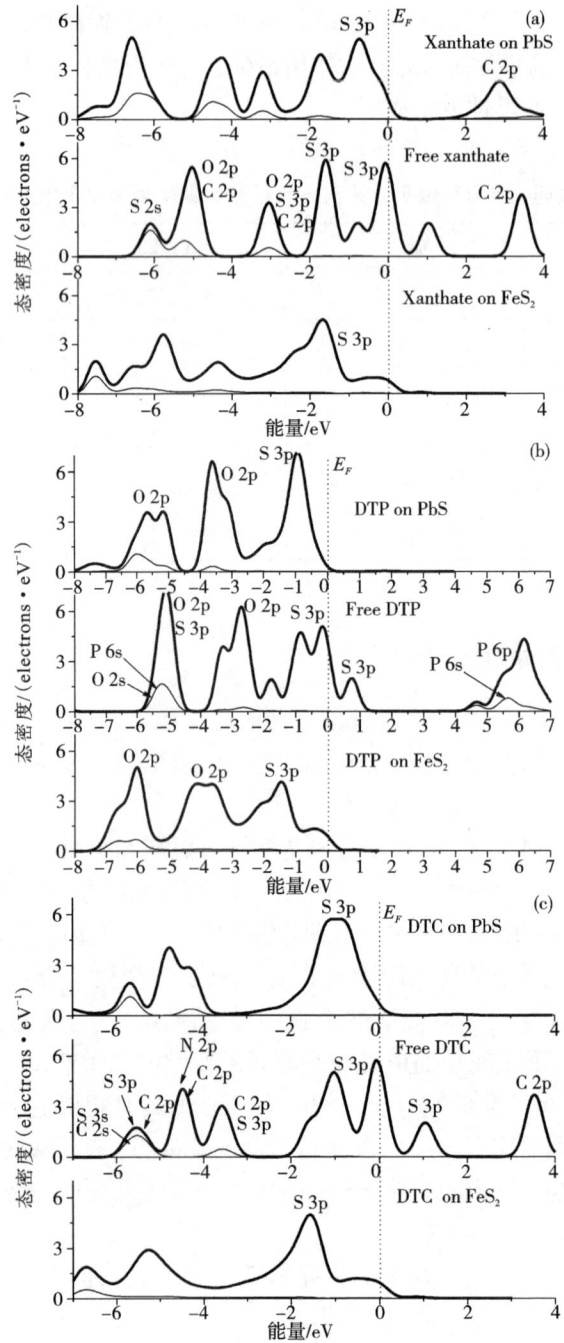

图 5 - 29 黄药 (Xanthate)、黑药 (DTP)
和硫氮 (DTC) 分子在黄铁矿和方铅矿表面吸附前后的电子态密度

黄药分子与黄铁矿和方铅矿表面作用后，态密度能量负移程度差不多，说明黄药与方铅矿和黄铁矿作用强度相近，黄药对黄铁矿和方铅矿没有选择性作用。硫氮分子和黑药分子在方铅矿作用后的态密度负移程度明显大于黄铁矿，说明硫氮和黑药与方铅矿表面作用强于黄铁矿，硫氮和黑药与方铅矿和黄铁矿的作用具有选择性。

（2）从电子态密度的变化形状来看，黄药、黑药和硫氮这三种捕收剂分子与方铅矿表面作用后的电子态密度局域峰明显多于黄铁矿，窄且高的局域峰代表电子被束缚程度大，平缓的离域峰表示电子被束缚程度小。由此可见这三种药剂都和方铅矿表面发生了较强的作用，但与黄铁矿作用相对要弱一些。另外从费米能级附近电子态密度来看，黄药、黑药和硫氮分子与方铅矿表面作用后的电子态密度在费米能级附近都明显大于黄铁矿，说明方铅矿容易和这三种捕收剂发生作用。

5.4.4　捕收剂在方铅矿和黄铁矿表面的吸附热

在吸附过程，吉布斯自由能见式（5-10）：

$$\Delta G = \Delta H - T\Delta S \tag{5-10}$$

式中：ΔH 是焓，也叫吸附热，反映了吸附强度。T 是温度，ΔS 是熵，反映了体系混乱程度。吸附过程是一个从无序到有序的过程，如不考虑水分子的贡献，体系熵是减少的，即 $\Delta S < 0$；吸附放热 ΔH 为负，吸热时 ΔH 为正。在吸附过程中，吸附熵为负会导致 ΔG 变得更正，不利于吸附的自发发生，需要靠吸附分子和矿物表面之间的作用来弥补这部分能量。从以上的讨论可知，吸附作用主要取决于吸附热 ΔH。表5-7是通过微量热仪获得的丁基黄药、丁铵黑药和乙硫氮三种捕收剂在黄铁矿和方铅矿表面的吸附热数据。

表5-7　丁基黄药、丁胺黑药和乙硫氮方铅矿和黄铁矿表面的吸附热数据（负号为放热）

	吸附热 $\Delta H/(J \cdot m^{-2})$		
	黄药	黑药	硫氮
方铅矿	-2.976	-2.122	-3.219
黄铁矿	-1.985	-1.089	-1.681
吸附热之差	0.991	1.033	1.538

由表5-7数据可知，三种捕收剂在方铅矿和黄铁矿表面的吸附都是放热反应，吸附热越大，药剂吸附作用越强。根据表中的吸附热数据，可以看出：①黄药、黑药和硫氮与方铅矿作用的吸附热大于黄铁矿，说明方铅矿比黄铁矿更容易和捕收剂发生作用；②硫氮捕收剂与黄铁矿和方铅矿作用的吸附热最大，其次为

黄药，最弱为黑药。以上结果和前面讨论键长和电子态密度的结果一致，说明微观理论计算可以和宏观测试结果相互印证。比较这三种药剂在方铅矿和黄铁矿两种矿物表面上吸附热的差，可以发现硫氮最大，其次为黑药，黄药最小，说明这三种药剂中黄药的选择性最差，硫氮和黑药的选择性作用都比黄药好，这与实践是一致的。吸附热数据表明硫氮捕收剂属于强作用下的选择性捕收（对方铅矿和黄铁矿作用都强，但方铅矿更强），黑药属于弱作用下的选择性捕收（对方铅矿和黄铁矿作用都弱，但黄铁矿更弱）。因此在中性和弱碱性条件下（不加石灰或少量石灰），用黑药来选择性捕收方铅矿，即常说的"弱压弱拉"；而在高碱条件下（加入大量石灰抑制黄铁矿），用硫氮来选择性捕收方铅矿，即"强压强拉"。由于硫氮分子与方铅矿吸附热较大，吸附作用较强，而黑药与方铅矿吸附较小，吸附作用较弱，因此在实践中黑药用量一般都比硫氮要大。

下面从原子成键的角度来分析黄药、黑药和硫氮捕收剂与方铅矿和黄铁矿作用的区别。从图5-30可见在-1.34~0.45 eV是铁3d的t_{2g}非键轨道，在-7.5

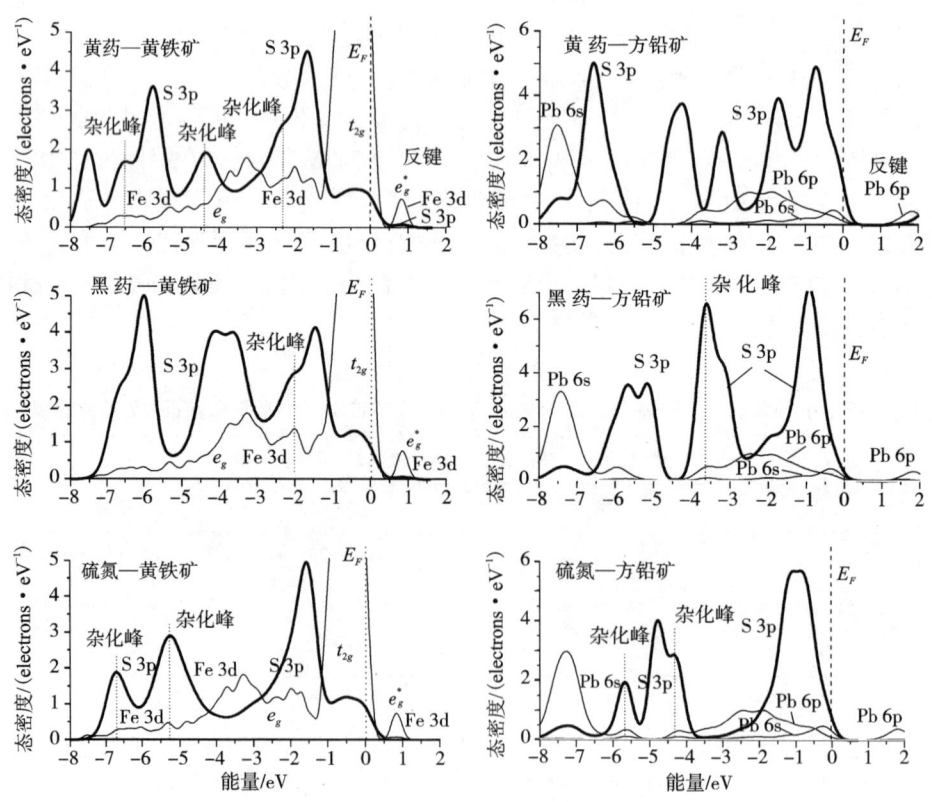

图5-30　黄药、黑药和硫氮与方铅矿和黄铁矿的成键态密度

~ −2.60 eV 是铁 3d 的 e_g 成键轨道。从图可见,三种药剂和黄铁矿成键作用的区别在 −2.60 ~ −1.35 eV 处,其中黑药在该区域的作用范围最窄(−2.60 ~ −1.68 eV),说明黑药和黄铁矿作用最弱。黄药和硫氮相比,黄药在 −2.30 eV 处和黄铁矿的铁 3d 的 e_g 成键轨道有一个共振峰出现,而硫氮和黄铁矿在该范围内没有出现共振峰,说明黄药和黄铁矿的作用比硫氮要强。黄药、黑药和硫氮捕收剂与方铅矿表面的作用主要是硫 3p 轨道和铅的 6p、6s 轨道发生作用,从图上可以明显看出在费米能级附近铅 6p 和 6s 轨道参与了成键作用。

5.5　石灰和氢氧根与黄铁矿表面作用的电子结构

氢氧化钠和石灰是最常用的矿浆 pH 调整剂,也是黄铁矿有效抑制剂,但它们的抑制效果不同,石灰抑制能力更强。硫化矿浮选高碱工艺的关键技术就是实现黄铁矿的有效抑制。一般认为在碱性介质中黄铁矿表面容易生成的亲水铁羟基化合物阻碍了黄药的吸附,或者氢氧根和黄铁矿表面黄药发生离子交换,解吸黄铁矿表面的捕收剂膜。Wang 和 Forssberg(1996)认为氢氧根会优先化学吸附在黄铁矿表面上[40]:

$$FeS_2 + OH^- \longrightarrow FeS_2 - OH_{ads} + e \qquad (5-11)$$

石灰在水中溶解后的主要组分为钙离子和羟基离子,因此石灰对黄铁矿的抑制机理既有氢氧根的作用,也有钙离子的吸附作用。Chen 等人研究表明[41],用石灰作为矿浆的 pH 调整剂时,黄铁矿的 zeta 电位比用氢氧化钠调节更正,表明钙离子或羟基钙离子在黄铁矿表面发生了吸附作用。另外 Szargan 等人研究表明钙离子的吸附能够降低黄铁矿表面双黄药吸附量,增强黄铁矿的抑制[42]。采用 X 射线光电子谱(XPS)方法,胡岳华等人发现石灰作用后的黄铁矿表面有 $CaSO_4$ 生成[43]。

石灰和氢氧化钠对黄铁矿抑制机理已经有许多研究,但是对于羟基钙($Ca(OH)^+$)和氢氧根(OH^-)在黄铁矿表面的电子作用还不是很清楚。下面讨论黄铁矿表面与羟基钙和氢氧根作用的吸附构型和电子转移机制。

5.5.1　氢氧根和羟基钙的吸附构型

对氢氧根和羟基钙分子在黄铁矿表面的吸附位进行了测试,图 5−31 显示了氢氧根和羟基钙在表面可能的吸附位,图中的值表明原子之间的距离(Å),吸附能计算结果列在表 5−8 中。氢氧根中的氧原子吸附在表面铁位的吸附能(−264.99 kJ/mol)远低于它在表面硫位的吸附能(−163.65 kJ/mol),这表明表面铁位是羟基吸附的活性位。羟基钙在穴位 1 的吸附能为 −191.60 kJ/mol[图 5−31(c)],比在穴位 2 的吸附能值大(吸附能为 −276.62 kJ/mol,吸附构型见图

5-31(d)，氧原子吸附在表面铁上，钙吸附在表面硫位，这表明穴位2是羟基钙在黄铁矿表面上的稳定吸附位。从吸附能结果看，石灰对黄铁矿的抑制要强于氢氧化钠。

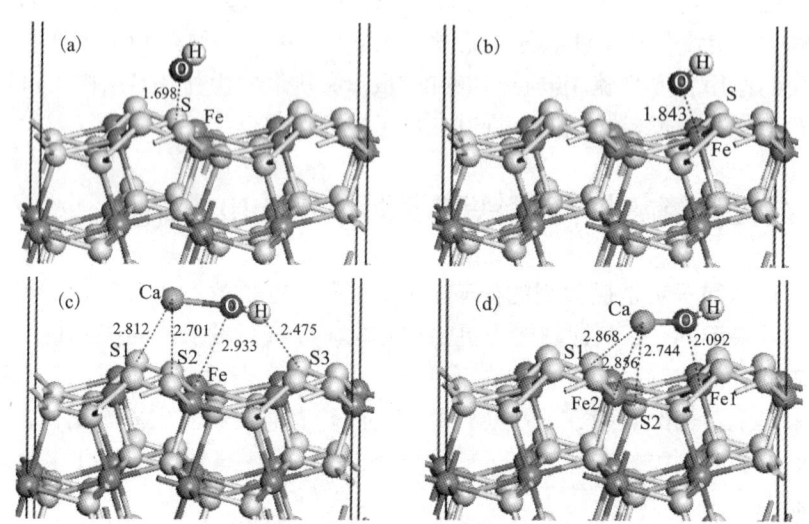

图5-31　OH⁻和CaOH⁺在黄铁矿表面的吸附构型

OH⁻吸附在表面硫位上(a)以及铁位上(b)；以及CaOH⁺吸附在穴位1(c)和穴位2(d)

表5-8　氢氧根和羟基钙分子在黄铁矿表面的吸附位置测试结果

	吸附位	吸附能/(kJ·mol⁻¹)
OH⁻	O 吸附在 S 位	-163.65
	O 吸附在 Fe 位	-264.99
CaOH⁺	穴位 1	-191.60
	穴位 2	-276.62

表5-9　氢氧根和羟基钙分子在黄铁矿表面的吸附后的成键布居

	键	布居
OH⁻	O—Fe	0.42
CaOH⁺	O—Fe	0.25

氢氧根吸附时的铁—氧原子距离(1.843 Å)小于羟基吸附时的距离(2.092 Å)，此外，铁—氧键的 Mulliken 布居(表5-9)表明氢氧根吸附(0.42)要

高于羟基钙吸附(0.25)，说明氢氧根与铁原子的共价作用明显要大于羟基钙与铁原子的作用，图 5 - 32 的电子密度图也清楚表明氢氧根与黄铁矿表面铁原子之间有较大的电子重叠。然而，比较氢氧根和羟基钙吸附能可知，羟基钙的吸附更强，这是由于虽然羟基钙中的—OH 基团与黄铁矿表面铁原子作用弱于氢氧根，但是羟基钙中的钙原子与黄铁矿表面两个硫原子的作用却增强了羟基钙在黄铁矿表面的吸附作用。另外，从吸附构型还可以看出羟基钙在黄铁矿表面的吸附面积大于氢氧根，这可以促使黄铁矿表面更加亲水。

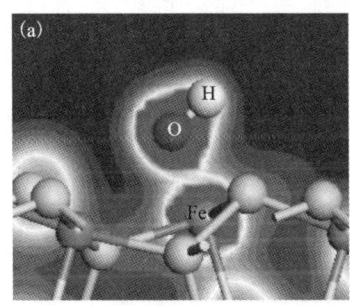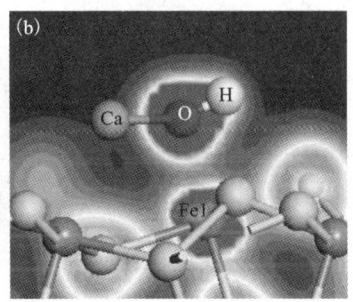

图 5 - 32　成键的 Fe—O 原子电子密度图

(a)OH⁻ 吸附后；(b)CaOH⁺ 吸附后

黄药在黄铁矿表面的吸附主要是与铁原子发生作用，从上面的研究结果可知羟氢氧根和羟基钙的吸附将减少黄铁矿表面的活性铁位，不利于黄药与黄铁矿的作用。另外羟基钙的吸附导致黄铁矿表面硫原子失去活性，这对黄铁矿表面元素硫形成不利，抑制了黄铁矿的无捕收剂可浮性，有利于黄铁矿的抑制。

5.5.2　氢氧根和羟基钙对黄铁矿表面电荷的影响

氢氧根和羟基钙吸附前后原子的 Mulliken 电荷布居见表 5 - 10。由表可见，对于氢氧根吸附，氧 2p 态从铁 3d 态获得电子，导致氧原子的负电荷增加，铁原子的正电荷增加。对于羟基钙吸附，氧 2p 态失去电子给表面铁 4p 态，导致氧原子负电荷减少，而铁原子电荷几乎未变，钙原子失去电子给黄铁矿表面变得更正，黄铁矿表面靠近钙的硫原子从钙上获得电子因而带更多负电荷。

计算结果表明，羟基钙分子失去电子给黄铁矿表面，导致黄铁矿表面电子累积，对黄铁矿表面黄药氧化为双黄药的反应有抑制作用。文献[44]采用交流阻抗法测量了石灰和氢氧根作用后的黄铁矿表面阻抗，发现 pH 12.1 时黄铁矿表面阻抗(R_t)从氢氧化钠调浆的 48.2 Ω/cm^2 增加到用石灰调浆的 232.6 Ω/cm^2，说明石灰的存在增强了黄铁矿表面阻抗，不利于电化学氧化反应。

表 5 - 10 氢氧根和羟基钙吸附前后 Mulliken 电荷布居变化

	原子	吸附状态	s	p	d	电荷/e
OH⁻	O	吸附前	1.95	4.62	0.00	− 0.57
		吸附后	1.89	4.88	0.00	− 0.77
	Fe	吸附前	0.34	0.43	7.15	0.08
		吸附后	0.35	0.45	6.88	0.32
CaOH⁺	Ca	吸附前	3.02	5.99	0.44	0.55
		吸附后	2.15	5.99	0.64	1.22
	S1	吸附前	1.86	4.25	0.00	− 0.10
		吸附后	1.84	4.34	0.00	− 0.18
	Fe1	吸附前	0.34	0.43	7.15	0.08
		吸附后	0.32	0.51	7.10	0.07
	Fe2	吸附前	0.34	0.43	7.15	0.08
		吸附后	0.37	0.77	7.19	− 0.33
	O	吸附前	1.86	5.22	0.00	− 1.08
		吸附后	1.86	5.01	0.00	− 0.87

5.5.3 氢氧根和羟基钙与黄铁矿表面作用的态密度分析

图 5 - 33 和图 5 - 34 分别显示了氢氧根和羟基钙吸附前后成键的铁—氧原子的态密度。对于黄铁矿(100)表面,价带上部和导带由表面铁 3d 态贡献,导带和价带之间有一个明显的带隙。氢氧根中的氧 2p 占据在费米能级(E_F)附近,因此形成六个明显的 DOS 峰。与氢氧根相比,羟基钙中的氧 2p 态位于更低能级(大约在 − 2 eV 处)。氢氧根在黄铁矿表面吸附后,可以明显看出在 0 ~ 1.0 eV 处是氢氧根的氧 2p 轨道和黄铁矿的铁 3d 轨道的反键作用,在 − 7.0 ~ − 1.5 eV 处是氧 2p 轨道和铁 3d 轨道的成键作用。而羟基钙吸附后(图 5 - 34), − 7.0 ~ − 1.5 eV 处氢氧根的氧 2p 轨道和黄铁矿的铁 3d 轨道的成键作用仍然很强烈,但是 0 ~ 1.0 eV 处氧 2p 轨道和铁 3d 轨道的反键作用却消失不见了,说明羟基钙与黄铁矿的作用比氢氧根要强。

图 5 - 35 是氢氧根和羟基钙吸附后铁—氧原子的自旋态密度,它们的差异也反映了氢氧根和羟基钙在黄铁矿表面吸附机理的不同。从图可见氢氧根吸附后的铁和氧原子为自旋极化态,而羟基钙吸附后为低自旋态;氧气分子在轨道排布上

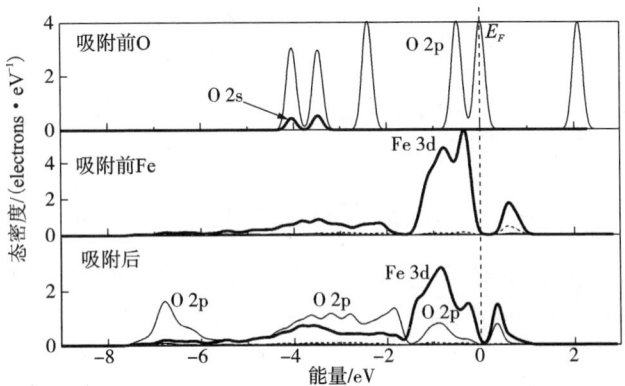

图 5-33　OH⁻ 吸附前后键合的 Fe—O 原子的态密度

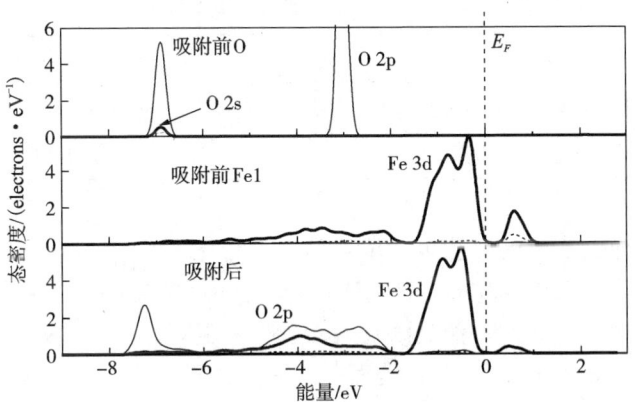

图 5-34　CaOH⁺ 吸附前后键合的 Fe—O 原子的态密度

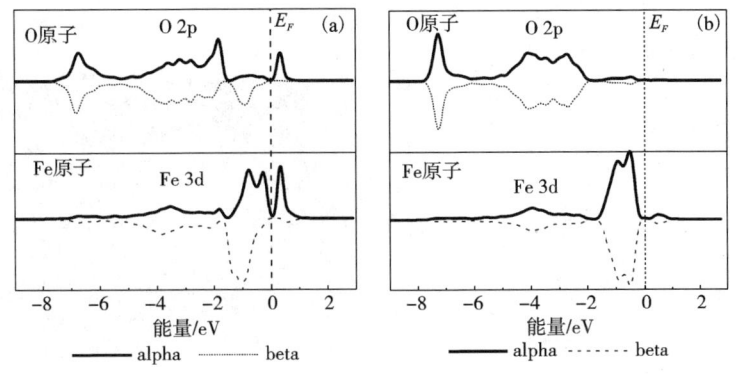

图 5-35　氢氧根和羟基钙吸附表面的 Fe—O 原子的自旋

（a）氢氧根吸附后；（b）羟基钙吸附后

具有单电子,为顺磁性,因此自旋极化态的黄铁矿表面有利于氧气吸附,低自旋态黄铁矿表面不利于氧气吸附。羟基钙的吸附对黄铁矿表面氧化具有抑制作用,在球磨机中加入大量石灰能防止磨出的硫化矿物新鲜表面被氧化,有利于捕收剂在矿物表面的作用。

5.5.4 氢氧化钠和石灰抑制后黄铁矿的铜活化

铜离子是硫化矿的有效活化剂,广泛应用在闪锌矿和黄铁矿的浮选中。闪锌矿的铜活化机理为铜锌替换作用,黄铁矿的铜活化机理却不同于闪锌矿。Wang等人采用试验方法表明[18],当铜[Cu(Ⅱ)]吸附在黄铁矿表面时没有铁解离出来,其他人的研究发现铜与黄铁矿表面的硫配位形成 Cu—S 表面产物[16, 17, 45~47]。

表5–11 黄铁矿表面铜活化模型及吸附能

Cu 活化模型	吸附能/(kJ·mol^{-1})
Cu 替换黄铁矿表面 Fe 原子	665.42
Cu 在黄铁矿表面 S 位吸附	–119.61

黄铁矿表面铜活化的可能吸附位置的吸附能见表5–11。由表可见铜取代表面铁的取代能为665.42 kJ/mol,表明铜不能通过取代铁的方式活化黄铁矿,这是与闪锌矿活化的显著区别。铜吸附在表面硫位的吸附能为 –119.61 kJ/mol,表明铜以化学吸附方式吸附在黄铁矿表面上,这个结果与上面的文献结果一致。因此,表面硫位是铜吸附的活性位,铜吸附在硫位的吸附构型显示在图5–36中。铜—硫原子之间的距离为2.109 Å,表明它们之间共价键合,图5–36(b)也显示铜硫原子之间有大量的电子密度。

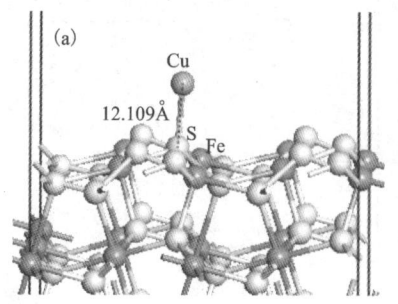

图5–36 铜在黄铁矿表面的吸附构型(a)和成键的 Cu—S 原子电子密度图

图 5 - 36 的结果说明黄
铁矿的铜活化机理是铜原子
和黄铁矿表面的硫原子作用，
形成铜蓝。对比氢氧根和羟
基钙在黄铁矿表面的吸附构
型，可以发现氢氧根吸附不
会影响铜在黄铁矿表面硫原
子上的吸附，即氢氧根对黄
铁矿铜活化没有影响；但是
羟基钙吸附后会导致表面硫
原子与钙原子发生作用，从

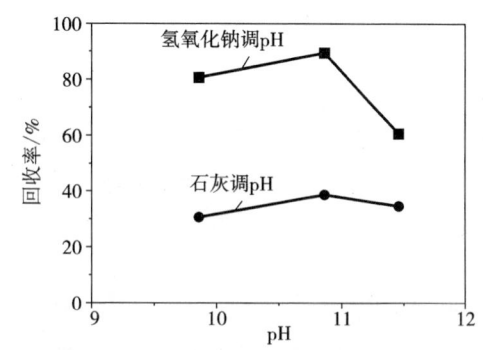

图 5 - 37　氢氧化钠和石灰调 pH 黄铁矿的铜活化效果

硫酸铜：1×10^{-4} mol/L；丁黄黄药：5×10^{-5} mol/L

而阻碍铜在硫位的吸附。因此可以预测石灰抑制的黄铁矿比被氢氧化钠抑制更难
铜活化。图 5 -37 是分别用氢氧化钠和石灰调 pH 时黄铁矿的铜活化效果，由图
可见石灰调 pH 时黄铁矿的铜活化效果要比氢氧化钠差。

5.6　水分子对硫化矿物表面药剂分子吸附作用的影响

　　浮选药剂分子在矿物表面的吸附并不是发生在清洁表面上，而是在有水分子
吸附的矿物表面上，水分子的存在必然会影响矿物表面电子性质和药剂分子的吸
附行为。研究结果表明水分子吸附会导致硫化矿物表面结构弛豫和电子态密度发
生变化[48]。Becker 等人提出窄禁带半导体矿物具有表面临近效应（Surface
Proximity Effect）[49]，他们认为窄禁带半导体矿物表面某一位置的化学或电化学性
质并不完全由该位置局域的电子性质决定，同时也取决于附近表面层的电子性
质。因此矿物表面某一位置发生的化学或物理作用，包括具有电子转移的电化学
作用和相对作用较弱的极性分子吸附，都会改变矿物表面层的电子性质，从而影
响表面其他位置原子的反应活性。下面以亲水性的闪锌矿和疏水性方铅矿作为研
究对象，考察水分子吸附对硫化矿物表面与捕收剂分子作用的影响。

5.6.1　水分子对捕收剂在闪锌矿表面吸附的影响

　　图 5 -38 是没有水的方铅矿和闪锌矿表面吸附乙基黄药、二甲基黑药和二甲
基硫氮的吸附构型和吸附能。从图中吸附键长的数据来看，黄药、黑药和硫氮分
子和闪锌矿表面锌原子的距离子在 2.36 ~ 2.45 Å，接近硫和锌的原子半径之和
2.37 Å，说明这三种捕收剂与锌原子之间有较强的作用。黄药、黑药和硫氮与闪
锌矿表面作用的吸附能分别达 - 87.63 kJ/mol、- 100.3 kJ/mol、- 60.49 kJ/mol，
达到了化学吸附作用强度。根据计算结果可以得到黄药、黑药和硫氮都可以浮选

闪锌矿的结论，然而这一结果与闪锌矿的实际浮选行为不相符合。不经过活化的闪锌矿，只有五个碳原子以上的高级黄药才有可能浮选闪锌矿；黑药和硫氮在铅锌浮选中用来优选浮选铅的选择性捕收剂，对闪锌矿的捕收性较弱。理论上，黄药、黑药和硫氮都不能浮选没有活化过的闪锌矿，首先闪锌矿是绝缘体，不导电，捕收剂分子不能与其表面发生电化学吸附；其次黄药、黑药和硫氮分子与锌原子的溶度积较大，水溶液中捕收剂分子很难和闪锌矿表面锌原子发生稳定的作用；另外在所有硫化矿物中闪锌矿的天然可浮性是最差的，亲水性较强，不利于巯基类捕收剂的作用。因此在没有水分子的条件下，捕收剂分子与闪锌矿表面作用模型和结果不符合浮选的实际情况，说明还有其他重要的因素没有考虑到。

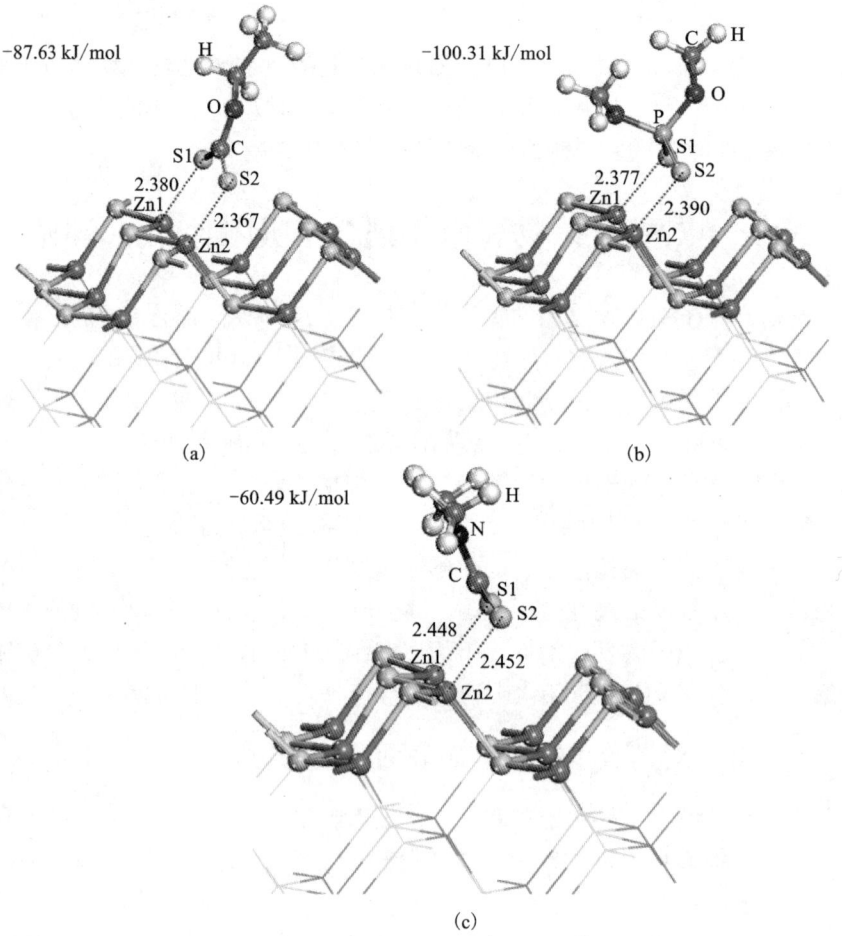

图 5-38　黄药、黑药和硫氮分子在无水闪锌矿表面的吸附构型、吸附键长(Å)和吸附能

(a)乙基黄药；(b)二甲基黑药；(c)二甲基硫氮

首先讨论一下闪锌矿表面的亲水性，在《浮选》教材中[50]，闪锌矿和方铅矿的接触角都是46°~47°，闪锌矿应该和方铅矿一样是疏水的，然而实践中方铅矿具有天然可浮性，闪锌矿没有天然可浮性，说明闪锌矿和方铅矿的疏水性是不一样的。Miller 等人[51] 报道的方铅矿接触角为82°，闪锌矿则只有44°，这和我们采用微量热仪器(精度可以达到 10^{-7} J)测量的结果相符(闪锌矿润湿热为 4.04 J/m^2，方铅矿为 2.0 J/m^2)，因此闪锌矿表面比方铅矿更加亲水。DFT 计算结果表明水分子在闪锌矿表面的穴位吸附最稳定，其中水分子的氧原子与锌原子作用，氢原子与硫原子作用，吸附能为 -58 kJ/mol，亲水作用较强。

图 5-39 是闪锌矿表面吸附水分子后再吸附乙基黄药、二甲基黑药和二甲基

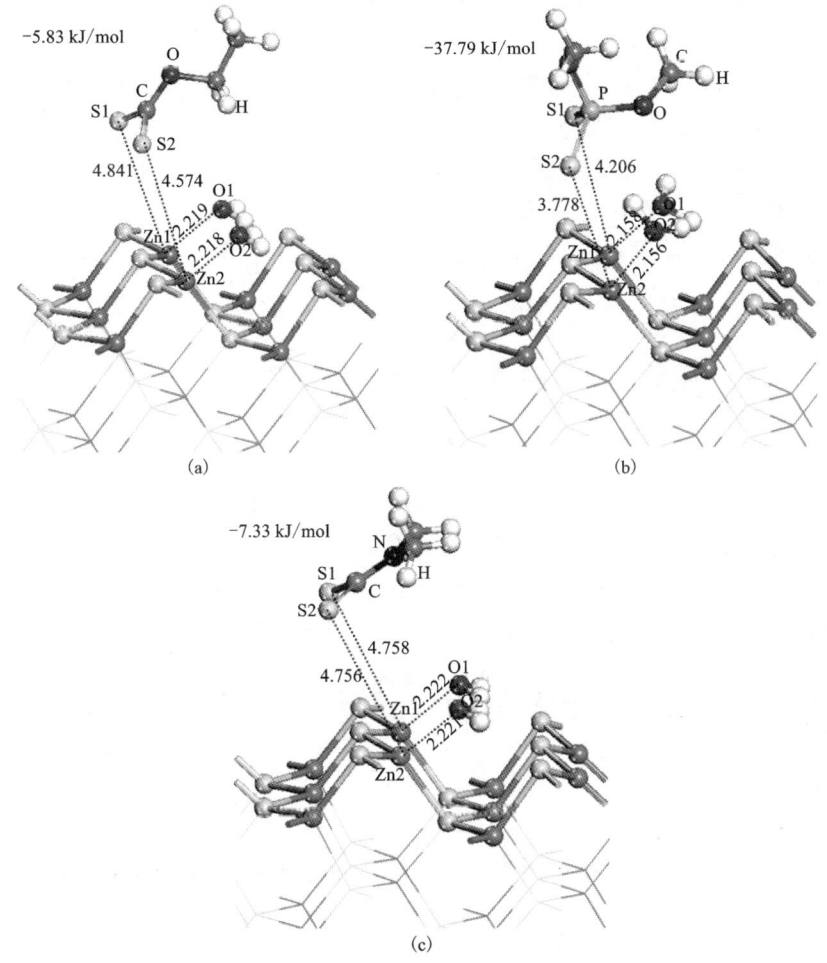

(a)　　　　　　　　　　　　(b)

(c)

图 5-39　水分子对闪锌矿表面吸附捕收剂分子的影响(Å)

(a)乙基黄药；(b)二甲基黑药；(c)二甲基硫氮

硫氮分子的结果。由图可见，闪锌矿表面吸附水分子后，黄药、黑药和硫氮在闪锌矿表面的吸附能大幅度下降，黄药、黑药和硫氮分子在含水闪锌矿表面吸附能分别只有 -5.83 kJ/mol，-37.79 kJ/mol 和 -7.33 kJ/mol。单从吸附能来看，黄药、黑药和硫氮有水分子闪锌矿表面上已经没有化学吸附作用(化学吸附的能量至少要大于 40 kJ/mol)，说明水分子的存在阻碍了药剂分子在闪锌矿表面的吸附。另外吸附能是捕收剂分子和水分子共同作用的结果，并没有反映捕收剂分子与闪锌矿表面单独作用的情况。图 5-39(b) 中的水分子吸附明显增强了，Zn—O 为 2.158 Å，明显比图 5-39(a) 和(c) 中的键长要短，因此图 5-39(b) 中的吸附能有可能主要是水分子的贡献，而不是黑药的真实吸附能。

下面从作用键长来进行进一步讨论。从图 5-39(a) 可见黄药和吸附水分子的闪锌矿的 S1—Zn1 距离为 3.778 Å，S2—Zn2 距离为 4.206 Å，都远超过硫和锌的原子半径之和 2.37 Å，说明黄药和吸附水分子的闪锌矿已经没有任何化学作用(在这种距离下范德华力等物理作用还可以存在)。对于黑药[图 5-39(b)]和硫氮[图 5-39(c)]，它们的硫原子和吸附水分子的闪锌矿表面锌原子距离更大，为 4.5~4.8 Å，这一距离已经超出了电子间的相互作用。因此可以认为在水溶液中黄药、黑药和硫氮分子都不能在闪锌矿表面吸附，这与闪锌矿浮选实际情况相吻合。

5.6.2 水分子吸附对方铅矿表面吸附性能的影响

下面讨论具有疏水性的方铅矿表面有水分子和无水分子的情况。图 5-40 给出乙基黄药、二甲基黑药和二甲基硫氮分子在清洁方铅矿表面的吸附构型和吸附能。从吸附能结果可见黑药和方铅矿作用最强(-96.67 kJ/mol)，其次是乙基黄药(-80.93 kJ/mol)，最弱的是二甲基硫氮(-55.21 kJ/mol)。然而从吸附作用键长来看，黑药作用后键长最短(S1—Pb1：2.957 Å，S2—Pb2：2.853 Å)，黄药和硫氮却完全一样，都是在 2.930 Å 和 2.935 Å 之间，说明黄药和硫氮与方铅矿表面作用强度相同，这与吸附能结果不一致，其原因在于捕收剂分子在吸附的时候发生了结构变形，导致能量消耗，没有真实反映出药剂分子吸附作用实际情况。

方铅矿表面具有疏水性，对方铅矿表面水分子优化后，发现方铅矿表面水分子吸附构型和闪锌矿有明显不同。水分子和方铅矿表面作用非常弱，稳定构型的吸附能只有 -28.3 kJ/mol，水分子主要靠两个氢原子和方铅矿表面的硫原子作用，属于氢键作用[53]。在方铅矿表面水分子的影响研究中，主要考虑稳定吸附构型的水分子对黄药、黑药和硫氮分子在方铅矿表面吸附的影响，吸附构型和吸附能见图 5-41。从图中吸附能数据来看，黄药、黑药和硫氮三种捕收剂分子在吸

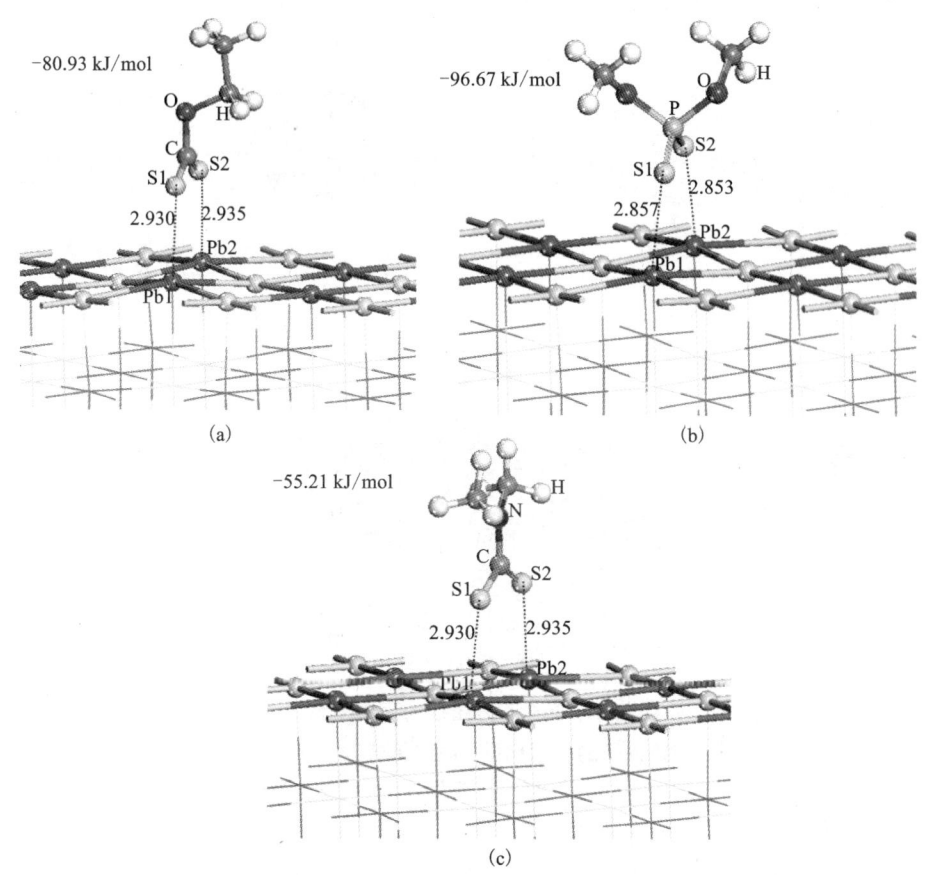

图 5 - 40　黄药、黑药和硫氮在无水方铅矿表面的吸附构型、吸附键长(Å)和吸附能

(a)乙基黄药；(b)二甲基黑药；(c)二甲基硫氮

附有水分子的方铅矿表面的吸附能比较负，没有出现闪锌矿完全不作用的情况。吸附能数据表明方铅矿表面水分子的存在增强了硫氮分子的吸附作用，减弱黄药分子的吸附作用，对黑药吸附影响不大。

对比图 5 - 40 和图 5 - 41，可以看出含有水分子的方铅矿表面吸附的黄药、黑药和硫氮分子的 S—Pb 键的键长都比没有水分子的方铅矿表面要短，说明水分子的存在促进了捕收剂分子的吸附作用。从变化幅度来看，黄药减小约 0.07 Å，黑药减小约 0.05 Å，硫氮减小约 0.10 Å，说明方铅矿表面水分子对硫氮影响最大。

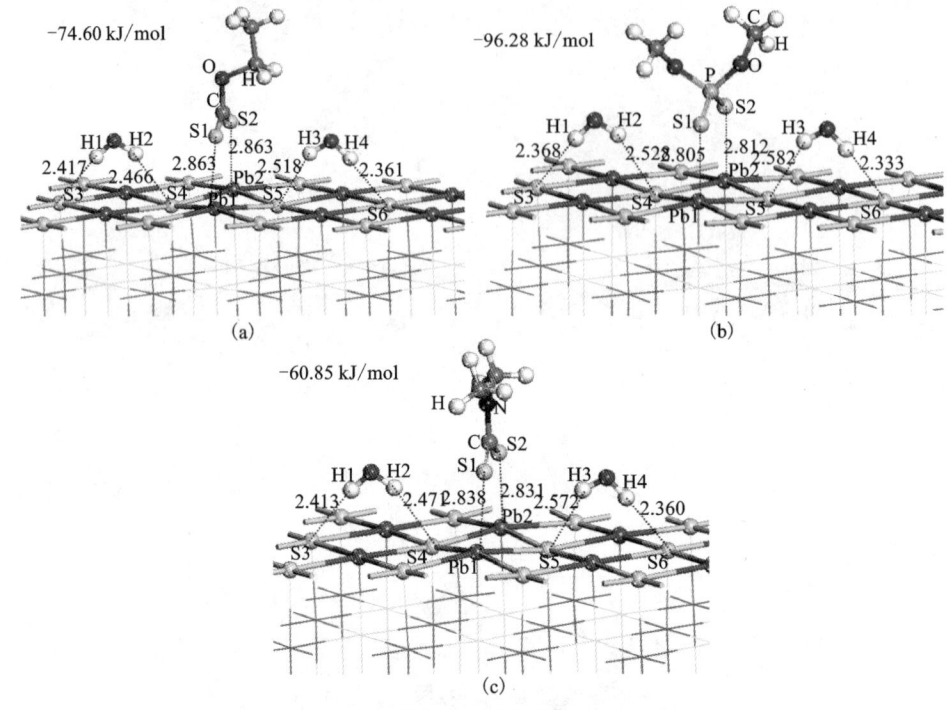

图 5 - 41 有水存在时方铅矿表面吸附黄药、黑药和硫氮分子的吸附构型、吸附键长 (Å) 及吸附能
(a)乙基黄药；(b)二甲基黑药；(c)二甲基硫氮

5.6.3 水分子对铅锌分离捕收剂选择性作用的影响

由于在有水分子存在情况下，吸附能不能反映捕收剂分子与矿物表面的作用情况，需要用其他参数来表征药剂和矿物表面的作用强弱。前面已经提到，捕收剂分子键合硫原子和矿物表面金属原子之间的键长可以用来表征捕收剂分子与方铅矿和闪锌矿表面的作用强度。一般而言，化学吸附作用的距离应该接近两个原子半径之和，这样电子云才会发生有效重叠，形成共价键作用。捕收剂分子和矿物表面原子之间吸附作用的距离越接近两原子半径之和，电子云重叠越强烈，化学吸附作用越强；反之吸附距离越大，电子云重叠越弱，化学吸附作用也越弱。另外当吸附距离超过两原子半径之和20%后，捕收剂分子和矿物表面原子可以认为没有化学吸附作用。

表 5 - 12 是乙基黄药、二甲基黑药和二甲基硫氮分子在有水和无水分子体系中与方铅矿和闪锌矿表面原子作用的键长数据。定义捕收剂分子和矿物表面原子之间的距离 d_1 与它们原子半径之和 d_2 的差 Δd 为吸附作用强度。根据定义 Δd 越

小，捕收剂与矿物表面作用越强；反之，Δd 越大，捕收剂与矿物表面作用越弱。当 Δd 超过 d_2 的 20%，捕收剂和矿物之间没有化学作用，超过 50% 完全不作用。从表 5 - 12 中的 Δd 可见，在没有水分子的情况下，除了黑药与方铅矿的作用大于闪锌矿外，黄药和硫氮分子对闪锌矿的作用都强于方铅矿，这和实践结果不相符合。但是当矿物表面存在水分子的时候，黄药、黑药和硫氮对方铅矿和闪锌矿表现出选择性作用。首先三种捕收剂分子在闪锌矿表面的吸附距离都超过了硫锌原子半径之和的 70% 以上，说明黄药、黑药和硫氮分子在水溶液中都不能与闪锌矿作用，这与实际情况相符的。不活化和没有杂质的纯闪锌矿不能用黄药浮选，同样黑药和硫氮也不能浮选未经活化的闪锌矿。其次三种捕收剂在有水方铅矿表面的吸附顺序为：黑药最强，其次为硫氮，黄药最弱。在铅锌浮选实践中，黑药和硫氮表现出较好的选择性，其中黑药在弱碱性条件下使用，硫氮在高碱条件下使用[54]。从以上讨论可见，在有水分子吸附的体系下，密度泛函理论可以获得比较理想的结果。

表 5 - 12　三种捕收剂分子在有水和无水分子吸附的方铅矿和闪锌矿表面吸附距离/Å

体系	矿物	捕收剂	吸附平均距离 d_1	原子半径之和 d_2	作用强度 $\Delta d = d_1 - d_2$
无水分子	方铅矿	乙基黄药	2.932	2.79	0.142
		二甲基黑药	2.855	2.79	0.065
		二甲基硫氮	2.932	2.79	0.142
	闪锌矿	乙基黄药	2.374	2.37	0.004
		二甲基黑药	2.384	2.37	0.104
		二甲基硫氮	2.450	2.37	0.08
有水分子吸附	方铅矿	乙基黄药	2.863	2.79	0.073
		二甲基黑药	2.808	2.79	0.0018
		二甲基硫氮	2.834	2.79	0.044
	闪锌矿	乙基黄药	4.708	2.37	2.338
		二甲基黑药	3.992	2.37	1.622
		二甲基硫氮	4.757	2.37	2.387

5.6.4　水分子吸附对矿物表面原子电子性质的影响

通常认为水分子是惰性分子，在硫化矿物表面不会发生化学作用，因此它对硫化矿物表面性质和药剂吸附性影响不大。然而计算结果却表明水分子的吸附能够显著影响药剂分子在硫化矿物表面的吸附。从竞争吸附来分析，捕收剂与闪锌矿表面的作用强于水分子，很明显水分子不可能将捕收剂分子从闪锌矿表面"挤"下来，那么水分子是如何导致闪锌矿表面捕收剂分子吸附发生逆转的呢？下面从电子性质的变化来分析水分子对矿物表面原子活性的影响。

图 5-42 给出了水分子吸附前后闪锌矿表面锌原子电子态密度变化情况。由图可见闪锌矿表面锌原子具有明显的 d-s-p 杂化特征，吸附水分子的闪锌矿表面锌原子电子态密度局域性变强了。具体而言，在 -5.0~-3.0 eV，Zn 4s 和 3d 轨道在没有吸附水分子时态密度宽且平缓，说明电子具有离域性；吸附水分子后 Zn 4s 和 3d 轨道态密度峰急剧变窄，表明电子局域性变强了。另外吸附水分子后的 -2.8~-1.0 eV 处 Zn 4p 轨道也发生了明显的局域性。费米能级以下是电子填充的能级，电子局域性增强，说明锌原子的电子轨道和水分子发生了作用，锌原子电子处于饱和状态和束缚状态，吸附水分子的闪锌矿表面锌原子失去吸附活性。费米能级以上为空轨道，从图 5-42 可见，吸附水分子后的闪锌矿空轨道也发生了显著变化，态密度强度显著降低，说明吸附水分子后的闪锌矿表面锌原子得电子能力降低。从以上讨论可知，由于水分子与闪锌矿表面的作用，显著降低了锌原子费米能级处的电子离域性，闪锌矿表面吸附活性下降，不能与捕收剂分子不发生作用。

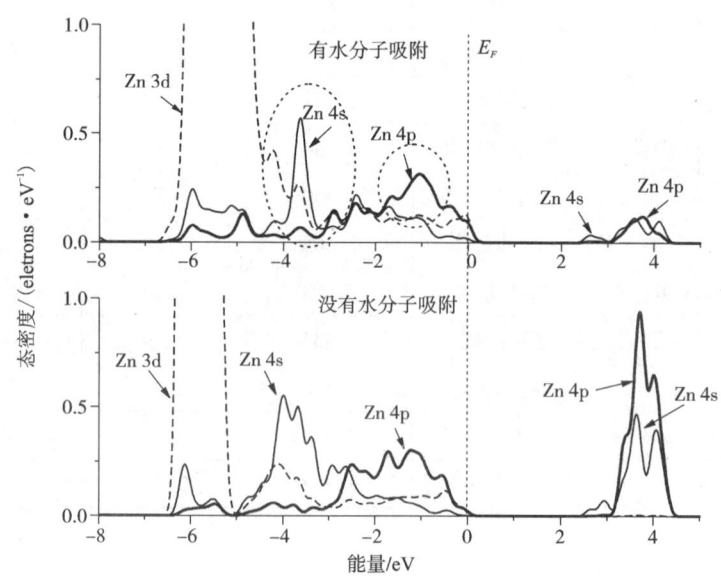

图 5-42 水分子对闪锌矿表面锌原子电子性质的影响

对于疏水性的方铅矿表面，水分子主要和方铅矿表面硫原子作用，因此水分子对方铅矿表面原子的电子性质影响比较小。图 5 – 43 给出了水分子的吸附对方铅矿表面硫原子和铅原子电子态密度的影响。由图 5 – 43(a) 和(b) 可见，水分子吸附对方铅矿表面铅原子和硫原子电子态密度影响很小，只对费米能级以上的空轨道态密度影响较大，因此方铅矿表面吸附的水分子基本不影响浮选捕收剂分子的化学吸附作用。

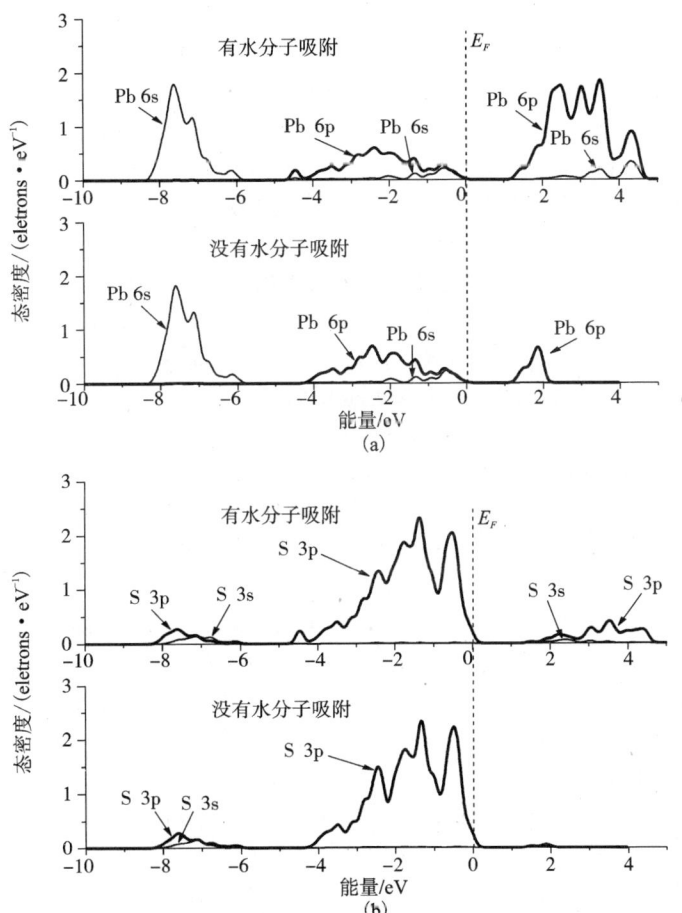

图 5 – 43　水分子对方铅矿表面铅原子(a)和硫原子(b)态密度的影响

(a)Pb 原子态密度；(b)S 原子态密度

参考文献

[1] Plaskin I N. Interaction of minerals with gases and reagents in flotation [J]. Mining Engineering, 1959, 214: 319 – 324.

[2] Hoffman I, Arbiter N. Flotation[J]. Industrial and Engineering Chemistry, 1957, 49(3): 493 – 496.

[3] 冯其明, 陈建华. 硫化矿物浮选电化学[M]. 长沙: 中南大学出版社, 2014.

[4] Woods R. Electrochemical potential controlling flotation [J]. International Journal of Mineral Processing, 2003, 72(1 – 4): 151 – 162.

[5] Woods R. Recent advances in electrochemistry of sulfide mineral flotation [J]. Transactions of Nonferrous Metals Society of China, 2000, 10(Special Issue): 26 – 29.

[6] 王淀佐, 龙翔云, 孙水裕. 硫化矿的氧化与浮选机理的量子化学研究[J]. 中国有色金属学报, 1991, 1(1): 15 – 23.

[7] 李炳瑞. 结构化学[M]. 北京: 高等教育出版社, 2004: 85 – 86.

[8] 陈建华. 硫化矿浮选晶格缺陷理论[M]. 长沙: 中南大学出版社, 2012.

[9] Solecki J, Komosa A, Szczypa J. Copper ion activation of synthetic sphalerites with various iron contents[J]. International Journal of Mineral Processing, 1979(6): 221 – 228.

[10] Szczype J, Solecki J, Komosa A. Effect of surface oxidation and iron contents on xanthate ions adsorption of synthetic sphalerites[J]. International Journal of Mineral Processing, 1980(7): 151 – 157.

[11] Boulton A, Fornasiero D, Ralston J. Effect of iron content in sphalerite on flotation[J]. Mineral Engineering, 2005, 18(9): 1120 – 1122.

[12] Harmer S L, Mierczynska Vasilev A, Beattie D A. The effect of bulk iron concentration and heterogeneities on the copper activation of sphalerite[J]. Minerals Engineering, 2008, 21(11): 1005 – 1012.

[13] Sutherland K L, Wark I W. Principles of flotation[M]. Australasian Institute of Mining and Metallurgy, Melbourne, 1955.

[14] Gerson A R, Lange A G, Prince K E. The mechanism of copper activation of sphalerite[J]. Journal of Appllied Surface Science, 1999, 137: 207 – 223.

[15] Bushell C H G, Krauss C J. Copper activation of pyrite [J]. Canadian Mining and Metallurgical Bulletin, 1962, 55(601): 314 – 318.

[16] Weisener C, Gerson A. Cu(II) adsorption mechanism on pyrite: An XAFS and XPS study [J]. Surface and Interface Analysis, 2000, 30(1): 454 – 458.

[17] Weisener C, Gerson A. An investigation of the Cu (II) adsorption mechanism on pyrite by ARXPS and SIMS [J]. Minerals Engineering, 2000, 13(13): 1329 – 1340.

[18] Wang X H, Forssberg E, Bolin N J. Adsorption of copper(II) by pyrite in acidic to neutral pH media [J]. Scandinavian Journal of Metallurgy, 1989, 18: 262 – 270.

[19] Von Oertzen G U, Skinner W M, Nesbitt H W, Pratt A R, Buckley A N. Cu adsorption on pyrite (100): Ab initio and spectroscopic studies [J]. Surface Science, 2007, 601: 5794 –5799.

[20] Salamy S G, Nixon J C. Reaction between a mercury surface and some flotation reagents and electochemical study. I. Polarization curves[J]. Australian Journal of Chemistry, 1954, 7(2): 146 – 156.

[21] Allison S A, Goold L A, Nicol M J, Granville A. A determination of the products of reaction between various sulfide minerals and aqueous xanthate solution, and a correlation of the products with electrode rest potentials [J]. Metallurgical and Materials Transactions B, 1972, 3(10): 2613 – 2618.

[22] Wang X H, Forssberg E. Mechanisms of pyrite flotation with xanthates[J]. International Journal of Mineral Processing, 1991, 33(1 – 4): 275 – 290.

[23] Wang X H. Interfacial electrochemistry of pyrite oxidation and flotation. 2: FTIR studies of xanthate adsorption on pyrite surfaces in neutral pH solutions [J]. Journal of Colloid and Interface Science, 1995, 171(2): 413 – 428.

[24] Greenler R G. An infrared investigation of xanthate adsorption by lead sulfide[J]. Journal of Physical Chemistry, 1962, 66 (5): 879 – 883.

[25] Hung A, Yarovsky I, Russo S P. Density-functional theory studies of xanthate adsorption on the pyrite FeS$_2$(110) and (111) surfaces[J]. Journal of Chemical Physics, 2003, 118(13): 6022 –6029.

[26] Hung A, Yarovsky I, Russo S. P. Density-functional theory of xanthate adsorption on the pyrite FeS$_2$(100) surface [J]. Philosophical Magazine Letters, 2004, 84: 175 – 182.

[27] Haung H H, Miller J D. Kinetics and thermochemistry of amyl xanthate adsorption by pyrite and marcasite[J]. International Journal of Mineral Processing, 1978, 5(3): 241 – 266.

[28] Mellgren O. Heat of adsorption and surface reactions of potassium amyl xanthate on galena [J]. AIME Transactions of the Society of Mining Engineers, 1966, 235: 46 – 60.

[29] 李玉琼, 陈建华, 蓝丽红, 郭进. 氧分子在黄铁矿和方铅矿表面的吸附[J]. 中国有色金属学报, 2012, 22(4): 1184 – 1194.

[30] Klymowsky I B. The role of oxygen in xanthate flotation of galena, pyrite, and chalcopyrite[D]. MS Thesis, McGill University, Montreal, Canada, 1968.

[31] Fuerstenau M C, Kuhn M C, Elgillani D A. The role of dixanthogen in xanthate flotation of pyrite[J]. AIME Transactions of the Society of Mining Engineers, 1968, 241: 148 – 156.

[32] 格列姆博茨基. 浮选过程物理化学基础(郑飞等译)[M]. 北京: 冶金工业出版社, 1985.

[33] Taggart A F. Handbook of Mineral Dressing, Ores and Industrial Minerals[M]. 2nd ed. Wiley, New York, 1945.

[34] Chander S, Fuerstenau D W. The effect of potassium diethyl dithiophosphate on the electrochemical properties of platinum, copper and copper sulphide in aqueous solution[J]. Journal of Electroanalytical Chemistry and Interfacial Chemistry, 1974, 56: 217 – 247.

[35] Bradshaw D J, Cruywagen J J, O'Connor C T. Thermochemical measurements of the surface reactions of sodium cyclohexyl-dithiocarbamate, potassium n-butyl xanthate, and a thiol mixture with pyrite[J]. Minerals Engineering, 1995, 8 (10): 1175 – 1184.

[36] Crozier R D. Sulphide collector mineral bonding and the mechanism of flotation[J]. Minerals Engineering, 1991, 4 (7 – 11): 839 – 858.

[37] Fuerstenau M C. Thiol collector adsorption processes[J]. International Journal of Mineral Processing, 1990, 29: 89 – 98.

[38] Raju B G, Forsling W. Adsorption mechanism of diethyl dithiocarbamate on covellite, cuprite and tenorite[J]. Colloids and Surfaces, 1991, 60: 53 – 69.

[39] Guler T, Hicyilmaz C, Gokagac G, Emekci Z. Adsorption of dithiophosphate and dithiophosphinate on chalcopyrite[J]. Minerals Engineering, 2006, 19: 62 – 71.

[40] Wang X H, Forssberg K S E. The solution electrochemistry of sulfide-xanthate-cyanide systems in sulfide mineral flotation[J]. Minerals Engineering, 1996, 9(5): 527 – 546.

[41] Chen J H, Li Y Q, Chen Y. Cu – S flotation separation via the combination of sodium humate and lime in a low pH medium[J]. Minerals Engineering, 2011, 24 (1): 58 – 63.

[42] Szargan R, Karthe S, Suoninen E. XPS studies of xanthate adsorption on pyrite[J]. Applied Surface Science, 1992, 55 (4): 227 – 232.

[43] Hu Y H, Zhang S L, Qiu G Z, Miller J D. Surface chemistry of activation of lime-depressed pyrite flotation[J]. Transactions of Nonferrous Metals Society of China, 2000, 10 (6): 798 – 803.

[44] Zhang Y, Lin Q W, Sun W, He G Y. Electrochemical behaviors of pyrite flotation using lime and sodium hydroxide as depressants[J]. The Chinese Journal of Nonferrous Metals, 2011, 21 (3): 675 – 679.

[45] Voigt S, Szargan R, Suoninen E. Interaction of copper (II) ions with pyrite and its influence on ethyl xanthate adsorption[J]. Surface and Interface Analysis, 2004, 21 (8): 526 – 536.

[46] Leppinen J, Laajalehto K, Kartio L, Suoninen E. FTIR and XPS studies of surface chemistry of pyrite in flotation[J]. Proceedings of the XIX International Mineral Processing Congress, 1995, 3: 35 – 38.

[47] Laajalehto K, Leppinen J, Kartio I, Laiho T. XPS and FTIR study of the influence of electrode potential on activation of pyrite by copper or lead[J]. Colloids and Surfaces A: Physicochemical and Engineering Aspects. 1999, 154 (1 – 2): 193 – 199.

[48] Chen J H, Long X H, Zhao C H, Kang D, Guo J. DFT calculation on relaxation and electronic structure of sulfide minerals surfaces in presence of H_2O molecule[J]. Journal of Central South University, 2014, 21: 3945 – 3954.

[49] Becker U, Rosso k M, Hochella M F Jr. The proximity effect on semiconducting mineral surfaces: A new aspect of mineral surface reactivity and surface complexation theory[J]. Geochimica et Cosmochimica Acta, 2001, 65(16): 2641 – 2649.

[50] 胡为柏. 浮选[M]. 北京: 冶金工业出版社, 1983.

［51］ Jin J Q, Miller J D, Dang L X. Molecular dynamics simulation and analysis of interfacial water at selected sulfide mineral surfaces under anaerobic conditions［J］. International Journal of Mineral Processing, 2014, 128: 55 – 67.

［52］ Zhao C H, Chen J H, Long X H, Guo J. Study of H_2O adsorption on sulfides surfaces and thermokinetic analysis［J］. Journal of Industrial and Engineering Chemistry, 2014, 20 (2): 605 – 609.

［53］ Chen J H, Long X H, Chen Y. Comparison of multilayer water adsorption on the hydrophobic galena (PbS) and hydrophilic pyrite (FeS_2) surfaces: A DFT study［J］. The Journal of Physical Chemistry C, 2014, 118 (22): 11657 – 11665.

［54］ Chen J H, Lan L H, Chen Y. Computational simulation of adsorption and thermodynamic study of xanthate, dithiophosphate and dithiocarbamate on galena and pyrite surfaces［J］. Minerals Engineering, 2013, 46 – 47: 136 – 143.

第6章 晶格缺陷对硫化矿物半导体性质及可浮性的影响

　　在硫化矿物浮选实践中，常常发现不同矿床或同一矿床不同区段的同一种矿物，其浮选行为存在着很大的差异。例如对于黄铁矿，原田种臣研究了日本九种产地黄铁矿的可浮性差异[1]，陈述文等人研究了国内八种不同产地黄铁矿的可浮性差异[2]，而今泉常正则研究了日本堂屋敷矿床不同地段的十个黄铁矿样品的可浮性差异[3]，发现即使是同一矿床不同地段的黄铁矿其浮选行为也有很大的差异。对于闪锌矿，人们在工业实践中发现不同矿床或同一矿床不同矿段的闪锌矿由于杂质不同而具有不同的颜色，从浅绿色、棕褐色和深棕色直至钢灰色，各种颜色的闪锌矿可浮性差别比较大，含镉的闪锌矿可浮性比较好，而含铁的闪锌矿可浮性较差。对于方铅矿，银、铋和铜杂质可提高其可浮性，锌、锰和锑杂质则可降低其可浮性[4,5]。

　　硫化矿的浮选是一个电化学过程，硫化矿物体系的电化学性质决定了矿物浮选行为。大多数硫化矿物的禁带宽度在 $0 \sim 2$ eV，如方铅矿的带宽为 0.4 eV，黄铁矿的带宽为 0.9 eV，黄铜矿的带宽为 0.6 eV。按照能带理论的划分，半导体的带宽在 $0 \sim 3.0$ eV 之间，因此硫化矿物属于典型的半导体。硫化矿物的导电性是硫化矿物浮选电化学的基础，实际矿物晶体中都或多或少存在缺陷，晶格缺陷的存在对半导体性质具有显著的影响，例如硅的电阻率为 214×1000 Ω/cm^2，若掺入百万分之一的硼元素，电阻率就会减小到 0.4 Ω/cm^2，再如理想闪锌矿的带宽值 3.6 eV，为绝缘体，但当闪锌矿晶格中的锌被铁置换，形成铁闪锌矿，在铁含量为 12.4% 时，带宽值减小到 0.49 eV，具有良好的导电性。因此晶格缺陷的存在会显著改变硫化矿物的半导体性质，从而改变硫化矿物的界面吸附行为和浮选行为。本章研究了晶格缺陷对硫化矿物晶胞结构、半导体性质及表面吸附行为的影响。

6.1 晶格杂质对硫化矿物可浮性的影响

6.1.1 不同产地黄铁矿可浮性差异

　　黄铁矿是铁的二硫化物，化学式 FeS_2，纯黄铁矿中含有 46.67% 的铁和

53.33%的硫，它是自然界中最为常见的硫化矿之一，广泛存在于各种矿石和岩石以及煤矿中。黄铁矿可在岩浆分解作用、热水溶液或升华作用中生成，也可以在火成岩、沉积岩中生成，成矿后经常有完好的晶形，呈立方体、八面体、五角十二面体及其聚形。因此不同矿床成因的黄铁矿在晶型、颜色和性质上有较大的差别。孙传尧等人研究了不同成因黄铁矿的可浮性变化情况[6]，发现不

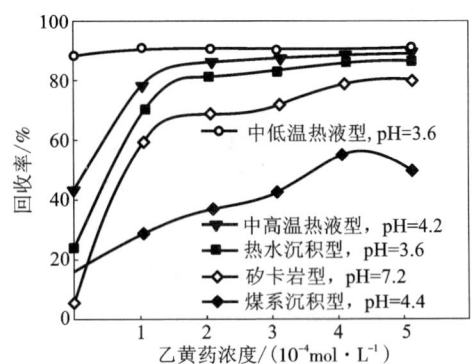

图 6-1 不同成因黄铁矿的浮选
回收率与黄药浓度的关系

同成因的黄铁矿其可浮性有很大的变化，如图 6-1 所示。从图中可见中低温热液型的黄铁矿可浮性最好，而煤系沉积型黄铁矿可浮性最差。

图 6-2 是来自八个不同产地黄铁矿的可浮性与黄药浓度之间的关系[7]。由图可见，不同产地的黄铁矿浮选回收率有比较大的差别，浮选回收率可以从30%左右（湖南东坡）变化到70%（安徽铜官山），说明不同产地的黄铁矿与黄药分子的作用存在较大的差异。另外在酸性和碱性介质中不同产地黄铁矿可浮性顺序会发生变化，如在酸性介质中，黄铁矿可浮性顺序为：

安徽铜官山 > 湖南上堡 > 江西东乡 > 广东英德 > 湖南七宝山 > 湖南水口山 > 江西德兴铜矿 > 湖南东坡

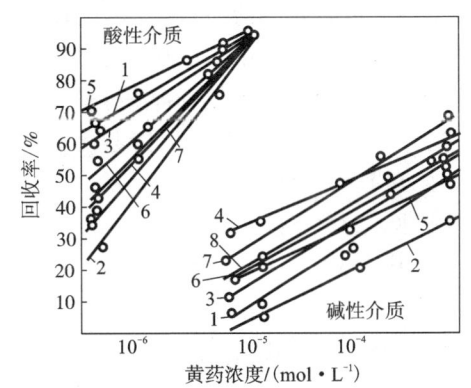

图 6-2 国内八种产地黄铁矿
的浮选回收率与黄药浓度的关系
1—湖南上堡；2—湖南东坡；3—江西东乡；
4—湖南水口山；5—安徽铜官山；6—广东英德；
7—湖南七宝山；8—江西德兴铜矿

但在碱性介质中变为（低浓度黄药条件）：

湖南水口山 > 湖南七宝山 > 广东英德 > 江西德兴铜矿 > 安徽铜官山 > 江西东乡 > 湖南上堡 > 湖南东坡

不同成因和不同产地的黄铁矿由于所处环境不同，黄铁矿的晶胞结构和晶格缺陷都不同，从而改变了黄铁矿的性质和浮选行为。图 6-3 是不同黄铁矿晶胞

常数与浮选速率常数的关系[3]，由图可见，在酸性条件下，黄铁矿晶胞常数越大，黄铁矿的浮选速率常数越大；而在碱性条件下，黄铁矿晶胞常数越大，黄铁矿的浮选速率常数越小，显示出和酸性条件下完全不同的规律。

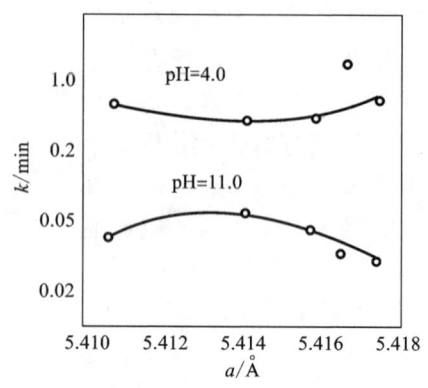

图6-3 黄铁矿晶胞参数与浮选速率的关系

6.1.2 空位缺陷的影响

在晶格缺陷中，由于阴阳离子的缺失导致矿物组成偏离化学计算系数，这种缺陷称之为空位缺陷。空位缺陷同样会改变半导体的性质和反应活性，图6-4是方铅矿缺陷与黄药离子反应示意图[4]。方铅矿中的阳离子空位，使化合价及电荷失去平衡，在空位附近的电荷状态是硫离子对电子有较强的吸引力，而阳离子则形成较高的荷电状态。当晶格缺陷使方铅矿成为 p 型时，能够形成对黄原酸离子较强的吸附中心。相反地，当晶格缺陷使方铅矿成为 n 型（阴离子空位或阳离子间隙），则不利于黄原酸离子吸附。理想方铅矿晶体内部大部分为共价键，只有少量离子键，其内部价电荷是平衡的，所以对外界离子的吸附力不强。而在天然方铅矿中，由于晶格缺陷的存在，会导致内部价电荷失去平衡，从而形成表面活性。

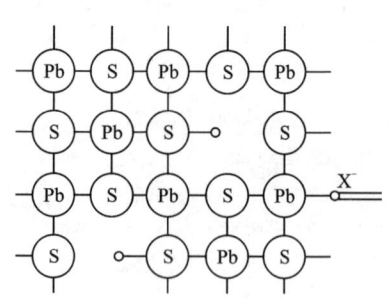

图6-4 方铅矿的缺陷
与黄药离子反应示意图

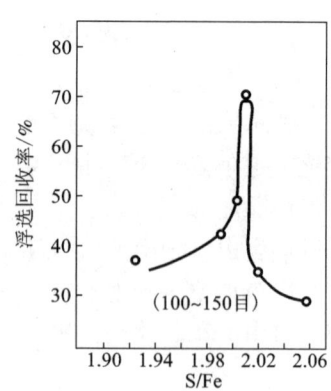

图6-5 不同硫铁比的黄铁矿可浮性

石原透分析了不同矿床的黄铁矿的 S/Fe 比与其可浮性的关系[8]，见

图6-5。由图可见S/Fe比在1.93~2.06，S/Fe比越接近理论值2.0，黄铁矿的可浮性越好，硫铁比偏离理论值2越大，黄铁矿可浮性越差。另有报道S/Fe比小于2难被石灰抑制，活化也困难。

6.1.3 晶格杂质的影响

晶格杂质不仅能够改变矿物性质，还能够改变矿物表面亲水性。银是方铅矿晶体中常见杂质，目前世界上70%的银产量来自于方铅矿，可以说银是方铅矿最重要和最常见的一种杂质。图6-6是不同银含量对方铅矿接触角的影响[9]，由图可见方铅矿的接触角随着银含量的增加而减小，说明方铅矿中银杂质的存在能够改

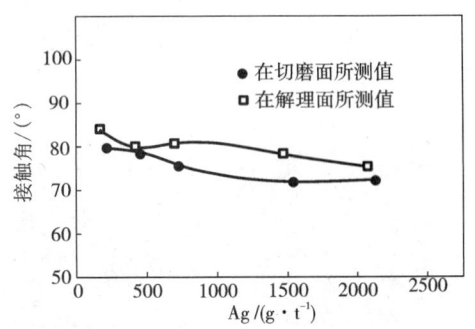

图6-6 方铅矿中银含量与接触角的关系

变矿物表面水化层结构，降低方铅矿表面的疏水性。

据报道[4]，方铅矿中含有银、铋和铜杂质时，其可浮性变好，含有锌、锰和锑杂质时，其可浮性下降。另外，方铅矿所含杂质的不同，抑制效果也不同，氰化物对含有锌和锰杂质的方铅矿抑制作用较强，对含有铋和铜杂质的方铅矿抑制能力弱一些。图6-7是采用化学合成的含不同杂质的方铅矿吸附黄药的结果[10]，由图可见，黄药在含银方铅矿上电化学吸附最大，其次是含铋方铅矿，在含锌和含锑方铅矿上黄药的电化学吸附量较小。

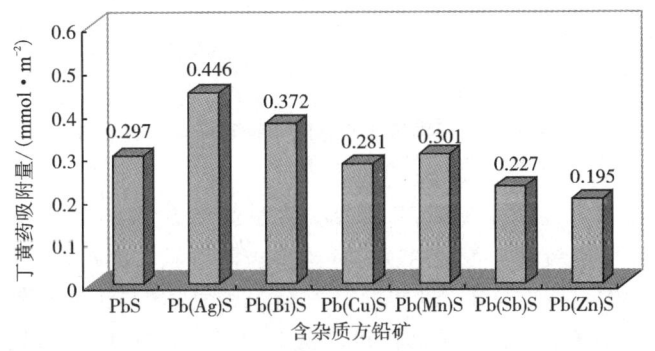

图6-7 黄药在含不同杂质方铅矿表面的电化学吸附量

对于闪锌矿，不同产地的可浮性差异更显著，甚至同一矿床不同地段闪锌矿

都会发生变化。一般而言,闪锌矿颜色从白色、浅绿色、黄色、棕褐色和深棕色直至钢灰色,如图6-8所示。各种颜色的闪锌矿可浮性差别比较大,白色的硫化锌一般不含杂质,可浮性较好,黄色或褐色硫化锌一般含镉,可浮性比较好,浅绿色硫化锌一般含铜,可浮性也较好,深黑色闪锌矿一般含铁和锰杂质,可浮性较差[4]。图6-9是人工合成的不同杂质含量闪锌矿的浮选行为[11],由图可见,铁杂质显著降低了闪锌矿的浮选回收率,铜、隔杂质显著提高了闪锌矿的浮选回收率。

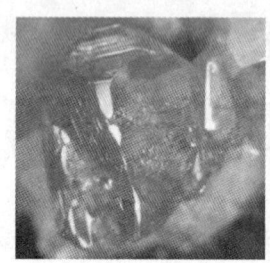  

图6-8　不同颜色的闪锌矿

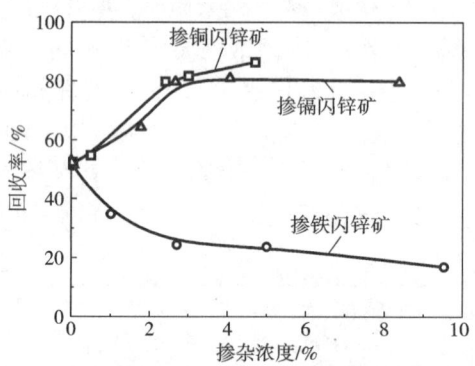

图6-9　不同杂质含量对闪锌矿可浮性的影响

Chanturiya 等[12]发现铜、砷和金杂质含量高的黄铁矿即使在强碱性条件下(pH=12)可浮性也较好,而含铜较少和硫空位浓度较大的黄铁矿在 pH=12 条件下的回收率不超过25%,可浮性较差。不同 pH 黄铁矿与含金黄铁矿的浮选结果见图6-10,由图可见,含金黄铁矿可浮性明显好于黄铁矿,在 pH 2~9 范围,含金黄铁矿都表现出很好的可浮性,只有当 pH 超过9.5以后含金黄铁矿的可浮性才受到抑制。而不含金黄铁矿的可浮性只有在 pH 6 左右最好,当 pH 超过7之后,不含金黄铁矿的回收率就开始下降,在 pH 为9的时候,不含金黄铁矿已经受到强烈抑制。

图 6 - 11 是不同捕收剂对含金黄铁矿的捕收行为。由图可见，黄药和硫氮对含金黄铁矿的捕收性能强于一般黄铁矿，而黑药对含金黄铁矿的捕收性能却弱于一般黄铁矿。在第 5 章讨论了黄药、黑药和硫氮的选择性问题，发现硫氮属于强作用下的选择性，黑药属于弱作用下的选择性。黄铁矿本身可浮性较差，需要捕收作用较强的捕收剂，而金杂质的存在强化了这种作用，使得

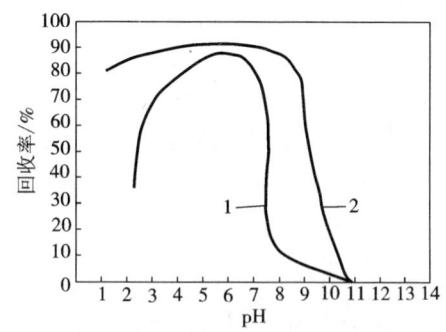

图 6 - 10　不同 pH 条件下，

黄铁矿和含金黄铁矿的浮选行为[13]

1—黄铁矿 (不含金)；2—含金黄铁矿 (含金 30 g/t)

黄药和乙硫氮对含金黄铁矿具有较好的捕收效果。黑药由于和黄铁矿作用较弱，金杂质的存在减弱了黑药与黄铁矿表面的作用。

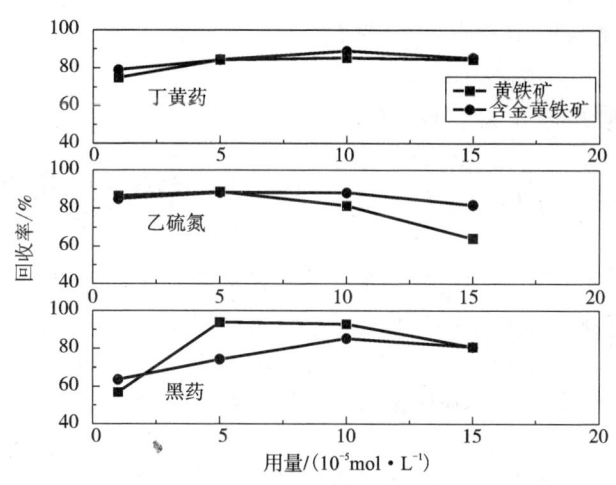

图 6 - 11　黄药、黑药和乙硫氮对黄铁矿和含金黄铁矿的捕收效果

另外需要说明的是含金黄铁矿的浮选行为是一个比较复杂的问题。首先由于黄铁矿中金含量比较低，很难区别黄铁矿可浮性的变化是来自含金杂质还是其他杂质的影响；其次由于不同产地黄铁矿的可浮性差异较大，因此样品可浮性差异不一定是金的存在引起的。对其他硫化矿物也面临同样的问题，即如何确定矿物可浮性变化是由于某一个杂质引起的。目前有两种方法可以解决，一是人工合成含杂质的硫化矿物，通过改变杂质的浓度来考察矿物可浮性的变化。该方法的优

点是能够消除其他杂质的影响，获得规律性结果，缺点在于合成的矿物和实际矿物在粒度和性质上不完全一样。第二种方法是采用量子理论，构建含杂质的超晶胞模型，从理论上获得晶格杂质对矿物性质和可浮性的影响。该方法缺点是对模型的科学和正确性需要通过实践来验证，优点是可以运用固体物理和半导体理论获得含杂质硫化矿物的能带结构、电子性质以及表面吸附行为，能够从原理上查清晶格缺陷对矿物浮选的影响。

6.2 晶格缺陷对硫化矿物晶胞参数的影响

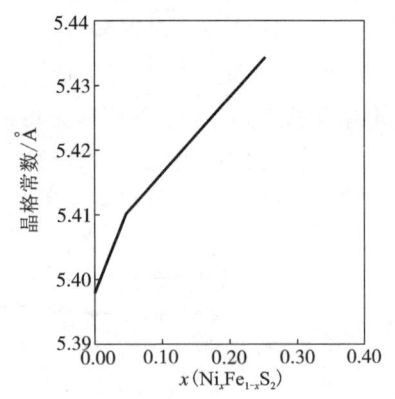

矿物晶胞中杂质原子的存在会使晶胞点阵重新平衡，从而使矿物的晶胞体积发生膨胀或缩小，导致矿物晶胞偏离理想形态形成所谓的晶胞畸变。Ferrer 等人发现黄铁矿的晶胞常数随着镍杂质浓度的增加而增大[14]，如图 6-12 所示，这主要是因为 Ni^{2+} 在六配位的晶体半径为 0.83 Å 大于 Fe^{2+} 的半径(0.75 Å)，较大体积的镍原子在黄铁矿晶胞中代替较小体积的铁原子，增大了晶胞体积。

图 6-12　黄铁矿晶胞常数与镍含量的关系

图 6-13 是方铅矿中银杂质含量与方铅矿晶胞常数的关系[9]。由图可见，方铅矿的晶胞常数随着银含量的增加而减小，这是因为 Ag^{+} 在六配位的晶体半径为 1.29 Å，小于 Pb^{2+} 半径(1.33 Å)，当方铅矿晶胞中较小体积的银离子代替较大体积的铅离子，导致方铅矿晶胞体积减小。

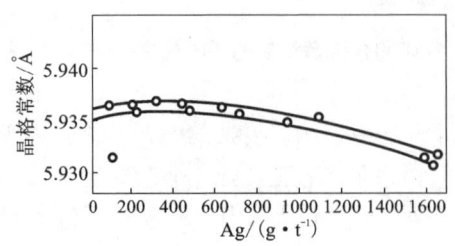

图 6-13　方铅矿晶胞常数与银含量的关系

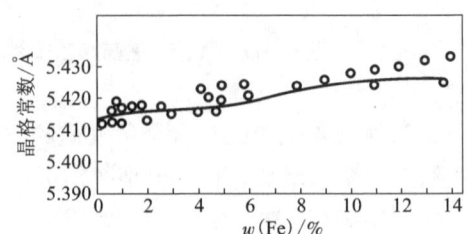

图 6-14　闪锌矿晶胞常数与铁含量的关系

由图 6-14 可见，硫化锌晶胞常数随着铁浓度的增加而增大[15]，这是因为 Fe^{2+} 在四配位晶体半径为 0.78 Å，大于锌离子半径(0.74 Å)，从而增大了硫化锌的晶胞体积。

表 6-1 列出了采用 XRD 测试的合成掺杂方铅矿的晶胞参数。由表可见，DFT 计算结果和实测结果很接近，除了铋杂质计算误差超过 5% 外，其他杂质的计算结果都很小。由表可见，Ag、Cu、Zn 及 Mn 杂质使得方铅矿的晶胞参数减少，而 Bi 与 Sb 的存在使得方铅矿的晶胞参数增大。计算结果和实测结果趋势完全一致，表明采用密度泛函理论来研究晶格缺陷对矿物晶胞参数的影响是可靠的。

表 6-1　合成掺杂方铅矿样品的晶胞常数

样品	晶胞常数/nm		
	测量值	计算值	误差/%
纯方铅矿	0.5926	0.6018	1.55
含银方铅矿	0.5923	0.6008	1.44
含锌方铅矿	0.5918	0.5958	0.67
含铜方铅矿	0.5920	0.5858	1.04
含锑方铅矿	0.5931	0.6130	3.35
含铋方铅矿	0.5929	0.6250	5.41
含锰方铅矿	0.5923	0.5760	-2.75

图 6-15 是采用密度泛函理论计算的含杂质缺陷方铅矿的晶胞常数[16]，由图可见过渡系金属元素铜、锌、银、镉、锰使方铅矿的晶格常数减小，主族元素铟、铊、砷杂质使方铅矿的晶格常数变小，而锑和铋杂质使方铅矿的晶胞常数变大，引起体积膨胀。

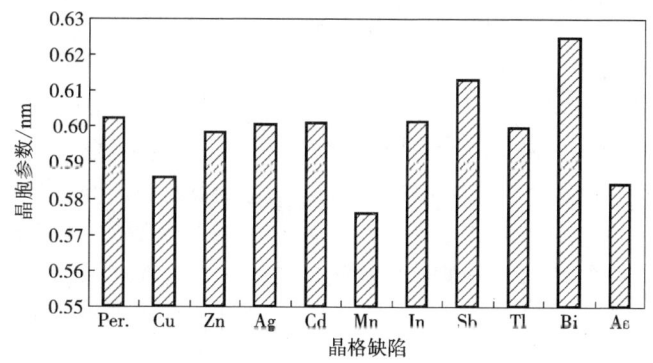

图 6-15　晶格缺陷对方铅矿晶格常数的影响

图 6 - 16 显示了理想晶体(Perfect)、空位缺陷(Vacancy)和杂质缺陷(Impurity)闪锌矿的晶胞常数[17-18]。锌空位和硫空位的存在,都导致闪锌矿的晶胞参数变小,这是由于原子缺失造成的晶胞体积减小的缘故。闪锌矿中硫空位的存在,导致空位周围的原子向空位中心偏移,特别是与硫空位相邻的四个锌原子偏移较明显;但是锌空位闪锌矿超晶胞的几何结构没有明显的变化,原子仅在空位周围驰豫。这是由于硫空位比锌空位体积大,导致硫空位周围的原子更容易变形。第一过渡系金属杂质锰、铁、钴、镍、铜都导致闪锌矿的晶胞常数稍有减小,这是因为铁、锰、铜和镉的原子半径都比锌原子半径小,但是相差不大。而其他金属杂质镉、汞、锗、铟、铟、锡、铅、锑杂质的存在都使闪锌矿的晶格常数变大,这是由于这些杂质的原子半径都比较大,造成闪锌矿的晶胞膨胀。

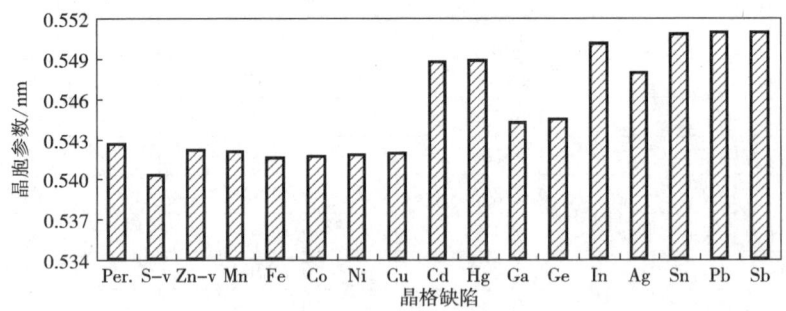

图 6 - 16　晶格缺陷对闪锌矿晶胞常数的影响

图 6 - 17 显示了含空位和杂质缺陷黄铁矿的晶胞常数[19-20]。硫空位缺陷使黄铁矿的晶胞边长略微减小,体积缩小,而铁空位缺陷则使晶胞边长略微增大,体积膨胀。黄铁矿立方晶体的晶胞边长因杂质不同而发生了不同程度的变化,且一部分变化显著。在 20 种杂质原子中,除钴以外其他杂质都使晶胞参数不同程度地增大了。第一过渡系金属杂质(Co、Ni、Cu、Zn)取代情况下,随着原子序数的增大,晶胞膨胀程度逐渐增大;铂族元素(Ru、Pd、Pt)略使晶胞膨胀,且膨胀的程度近似;第二和第三过渡系金属元素中的 Mo、Ag、Cd、Au 和 Hg 以及主族中的金属元素 Sn、Tl、Pb 和 Bi 使黄铁矿晶胞发生了较大的膨胀。取代硫原子的 As、Sb、Se 和 Te 杂质对晶胞的影响相对较小。晶胞膨胀的原因与原子的原子半径或共价半径以及电负性大小有关,还与原子的自旋有关。例如,钴和铜的原子半径分别为 1.67 Å 和 1.57 Å,比铁原子半径 1.72 Å 小,但是钴在黄铁矿中为自旋中性,而铜原子发生了自旋极化,钴杂质使黄铁矿晶胞缩小而铜杂质使黄铁矿晶胞膨胀。

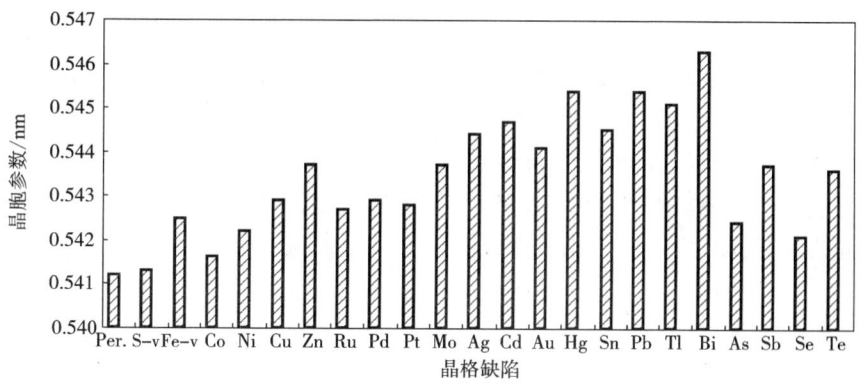

图 6-17　晶格缺陷对黄铁矿晶胞常数的影响

6.3　晶格缺陷对硫化矿物带隙的影响

表 6-2 是含铅、硫空位和杂质缺陷方铅矿的半导体类型和禁带宽度。理想方铅矿为直接带隙 p 型半导体，铅空位使带隙略微减小并且没有改变方铅矿的半导体类型，硫空位使带隙略微增大并使方铅矿变为间接带隙 n 型半导体。过渡系金属杂质中，铜、锌、银、铜杂质对带隙几乎没有影响，锰杂质使带隙变大，并使方铅矿变成 n 型半导体。主族元素杂质中，除铟杂质带隙影响不大外，其他杂质使带隙减小；铊杂质没有改变方铅矿半导体类型，其余杂质改变了方铅矿半导体类型。

表 6-2　晶格缺陷对方铅矿半导体带隙和类型的影响

缺陷类型	带隙/eV	半导体类型	缺陷类型	带隙/eV	半导体类型
理想晶体	0.54	直接 p 型	铅空位	0.52	直接 p 型
硫空位	0.56	间接 n 型	铟杂质	0.55	间接 n 型
铜杂质	0.54	直接 p 型	锑杂质	0.48	直接 n 型
锌杂质	0.57	直接 p 型	铊杂质	0.25	直接 p 型
银杂质	0.53	直接 p 型	铋杂质	0.49	直接 n 型
镉杂质	0.55	直接 p 型	砷杂质	0.45	直接 n 型
锰杂质	0.71	直接 n 型			

表 6-3 是含锌、硫空位和杂质缺陷闪锌矿的半导体类型和禁带宽度。空位缺陷没有改变闪锌矿的半导体类型，均为直接带隙 p 型半导体，硫空位使闪锌矿

的带隙变窄，而锌空位则使闪锌矿的带隙变宽。第一过渡系元素锰、铁、钴、镍和铜杂质使闪锌矿的禁带变宽，其中含铜杂质的闪锌矿的禁带宽度最大，而含锰杂质的闪锌矿的禁带宽度最小；锰和铁杂质使闪锌矿变成直接带隙 n 型半导体，铜杂质使闪锌矿变成间接带隙 p 型半导体，而钴和镍杂质则不改变闪锌矿的半导体类型。作为与锌同族的元素，镉和汞杂质虽然没有改变闪锌矿的半导体类型，但是它们导致闪锌矿的禁带变窄。镓和铟杂质使闪锌矿的半导体类型转变成直接带隙 n 型半导体，并且镓、锗和铟杂质导致闪锌矿的禁带变宽，而银杂质则导致禁带变窄。锡和锑杂质不仅导致闪锌矿的禁带宽度变窄，还导致闪锌矿变成直接带隙 n 型半导体。铅杂质虽然不改变闪锌矿的半导体类型，但是也使闪锌矿的禁带变窄。

表 6 – 3　晶格缺陷对闪锌矿带隙和类型的影响

缺陷类型	带隙/eV	半导体类型	缺陷类型	带隙/eV	半导体类型
理想晶体	2.18	直接 p 型	硫空位	2.06	直接 p 型
锌空位	2.20	直接 p 型	镓杂质	2.64	直接 n 型
锰杂质	2.32	直接 n 型	锗杂质	2.29	直接 p 型
铁杂质	2.35	直接 n 型	铟杂质	2.55	直接 n 型
钴杂质	2.36	直接 p 型	银杂质	1.96	直接 p 型
镍杂质	2.36	直接 p 型	锡杂质	2.10	直接 n 型
铜杂质	2.39	间接 p 型	铅杂质	2.05	直接 p 型
镉杂质	1.99	直接 p 型	锑杂质	2.07	直接 n 型
汞杂质	1.90	直接 p 型			

表 6 – 4 列出了理想和含空位和杂质缺陷黄铁矿的带隙和半导体类型。空位缺陷中，铁空位使黄铁矿的带隙降低，而硫空位使带隙增大。第一过渡系金属杂质中，Co 和 Ni 杂质使黄铁矿带隙降低，Cu 和 Zn 杂质使带隙增大。铂族元素（Ru、Pd、Pt）使带隙降低，特别是含 Pt 杂质黄铁矿的带隙最低。第二过渡系金属元素中的 Mo 杂质使带隙降低，而 Ag 使带隙增大，Cd 杂质对带隙影响不大。第三过渡系金属元素 Au 使黄铁矿的带隙大大升高，而 Hg 杂质对带隙没有影响。主族中的金属元素 Sn 和 Pb 使带隙降低，而 Tl 和 Bi 使带隙增大。取代硫原子的所有杂质，As、Sb、Se 和 Te，都使黄铁矿的带隙降低了。此外，Sn 和 Bi 杂质使黄铁矿由直接带隙变为间接带隙，而 Co、Ni、Cu、Zn、Pd、Pt、Ag、Cd、Au、Hg、Sn、Tl 和 Pb 杂质使黄铁矿由 p 型半导体变为 n 型半导体。

表6-4 晶格缺陷对黄铁矿半导体带隙和类型的影响

缺陷类型	带隙/eV	半导体类型	缺陷类型	带隙/eV	半导体类型
理想晶体	0.60	间接 p 型	铂杂质	0.45	直接 n 型
铁空位	0.52	直接 p 型	金杂质	0.91	直接 n 型
硫空位	0.77	直接 p 型	汞杂质	0.60	直接 n 型
钴杂质	0.55	直接 n 型	锡杂质	0.45	间接 n 型
镍杂质	0.57	直接 n 型	铊杂质	0.63	直接 n 型
铜杂质	0.64	直接 n 型	铅杂质	0.49	直接 n 型
锌杂质	0.63	直接 n 型	铋杂质	0.73	间接 n 型
钼杂质	0.45	直接 p 型	砷杂质	0.56	直接 n 型
钌杂质	0.58	直接 n 型	锑杂质	0.51	直接 p 型
钯杂质	0.50	直接 n 型	硒杂质	0.56	直接 p 型
银杂质	0.68	直接 p 型	碲杂质	0.51	直接 p 型
镉杂质	0.61	直接 n 型			

6.4 晶格缺陷对硫化矿物前线轨道的影响

6.4.1 杂质对前线轨道系数的影响

表6-5是含不同杂质方铅矿的前线轨道组成[16]。由表中系数可见，不同杂质原子对方铅矿最低空轨道的贡献是不一样的，其中锑、锰、铋等杂质影响比较大，而铜、镉、锌、银、铟等影响比较小。说明不同杂质对方铅矿性质影响不同。

表6-5 含杂质缺陷方铅矿的最低空轨道原子系数

矿物名称	LUMO 轨道系数	矿物名称	LUMO 轨道系数
理想方铅矿	$-0.125Pb - 0.192S$		
含锑方铅矿	$-0.24Sb + 0.231Pb + 0.278S$	含铟方铅矿	$-0.0In - 0.177Pb - 0.269S$
含锰方铅矿	$-0.46Mn + 0.181Pb + 0.152S$	含银方铅矿	$-0.01Ag - 0.178Pb - 0.269S$
含铋方铅矿	$0.16Bi - 0.16Pb + 0.206S$	含铊方铅矿	$-0.01Tl - 0.175Pb - 0.274S$
含镉方铅矿	$0.01Cd - 0.177Pb - 0.269S$	含铜方铅矿	$-0.01Cu - 0.179Pb - 0.269S$
含锌方铅矿	$-0.01Zn - 0.178Pb - 0.27S$		

由表 6-5 可见，含锑方铅矿的最低空轨道中铅原子系数(0.231)和锑原子系数(0.24)相差不多，说明方铅矿中铅原子和锑原子的反应活性相近，含锑方铅矿的性质由铅和锑二者共同决定，含锑方铅矿的可浮性介于方铅矿和辉锑矿之间。辉锑矿可浮性在 pH 5~6 最好，在碱性条件下不浮；方铅矿在碱性条件下仍具有很好的可浮性，当方铅矿含有锑杂质后，在碱性条件下其可浮性下降。

对于含锰方铅矿，锰原子的系数(0.46)远大于铅原子系数(0.181)，表明含锰方铅矿的性质主要取决于锰原子，因此含锰方铅矿可浮性远比方铅矿要差，容易氧化。而对于含铋方铅矿，铋原子和铅原子系数一样，表明铋原子对方铅矿性质具有较大的影响，含铋方铅矿可浮性类似于辉铋矿，可浮性较好。

表 6-6　含杂质闪锌矿前线轨道组成

矿物名称	LUMO 轨道系数	矿物名称	LUMO 轨道系数
理想闪锌矿	+0.20S - 0.19Zn		
含铜闪锌矿	-0.58Cu - 0.27S - 0.06Zn	含镓闪锌矿	-0.51Ga + 0.24Zn - 0.19S
含铁闪锌矿	0.59Fe + 0.21S + 0.11Zn	含锗闪锌矿	0.24Zn - 0.22S - 0.13Ge
含钴闪锌矿	0.70Co + 0.20S - 0.12Zn	含铟闪锌矿	0.26Zn + 0.25S + 0.17In
含镍闪锌矿	-0.65Ni + 0.24S - 0.07Zn	含银闪锌矿	0.21Zn - 0.20S + 0.13Ag
含镉闪锌矿	-0.41Cd + 0.34Zn + 0.13S	含锡闪锌矿	0.24Zn - 0.22S - 0.17Sn
含锰闪锌矿	+0.21S - 0.20Zn - 0.12Mn	含铅闪锌矿	0.23Zn - 0.22S - 0.11Pb
含锰闪锌矿	-0.27Hg + 0.21S - 0.19Zn	含锑闪锌矿	-0.22Zn + 0.21S + 0.07Sb

表 6-6 是含杂质闪锌矿的 LUMO 系数[17]。由表可见铜、铁、钴、镍、锗等杂质对闪锌矿 LUMO 中锌原子系数影响比较大，锑、锌、锡、银、铟、镓、汞等杂质对闪锌矿 LUMO 中锌原子系数影响比较小。当闪锌矿含有铜原子时，和理想闪锌矿相比，锌原子 LUMO 系数只有 0.06，而铜原子则达到 0.58，表明含铜闪锌矿的性质取决于铜原子，因此含铜闪锌矿的性质和浮选行为更像硫化铜。生产实践表明当闪锌矿晶体中含有铜杂质时，闪锌矿会具有自活化现象，含铜闪锌矿可浮性变好，铜锌难分离。

当闪锌矿中含有铁杂质时，锌原子的 LUMO 系数仅为 0.11，而铁原子达到0.59，闪锌矿的性质主要取决于铁原子，含铁闪锌矿会表现出类似黄铁矿的浮选行为，因此含铁闪锌矿容易受石灰抑制，铁含量越高，闪锌矿可浮性越差，对石灰越敏感。当闪锌矿含有钴和镍杂质时，由于钴和镍原子的 LUMO 系数较大，增强了闪锌矿与氧的作用，容易氧化，并且可浮性下降。对于含镉闪锌矿，从

LUMO 系数可以看出镉原子对闪锌矿性质贡献较大，而镉离子与黄药作用的溶度积较小（$K_{sp} = 10^{-13.59}$)，因此含镉闪锌矿的可浮性变好。

表6-7列出了理想及含钴、镍、砷、硒和碲杂质黄铁矿的前线轨道系数[19]。由表可知，对于理想黄铁矿，铁原子的系数在 HOMO 轨道中占主要作用，而硫原子的系数在 LUMO 轨道中占主要作用，说明黄铁矿的 HOMO 轨道主要受铁原子的影响，而 LUMO 轨道主要受硫原子影响。

钴和镍杂质对黄铁矿的 LUMO 轨道产生了较大的影响，它们使 LUMO 轨道中铁原子和硫原子的系数大大增加，钴和镍杂质本身也对 LUMO 轨道组成产生了重要的影响，原子系数远远大于铁原子，这表明它们不仅对 LUMO 轨道的反应活性产生了较大的影响，杂质本身也将在 LUMO 轨道与其他反应物之间起到非常重要的作用。砷、硒和碲杂质主要对黄铁矿的 HOMO 轨道产生影响，都使 HOMO 轨道中铁原子和硫原子的系数增加，并且本身也对该轨道产生了贡献。其中，砷杂质的作用最明显，它对铁原子的系数影响最大，极大地提高了铁原子在 HOMO 轨道中的反应活性，另外，与硒和碲杂质相比，砷杂质本身的贡献也是最大的。这一结果表明，黄铁矿中含砷后，会大大增强 HOMO 轨道的反应活性，如与氧气分子 LUMO 轨道的反应，即含砷杂质的黄铁矿更容易被氧化。此外，由于硒原子与硫原子的性质较为近似，因而对黄铁矿的 HOMO 轨道影响较小。

表6-7 含杂质缺陷黄铁矿前线轨道组成

矿物名称	前线轨道	轨道系数
理想黄铁矿	HOMO	$+0.238Fe - 0.068S1 - 0.067S2$
	LUMO	$-0.004Fe - 0.124S1 + 0.123S2$
含钴黄铁矿	HOMO	$-0.011Fe - 0.007Co - 0.128S1 - 0.128S2$
	LUMO	$+0.202Fe - 0.421Co + 0.329S1 - 0.329S2$
含镍黄铁矿	HOMO	$+0.010Fe - 0.008Ni + 0.131S1 + 0.131S2$
	LUMO	$+0.191Fe - 0.447Ni + 0.342S1 - 0.342S2$
含砷黄铁矿	HOMO	$+0.478Fe + 0.315As - 0.180S2$
	LUMO	$-0.049Fe - 0.125As - 0.140S2$
含硒黄铁矿	HOMO	$-0.247Fe + 0.119Se + 0.082S2$
	LUMO	$+0.015Fe - 0.153Se + 0.132S2$
含碲黄铁矿	HOMO	$+0.360Fe + 0.135Tc + 0.123S2$
	LUMO	$+0.005Fe - 0.161Te + 0.153S2$

注：S1 为硫二聚体中的一个硫原子，而 S2 为另一个硫原子。

6.4.2 晶格缺陷对前线轨道能量的影响

根据前线轨道理论，一个分子的最高占据轨道（HOMO）与另一个分子的最低空轨道（LUMO）能量值之差的绝对值（$|\Delta E|$）越小，两者之间的相互作用就越强。当硫化矿物与氧分子发生作用时，氧分子得到电子，矿物失去电子被氧化，参与反应的前线轨道是矿物 HOMO 轨道和氧分子的 LUMO 轨道；当硫化矿物与阴离子捕收剂发生作用时，矿物金属离子提供空轨道，捕收剂提供孤对电子形成配位键，因此参与反应的前线轨道是捕收剂分子的 HOMO 轨道和硫化矿的 LUMO 轨道。

表 6-8 是 10 种杂质缺陷对方铅矿前线轨道能量的影响，由表可见晶格杂质改变了方铅矿的前线轨道能量，从而改变了方铅矿与药剂分子的作用。表中还给出方铅矿前线轨道与氧分子、黄药和乙硫氮前线轨道相互作用的情况。由表可见铅空位有利于方铅矿的氧化，而硫空位影响很小，其余杂质除锰外都是减弱的方铅矿与氧分子的作用。从方铅矿与捕收剂分子的前线轨道作用来看，方铅矿乙硫氮之间的 $|\Delta E|$ 小于其与丁黄药之间的 $|\Delta E|$ 值，说明乙硫氮与方铅矿的作用比丁黄药强，乙硫氮对方铅矿的捕收性更强，这与浮选实践一致。除铟和锌杂质外，其余杂质的存在都使方铅矿与捕收剂分子之间的 $|\Delta E|$ 值降低，说明铟杂质的存在会降低黄药和乙硫氮与方铅矿的相互作用，而锌杂质则没有影响，其余杂质则能增强捕收剂与矿物之间的作用。

表 6-8 杂质对方铅矿前线轨道能量及其与捕收剂前线轨道相互作用的影响

矿物名称	E_{HOMO}/eV	E_{LUMO}/eV	$|\Delta E_1|/eV$	$|\Delta E_2|/eV$	$|\Delta E_3|/eV$
理想方铅矿	-4.3	-4.19	0.24	1.21	0.56
铅空位方铅矿	-4.5	-4.32	0.04	1.08	0.43
硫空位方铅矿	-4.286	-4.16	0.254	1.24	0.59
含铜方铅矿	-4.03	-3.9	0.51	1.5	0.85
含锌方铅矿	-3.96	-3.79	0.58	1.61	0.96
含银方铅矿	-4.03	-3.89	0.51	1.51	0.86
含镉方铅矿	-4.06	-3.91	0.48	1.49	0.84
含锰方铅矿	-4.32	-3.91	0.22	1.49	0.84
含铟方铅矿	-4.03	-3.75	0.51	1.65	1.00
含锑方铅矿	-4.06	-3.94	0.48	1.46	0.81

续上表

矿物名称	E_{HOMO}/eV	E_{LUMO}/eV	$|\Delta E_1|$/eV	$|\Delta E_2|$/eV	$|\Delta E_3|$/eV
含铊方铅矿	−4.08	−3.92	0.46	1.48	0.83
含铋方铅矿	−4.05	−3.92	0.49	1.48	0.83
氧分子	−6.82	−4.54	—	—	—
丁黄药	−5.4	−2.22	—	—	—
乙硫氮	−4.75	−1.68	—	—	—

注：$|\Delta E_1|$ 为含杂质方铅矿的 HOMO 与氧分子 LUMO 差值的绝对值；$|\Delta E_2|$ 为丁黄药的 HOMO 与含杂质方铅矿 LUMO 差值的绝对值；$|\Delta E_3|$ 为乙硫氮的 HOMO 与含杂质方铅矿 LUMO 差值的绝对值。

　　研究了 14 种杂质对闪锌矿前线轨道能量及其与黄药分子相互作用之间的影响，计算结果列于表 6−9 中。除铟杂质外，其余所有杂质都使黄药分子与闪锌矿之间的 $|\Delta E|$ 值减小，说明这些杂质的存在能增强黄药与闪锌矿之间的相互作用。其中，含铜闪锌矿与黄药分子之间的 $|\Delta E|$ 值最低(0.34 eV)，说明铜杂质的存在能极大增强闪锌矿与黄药之间的相互作用，含铜闪锌矿的可浮性大大提高，这与浮选实践相符。

表 6−9　杂质对闪锌矿前线轨道能量及其与捕收剂前线轨道相互作用的影响

	E_{HOMO}/eV	E_{LUMO}/eV	$|\Delta E|$/eV
丁黄药	−5.4	−2.22	
理想闪锌矿	−5.60	−2.70	2.70
含锰闪锌矿	−5.19	−3.59	1.81
含铁闪锌矿	−4.33	−3.59	1.81
含钴闪锌矿	−5.31	−3.50	1.90
含镍闪锌矿	−5.11	−4.18	1.22
含铜闪锌矿	−5.19	−5.06	0.34
含镉闪锌矿	−5.49	−3.43	1.97
含汞闪锌矿	−5.46	−3.46	1.94
含镓闪锌矿	−5.52	−2.96	2.44
含锗闪锌矿	−4.38	−3.11	2.29

续上表

	E_{HOMO}/eV	E_{LUMO}/eV	$\|\Delta E\|/eV$
含铟闪锌矿	-5.65	-2.43	2.97
含银闪锌矿	-5.25	-3.29	2.11
含锡闪锌矿	-4.44	-3.40	2.00
含铅闪锌矿	-4.90	-3.48	1.92
含锑闪锌矿	-5.46	-3.40	2.00

注：$\|\Delta E\|$为丁黄药的 HOMO 与矿含杂质闪锌矿 LUMO 差值的绝对值。

需要指出的是，以上讨论采用的是纯化学理论，即把矿物看成一个分子，而不是一个晶体，因此其结果虽然能够反应出晶格杂质原子本身对硫化矿物性质和浮选行为的影响，但由于没有考虑到固体物理的周期性势场的特性，其结果也必然具有局限性。矿物是一个具有点阵结构的晶体，特别是矿物表面的存在，使矿物结构更加复杂，单纯的分子理论是无法描述具有周期性的矿物晶体结构和表面结构，特别是无法描述硫化矿物能带结构，也就无法对硫化矿浮选电化学这一本质作出深层次的探讨。

6.5 晶格缺陷对硫化矿物表面性质的影响

6.5.1 空位缺陷的影响

空位缺陷是晶格缺陷中常见的一种缺陷，是由于组成晶体的局部原子缺失造成的位置空缺形成，它对晶体结构和性质具有显著的影响。如图 6-18 所示，理想方铅矿晶体是六配位结构，即一个铅原子与六个硫原子配位，一个硫原子则与六个铅原子配位，图 6-18(a) 是理想方铅矿表面，铅和硫原子都是五配位的(表面上方的键断裂，在平面图上只能看出四个配位，还有一个在表面内部与下层原子相连)；当方铅矿缺失一个铅原子后，成为如图 6-18(b) 所示的铅空位缺陷，在铅空位缺陷周围硫原子配位数比其他地方的硫原子要少一个；当方铅矿表面缺失一个硫原子后，形成如图 6-18(c) 所示的硫空位缺陷，在硫空位缺陷周围的铅原子少一个配位。由于空位缺陷出的原子配位数减少，原子剩余价键增多，原子活性会明显增强，另外空位缺陷还会导致表面空间结构发生畸变，也会改变矿物表面原子的活性。

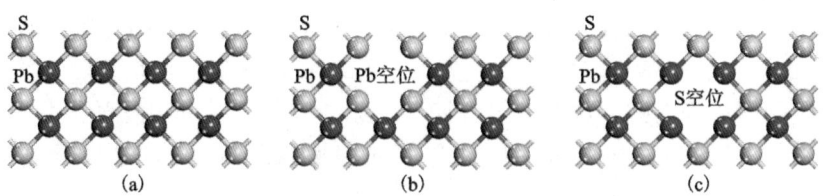

图 6 - 18　方铅矿表面阳离子空位和阴离子空位模型

(a)理想方铅矿表面；(b)铅空位缺陷；(c)硫空位缺陷

图 6 - 19、图 6 - 20 和图 6 - 21 显示了理想的及含锌空位和含硫空位闪锌矿 (110)表面的电子能带结构和态密度[21]。从图 6 - 19 的能带图上可见，在费米能级附近阳离子空位缺陷和阴离子空位铅缺陷具有不同的能带结构，其中锌空位闪锌矿在费米能级处出现了表面态能级，硫空位闪锌矿的带隙则明显减小。

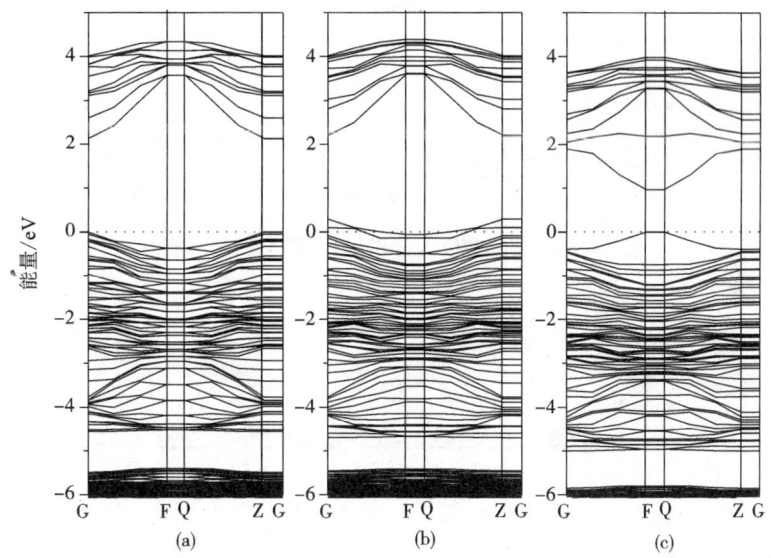

图 6 - 19　理想(a)、锌空位(b)和硫空位(c)的闪锌矿(110)面能带结构

从图 6 - 20 锌空位缺陷详细的分态密度可以看出，锌空位闪锌矿表面第一层的态密度在费米能级处出现了较明显的表面态，而第二层和第三层的态密度则没有，这是因为锌空位闪锌矿第一层锌空位处硫原子具有悬挂键，增强了硫原子的活性，而第二层和第三层的硫原子则处于饱和状态，没有剩余价键产生。图 6 - 21 是硫空位缺陷的态密度，从图可见第一层的 Zn 4s 能级明显比第二层和第三层要低，说明表面第一层 Zn 4s 轨道活性增强，这是因为表面第一层硫空位缺陷处的锌原子具有不饱和的悬挂键，锌 3d 轨道能级较深，活性较差，锌的 4s 轨道离费米能级较近，容易被空位缺陷激活。以上讨论表明，闪锌矿表面锌空位缺陷导致硫 3p 轨道活性增强，硫空位缺陷导致 Zn 4s 轨道活性增强。从浮选意义上来讲，闪锌矿表面锌空位增强了闪锌矿的无捕收剂浮选和电化学氧化（硫容易发生氧化），硫空位缺陷增强了闪锌矿表面与捕收剂分子的作用（锌原子活性强）。

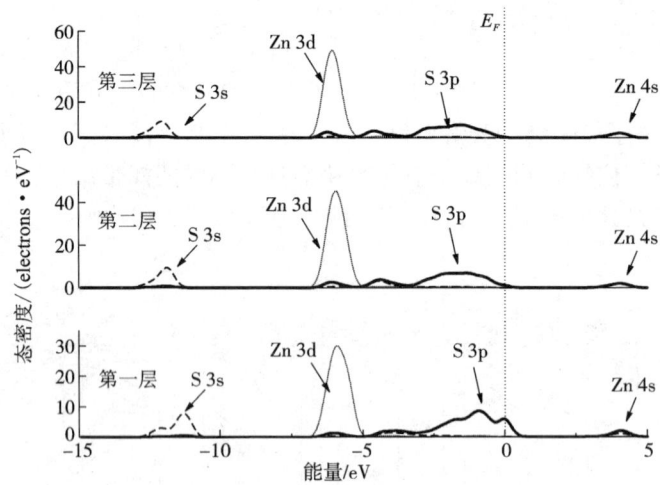

图 6 – 20 含锌空位闪锌矿 (110) 表面三层态密度

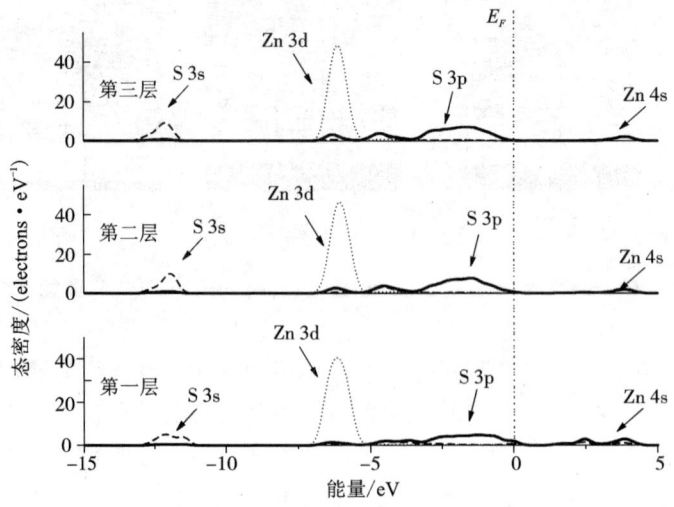

图 6 – 21 含硫空位闪锌矿 (110) 面表面三层态密度

　　图 6 - 22 是空位缺陷方铅矿表面态密度[22]，和闪锌矿结果类似，硫空位缺陷导致铅 6p 轨道在费米能级处分布增强，铅空位缺陷导致硫 3p 轨道在费米能级处分布增强，说明硫空位缺陷提高了铅原子活性，铅空位提高了硫原子活性。

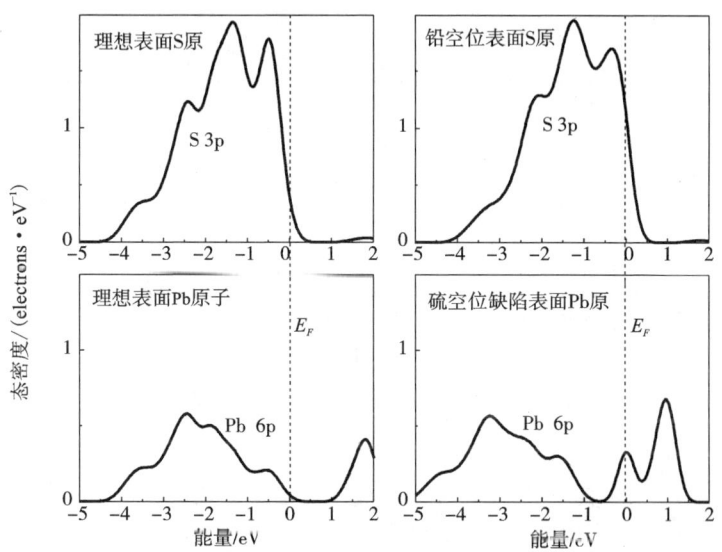

图 6 - 22　空位缺陷和理想方铅矿表面、表面硫原子及铅原子态密度

6.5.2　晶格杂质的影响

1）黄铁矿

　　图 6 - 23 ~ 图 6 - 26 显示了含钴、镍、铜、砷四种杂质的黄铁矿（100）表面态密度[23]。表面态中出现了主要由钴、镍和铜的 3d 态以及砷的 4p 态贡献的杂质缺陷态。四种杂质使表面层的总态密度明显穿过费米能级并且没有明显的带隙，黄铁矿表面具有似金属性质，导电性增强。

　　图 6 - 27 显示了杂质在黄铁矿表面上的自旋态密度，alpha 和 beta 分别表示自旋向上和自旋向下。在理想黄铁矿（100）表面上的五配位的 Fe 原子为低自旋态。Co 和 As 被预测为自旋极化态，这是因为它们的外层电子中有未成对电子，即外层电子构型分别为 $3d^7 4s^2$ 和 $4s^2 4p^3$。表面镍原子被预测为低自旋态，这与它的外层电子拥有偶数个电子的构型一致（外层电子构型为 $3d^8 4s^2$）；铜的外层电子构型为 $3d^{10} 4s^1$，它的 d 电子为占满状态，虽然有一个单 s 电子，但它替换铁原子后失去了较多的电子并带正电荷 $0.17e$，比表面铁、钴和镍的电荷（分别为

0.08、0.08 和 0.03）要高很多，它的价态为 Cu^+，外层电子构型为 $3d^{10}4s^0$，因而呈现低自旋态。

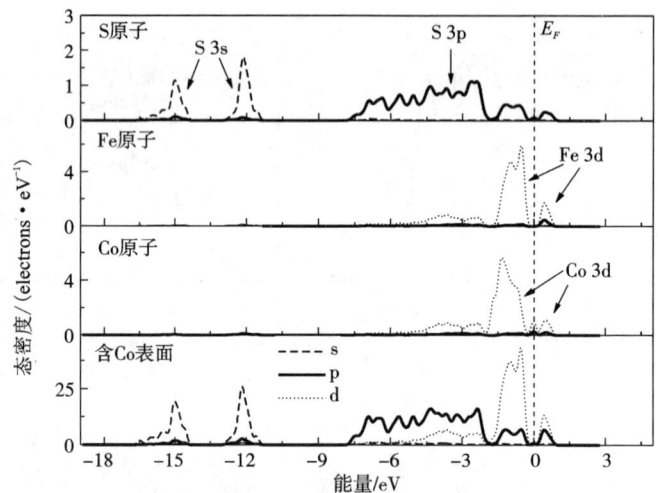

图 6 - 23　含钴杂质黄铁矿表面及原子态密度

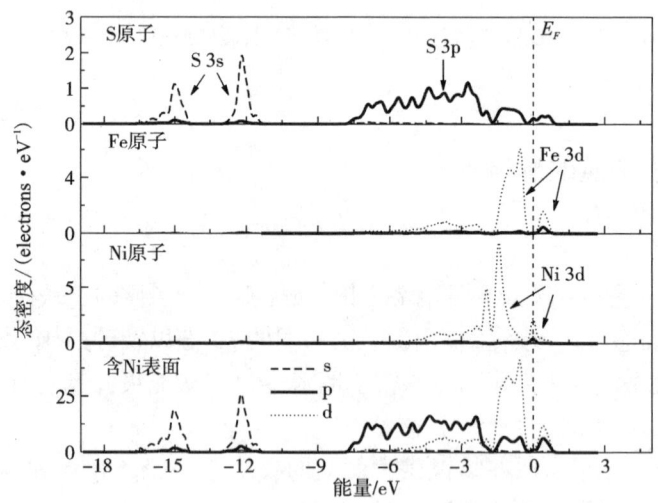

图 6 - 24　含镍杂质黄铁矿表面及原子态密度

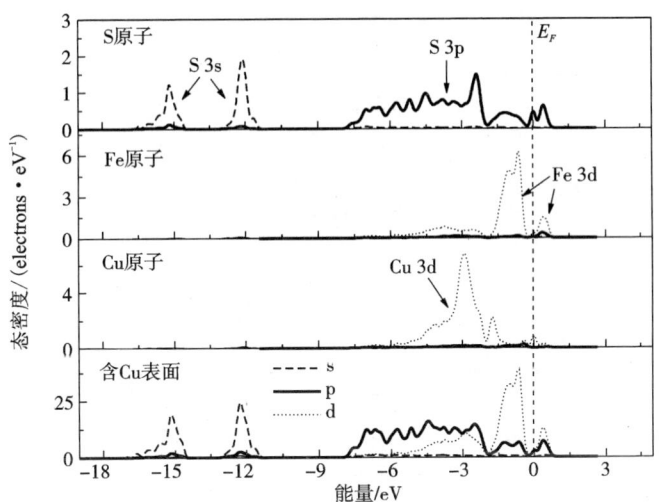

图 6-25 含铜杂质黄铁矿表面及原子态密度

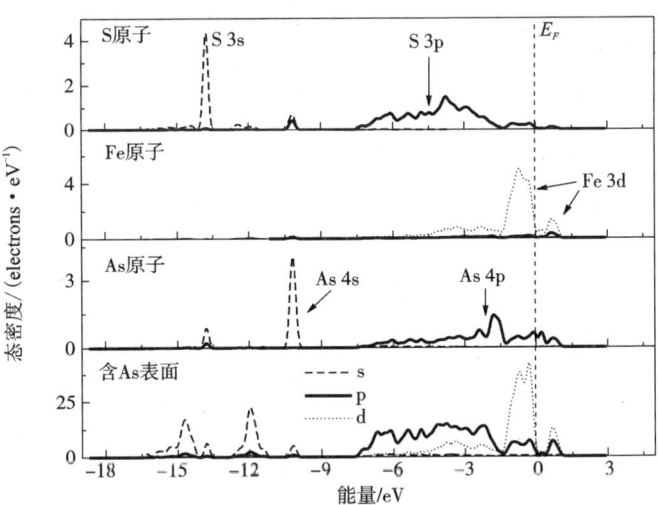

图 6-26 含砷杂质黄铁矿表面及原子态密度

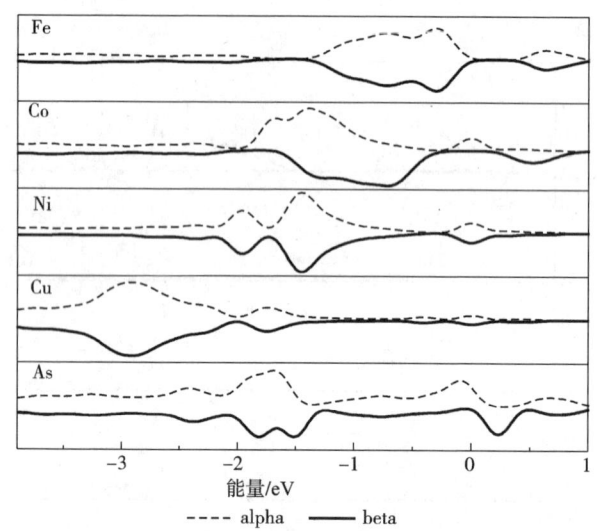

图 6-27　原子自旋态密度

2）闪锌矿

图 6-28~图 6-30 分别显示了含铁、锰、镉闪锌矿（110）面的态密度。闪锌矿表面含铁后费米能级处电子态密度有较大变化，同时在禁带中出现了由 Fe 3d 轨道组成的杂质能级。锰杂质对闪锌矿表面电子结构的影响与铁杂质的影响极为相似，在禁带中出现了由 Mn 3d 轨道组成的杂质能级。镉杂质对闪锌矿能带结构

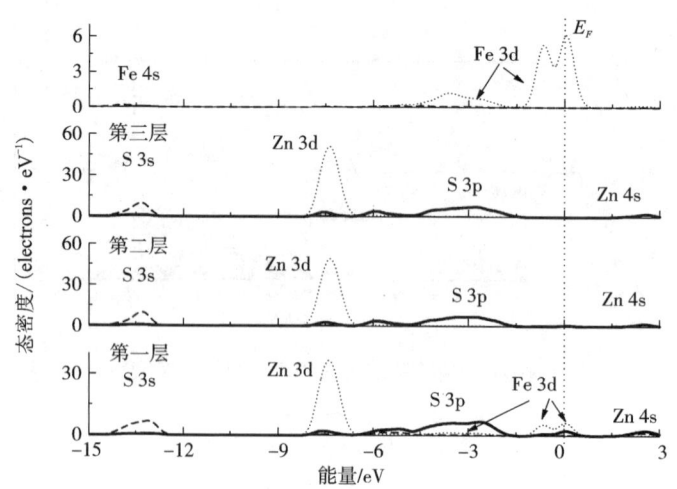

图 6-28　含铁闪锌矿表面三层态密度

的影响较小，费米能级处电子态密度变化较小，仅在深部价带出现了由 Cd 4d 轨道组成的杂质能级。

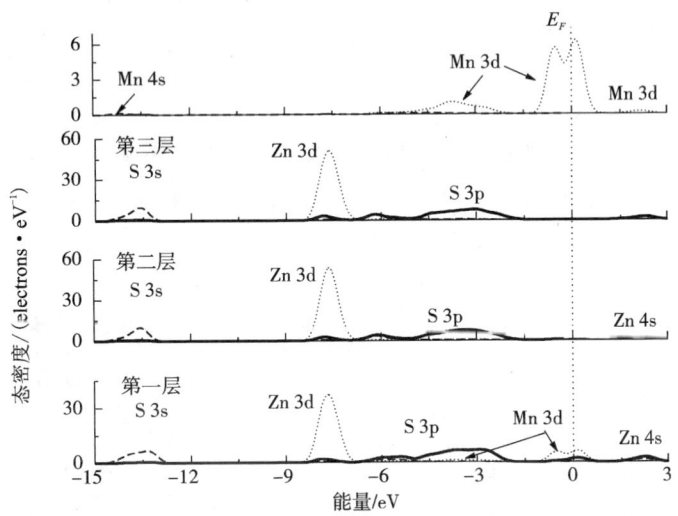

图 6 - 29　含锰闪锌矿表面三层态密度

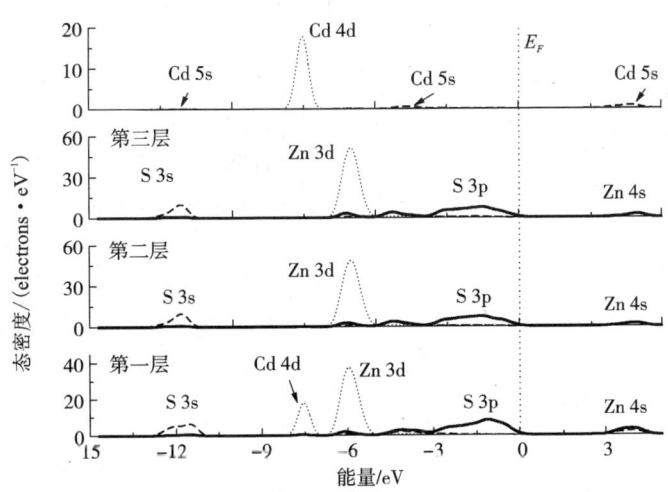

图 6 - 30　含镉闪锌矿表面三层态密度

6.5.3　表面电子分布

跟浮选药剂作用密切相关的是矿物表面最外层的原子，杂质原子的存在会改变矿物表面原子的电子分布，从而影响浮选药剂分子的作用。理想闪锌矿和含铁闪锌矿(110)表面第一层的 sp 态和 d 态电子分布如表 6 - 10 所示[24]。从表中可知，对于理想闪锌矿，与闪锌矿体相的 sp 电子数(64)和 d 电子数(80)相比，表面层 d 电子数减少至 79.8，而 sp 电子数增加到 65.4。这是由于表面之外没有原子，从而引起电子分布适当调整，在表面形成偶极层和相应的自洽表面势，使表面的 d 电子略微减少，sp 电子数增多。

当闪锌矿表面含有铁杂质时，与理想闪锌矿表面电子分布变化相反，表面层 d 电子数增加 0.76，而 sp 电子则减少 0.54，表明表面铁杂质的存在能够补偿周期性势场截断而引起自洽表面势，从而改变了表面 d 态和 sp 态电子的分布。

表 6 - 10　铁原子对闪锌矿(110)表面第一层原子的 sp 态和 d 态电子分布的影响

	体相			(110)面第一层		
	sp	d	总电子	sp	d	总电子
理想闪锌矿	64	80	144	65.52	79.84	145.36
含铁闪锌矿	64	76	140	63.46	76.76	140.22

图 6 - 31 和图 6 - 32 显示了含铁、锰、镉闪锌矿(100)表面的差分电子密度。由图可知，理想闪锌矿表面第一层原子电子向真空区发散，且只有表面第一层和第二层的锌原子之间有较强电子转移，闪锌矿表面原子间的电荷分布与体相不同。含铁、锰、镉杂质的闪锌矿表面第一层电子都向真空区延伸，铁和锰杂质的电子分布具有明显的方向性，而镉杂质的没有明显的方向性。铁、锰杂质的存在削弱了表面第一、二层原子间的相互作用，镉杂质的影响则较小。

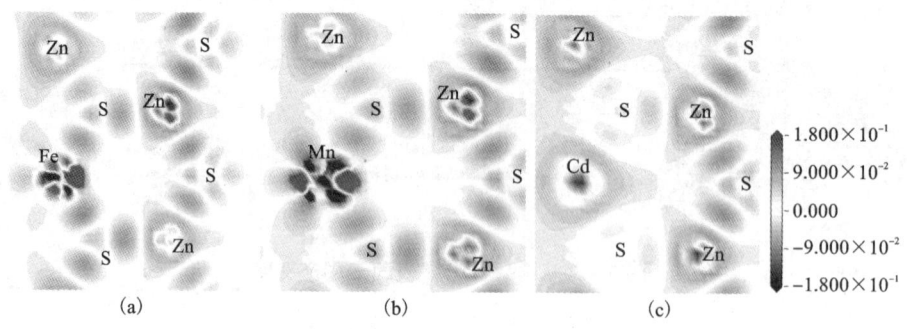

图 6 - 31　含铁(a)含锰(b)含镉(c)闪锌矿(110)表面差分电子密度

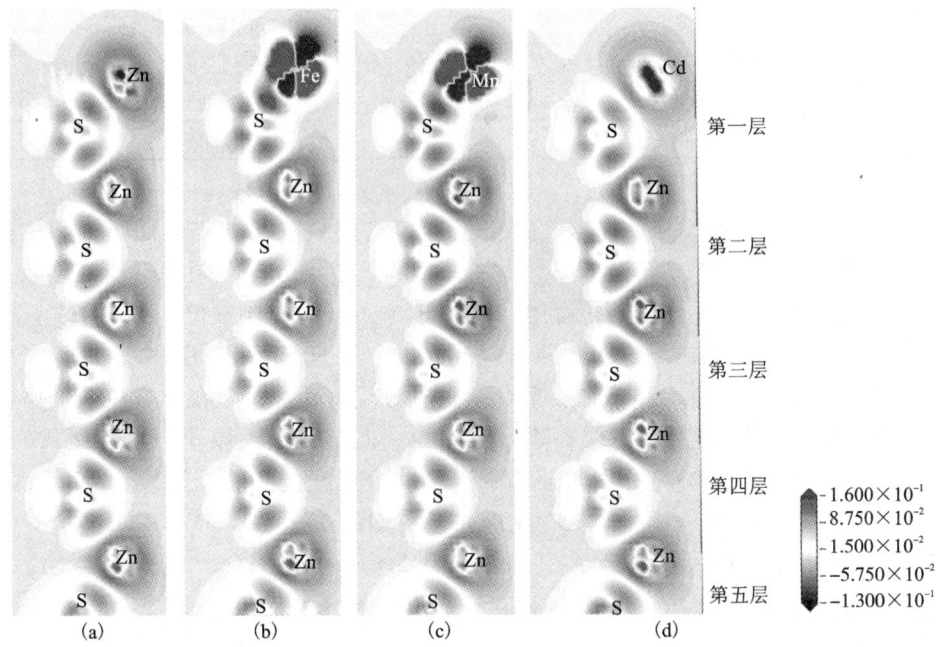

图 6 - 32　理想闪锌矿(a)及含铁(b)含锰(c)含镉(d)闪锌矿(110)表面五层差分电子密度

6.6　空位缺陷对硫化矿物表面吸附氧分子的影响

6.6.1　空位缺陷对黄铁矿吸附氧的影响

氧分子在含有空位缺陷黄铁矿(100)表面吸附的吸附能见表 6 - 11。由表可知,与在理想表面吸附相比(吸附能为 - 243.34 kJ/mol),铁空位缺陷的存在使氧分子在表面的吸附能升高(吸附能为 - 199.05 kJ/mol),而硫空位的存在使氧分子的吸附能降低(吸附能为 - 371.08 kJ/mol)。这表明铁空位的存在降低了黄铁矿表面对氧分子的吸附能力,铁空位减弱了氧对黄铁矿的氧化作用;而硫空位的存在增强了黄铁矿表面对氧分子的吸附能力,硫空位增强了氧对黄铁矿表面的氧化作用。这个现象可以根据硫铁比的变化来解释,铁空位的产生使表面硫铁比增大,表面硫原子密度增大,因而具有较大活性的铁位减少,所以表面对氧分子的吸附将减弱;而硫空位使表面硫铁比降低,具有较高活性的铁位密度增加,所以表面对氧的吸附增强。

表 6 – 11   空位缺陷对氧分子在黄铁矿表面的吸附能的影响

表面结构	吸附能/(kJ · mol⁻¹)
理想黄铁矿表面	– 243.34
铁空位黄铁矿表面	– 199.05
硫空位黄铁矿表面	– 371.08

图 6 – 33 显示了氧分子在含有铁空位和硫空位缺陷黄铁矿表面吸附后的构型，图中的数字为键长，单位为 Å。由图可以看出，氧分子在两种空位缺陷表面吸附后完全解离了。在铁空位表面解离的两个氧原子分别与缺陷附近一个三配位的硫原子(S1)和一个二配位的硫原子(S2)成键，并且 S1—O1 和 S2—O2 原子键长分别为 1.523 Å 和 1.496 Å，接近硫酸根中的硫—氧键长。在硫空位表面解离的一个氧原子(O1)分别与空位缺陷附近的两个四配位的铁原子(Fe1 和 Fe2)成键，而另一个氧原子(O2)分别与缺陷附近的一个三配位的硫原子(S1)和一个离缺陷稍远的五配位的铁原子(Fe3)成键，Fe1—O1、Fe2—O1、Fe3—O2 和 S1—2 的键长分别为 1.809 Å、1.815 Å、1.957 Å 和 1.614 Å。从计算结果可以看出，氧分子与硫空位缺陷表面的相互作用比在铁空位缺陷更大。

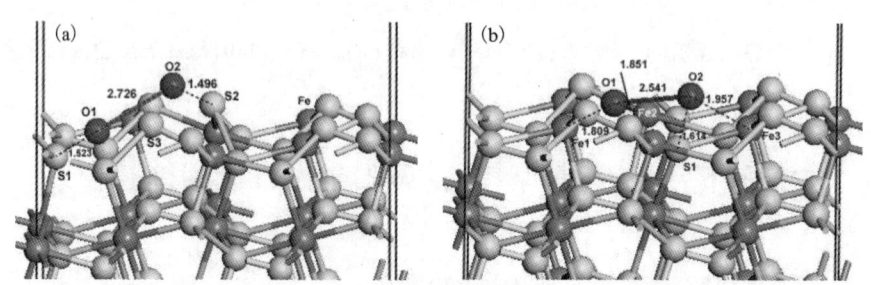

图 6 – 33   氧分子在含有铁空位(a)和硫空位(b)的黄铁矿表面的吸附构型和吸附键长(Å)

氧分子在含空位缺陷方铅矿表面的吸附能结果见表 6 – 12，由表可见空位缺陷能够促进氧气分子在方铅矿表面的吸附，其中在硫空位缺陷上氧分子吸附作用最强。

表 6 – 12   空位缺陷形成能及氧分子在含空位缺陷方铅矿(100)面的吸附能

表面结构	空位形成能/(kJ · mol⁻¹)	氧分子吸附能/(kJ · mol⁻¹)
理想方铅矿表面		– 114.84
铅空位方铅矿表面	682.26	– 175.63
硫空位方铅矿表面	627.25	– 303.01

在图 6 - 34 中, 标出的数字为相应两原子之间的键长。由图可知, 氧分子在理想方铅矿和铅空位表面吸附位置与构型相似, 吸附后两个氧原子的键长分别为 0.2698 nm 和 0.3055 nm, 与自由氧分子的键长 0.1241 nm 相比较, 氧分子都发生了解离, 并与表面的硫原子成键。理想表面的氧—硫键长分别为 0.1644 nm 和 0.1647 nm, 铅空位表面的氧—硫键长分别为 0.1549 nm 和 0.1556 nm, 表明氧原子与铅空位表面的硫原子之间的键合更为紧密, 氧化更强。氧分子在硫空位表面吸附后没有发生解离, 氧—氧键长为 0.1509 nm, 氧原子只与铅原子键合, 成键的铅原子中有表面第一层硫空位周围的三个铅原子(Pb2、Pb3、Pb4)和第二层硫空位对应位置下的一个铅原子(Pb5)。

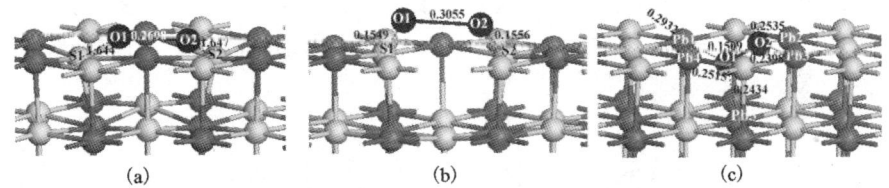

图 6 - 34　氧分子在理想方铅矿及其空位表面(100)面的平衡吸附构型
(a)理想表面; (b)铅空位表面; (c)硫空位表面

从键的电子密度图可以清楚地看到氧原子与表面硫和铅原子之间的成键, 如图 6 - 35 所示, 白色表示电子密度为零, 另外图中的数字为键的 Mulliken 布居, 布居值越大表明键的共价性越强, 布居值越小说明键的离子性越强。从图 6 - 35 (a)和(b)可以看出, 在理想方铅矿和铅空位表面氧原子与硫原子之间的电子云重叠较大, 表明它们之间形成较强的共价性, 而铅空位表面的 O—S 键的共价性更强, 键的布居值也比理想表面的大。而从图 6 - 35(c)与(d)可知, 硫空位表面

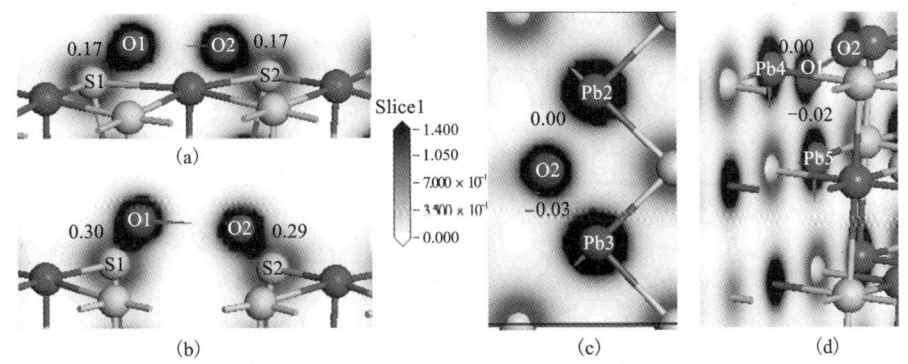

图 6 - 35　吸附氧分子后方铅矿表面的电子密度
(a)理想表面; (b)铅空位表面; (c)硫空位表面顶位视图; (d)铅空位侧位视图杂质的影响

上的氧原子与其周围的铅原子电子云几乎没有重叠，键的布居值为零或是近似等于零，说明它们之间没有形成共价键，而是形成比较完美的离子键。

6.6.2 空位缺陷对闪锌矿吸附氧的影响

对于理想闪锌矿，由于其禁带宽度达到 3.6 eV，是一种绝缘体，没有电化学活性，黄药和氧分子不能与其发生电化学反应，因此一般认为理想闪锌矿不能浮选。对理想闪锌矿(110)表面吸附氧分子的情况进行了计算模拟，吸附位置见图 6-36，吸附结果见表 6-13。结果表明氧分子在理想闪锌矿(110)表面六种不同吸附位置上的吸附能都为正值，说明理想闪锌矿表面不能与氧分子发生吸附作用，与其相匹配的黄药氧化为双黄药的阳极反应也不能发生。但天然闪锌矿都不是完美的，都存在缺陷，表面缺陷能够成为氧的吸附活性中心，从而促进氧分子的吸附。

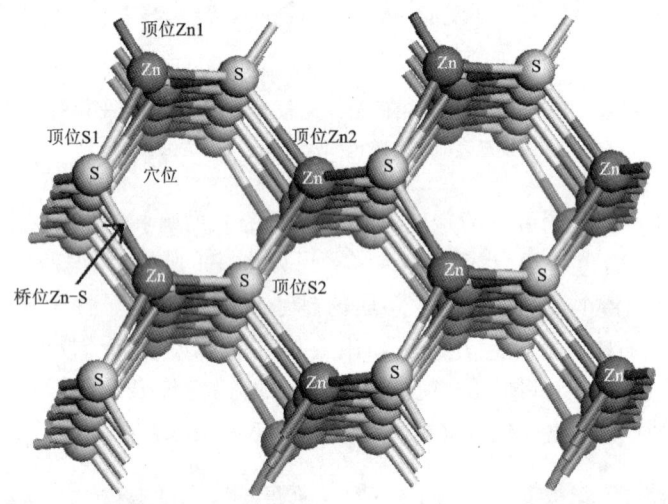

图 6-36 氧分子在理想闪锌矿(110)表面吸附位置示意图

表 6-13 氧分子在闪锌矿(110)表面的吸附能

吸附位	吸附能/(kJ·mol^{-1})
锌顶位 1 (Top Zn1)	136.05
锌顶位 2 (Top Zn 2)	243.15
硫顶位 1 (Top S1)	153.42
硫顶位 2 (Top S2)	182.37
锌硫键桥位 (Bridge Zn—S)	45.35
穴位 (Hole)	76.23

　　氧分子在含有锌空位和硫空位的闪锌矿表面的吸附能及吸附构型参数列于表 6－14，吸附几何构型分别如图 6－37（a）和（b）所示[25]。由表中结果可知，空位缺陷的存在对闪锌矿表面吸附氧分子有显著促进作用，氧分子在表面的吸附能均为负值，说明氧分子在含空位缺陷的闪锌矿表面发生了较强的化学吸附。含硫空位表面与氧分子发生了强烈的化学吸附作用，吸附能达到了 －408.25 kJ/mol，氧分子与含锌空位表面的吸附作用也比较强，吸附能为 －218.55 kJ/mol。O—O 键长的计算结果表明，吸附后氧分子 O—O 键长相对于自由氧分子（1.224 Å）都变长了，说明氧分子在含空位缺陷的闪锌矿表面发生了解离。由图 6－37 可知，氧分子在含空位缺陷的闪锌矿表面的最稳定吸附方式是在锌缺失空位和硫缺失空位吸附，氧分子中的两个氧原子分别与两端的锌原子或硫原子发生解离吸附。

表 6－14　氧分子在含有锌空位、硫空位的闪锌矿（110）面的吸附参数

吸附参数	锌空位表面	硫空位表面
$E_{ads}/(\text{kJ} \cdot \text{mol}^{-1})$	－218.55	－408.25
$R_{O—surface}/\text{Å}$	1.552	1.927
$R_{O—O}/\text{Å}$	1.538	1.544

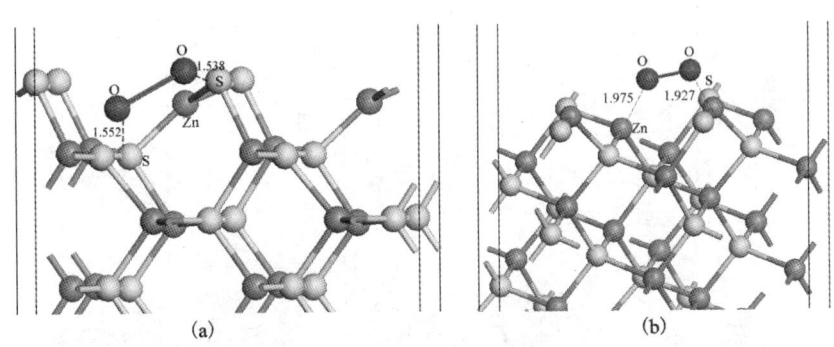

图 6－37　氧分子在含锌空位（a）和含硫空位（b）闪锌矿（110）表面吸附后的构型

6.7　杂质对方铅矿表面的能带结构与氧分子吸附的影响

　　方铅矿的半导体类型在其氧化及与黄药反应中起到重要作用。Eadington 等人研究了方铅矿的氧化并得出结论[26]：p 型方铅矿比 n 型方铅矿氧化得更快。Plaksin 等人研究了半导体类型对黄药在方铅矿表面吸附的影响[27-28]，结果表明：氧气在方铅矿表面的化学吸附可以使方铅矿的半导体类型从 n 型变为 p 型，并且

氧气在方铅矿表面的吸附有利于黄原酸盐阴离子在方铅矿表面上氧化成为一种疏水产物。Richardson 等人也指出相对于 n 型方铅矿表面，黄药更容易吸附在 p 型方铅矿表面上[29]。

杂质在方铅矿表面的存在不仅可以改变方铅矿的半导体类型，而且可以作为氧气的吸附活性中心。下面重点讨论铜、锰、银、铋对方铅矿表面能带结构和氧吸附的影响。

6.7.1 杂质对方铅矿能带结构的影响

杂质的存在可以改变方铅矿的半导体类型，理想方铅矿及含铜、银、锰、铋杂质方铅矿的电子能带结构如图 6 - 38 所示。由图可见，和理想方铅矿表面能带相比，在含杂质方铅矿表面的禁带中都可以发现杂质能级，其中含银和锰方铅矿的杂质能级和费米能级接近，含铜方铅矿表面杂质能级在 -0.5 eV 左右，含铋方铅矿表面杂质能级在 -12 ~ -9 eV。含银、铜的方铅矿表面的能带结构和理想方铅矿类似，并且都为 p 型。而锰、铋杂质的存在使得方铅矿的半导体类型变为 n 型，并且费米能级进入了导带，导致含锰、铋杂质方铅矿表面出现简并态。杂质对半导体类型的影响取决于杂质原子价电子构型，银和铜具有相似的外层电子构型：Ag $4d^{10}5s^1$ 和 Cu $3d^{10}4s^1$，在方铅矿掺杂中作为电子受主(Acceptor)，能够增

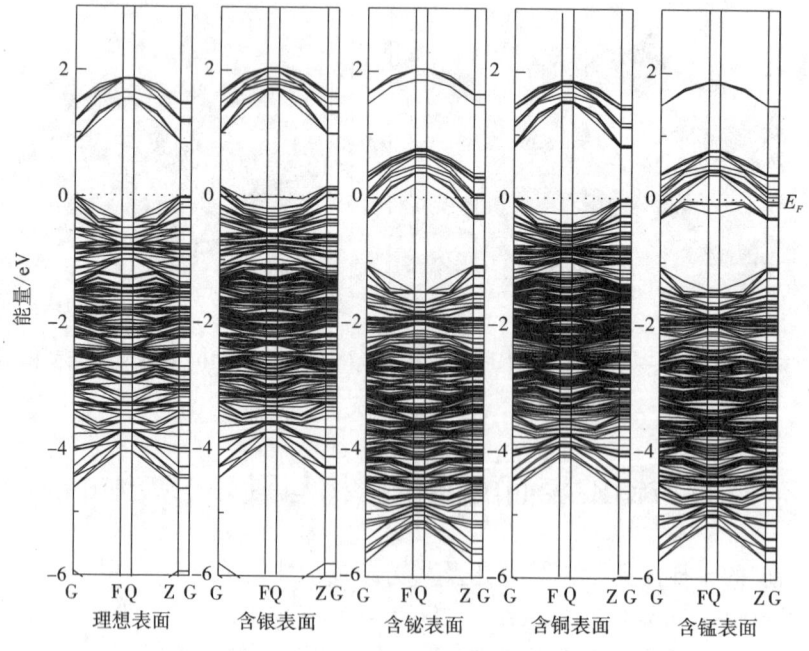

图 6 - 38 含杂质方铅矿表面能带结构

大价带上空穴浓度，使方铅矿表面显示 p 型半导体特征。锰和铋原子的外层电子构型为：Mn $3d^5 4s^2$ 和 Bi $6s^2 6p^3$，在方铅矿掺杂中作为电子施主（Donor），能够增大导带上电子浓度，使方铅矿表面显示 n 型半导体特征。

　　p 型方铅矿表面有利于氧气吸附，而 n 型半导体的方铅矿表面不利于氧气吸附，因此，含铜、银杂质的方铅矿表面相比于含锰、铋杂质的方铅矿表面更有利于氧气的吸附。从半导体能带理论分析，氧具有很大的电负性（3.5），可以看作是电子受体，在 n 型半导体上吸附时，氧能够夺取导带中的自由电子，导致导带中电子数减少，使 n 型半导体的电导率下降，阻碍了氧的进一步吸附。相反氧在 p 型半导体上吸附，氧起到表面受主的作用，相当于增加了受主杂质，氧可以接受价带跃迁来的电子，使价带上的空穴数量增加，导电率上升，有利于氧的进一步吸附。

　　含杂质方铅矿表面电子总态密度如图 6 - 39 所示。由图可见 n 型方铅矿表面（含铋杂质和含锰杂质）电子态密度比 p 型方铅矿表面（理想方铅矿和含银、含铜方铅矿）要负一些，说明 n 型方铅矿表面电子能级比 p 型要低，也就是说 n 型方铅矿表面电子能级相对稳定，p 型方铅矿表面电子相对活跃，氧原子具有较强的得电子能力，因此 p 型方铅矿表面比 n 型表面更有利于吸附氧。

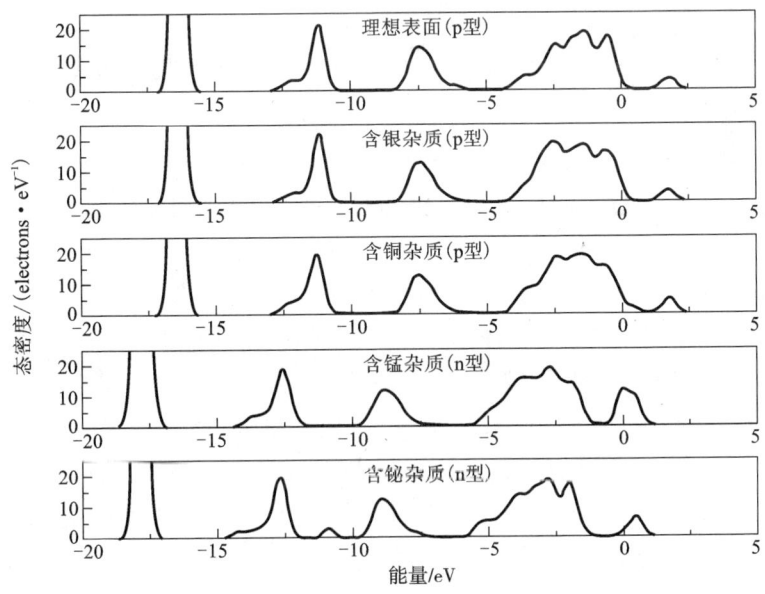

图 6 - 39　含杂质方铅矿表面电子总态密度

6.7.2 吸附能与吸附构型

氧气在含杂质方铅矿表面的吸附构型如图 6-40 所示，图中的数值代表两个原子间的距离（键长）。当氧原子之间的键长大于 0.170 nm 时氧分子发生解离（氧分子的键长是 0.121 nm），由图 6-40 可见所有吸附在含杂质方铅矿表面的氧分子都发生了完全解离，并且氧气在含铜、锰、银杂质表面的解离程度强于在理想方铅矿与含银方铅矿表面的解离。

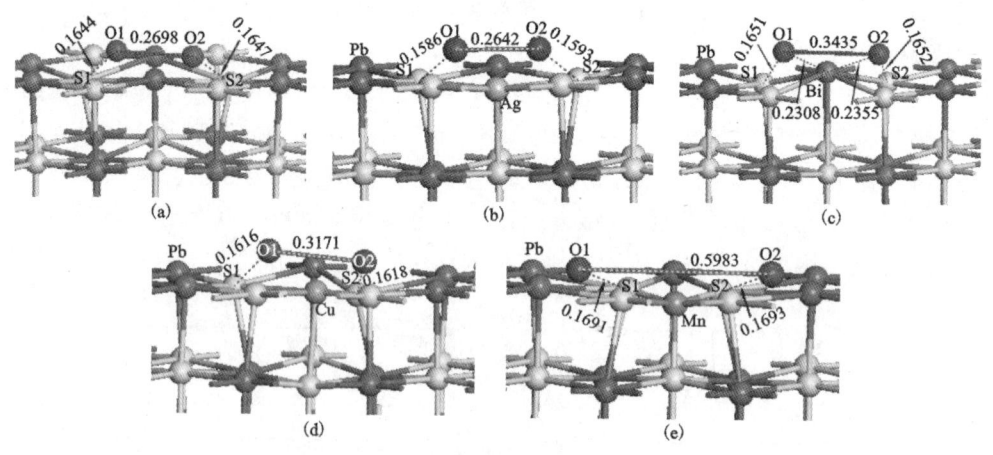

图 6-40　氧气在理想方铅矿（a），含银方铅矿（b），含铋方铅矿（c），
含铜方铅矿（d），含锰方铅矿（e）表面上的吸附构型

如图 6-40 所示，理想方铅矿表面的氧硫键的键长是 0.1644 nm，而含银、铜、铋、锰方铅矿表面的氧硫键的键长分别是 0.1586 nm, 0.1616 nm, 0.1651 nm 和 0.1691nm。从氧硫的键长数据可以得到两个结论：①氧原子与方铅矿表面硫原子的键长都小于氧原子与硫原子的共价半径之和 0.175 nm，说明氧原子与理想方铅矿和含杂质方铅矿表面上的硫原子都成键；②含银与铜杂质方铅矿表面上的氧硫键的键长（0.1586 nm, 0.1616 nm）小于理想方铅矿表面氧硫键的键长（0.1644 nm），而含锰、铋杂质方铅矿表面氧硫键的键长（0.1651 nm, 0.1691 nm）则大于理想方铅矿表面氧硫键的键长，说明氧原子与含银和铜杂质方铅矿表面硫原子的作用比含锰和含铋杂质方铅矿表面要强。根据上一节的能带结构分析，含铜和含银杂质方铅矿表面是 p 型半导体，含锰和含铋杂质方铅矿表面是 n 型半导体，键长的数据表明 p 型方铅矿表面能够增强氧原子与硫原子作用，有利于表面

氧化,而 n 型方铅矿表面则会削弱氧原子与硫原子作用,不利于表面氧化。

表 6 – 15 半导体类型与氧气在含杂质方铅矿表面的吸附能

方铅矿表面	半导体类型	吸附能/(kJ·mol^{-1})
理想表面	p	– 114.82
含铜杂质	p	– 175.60
含银杂质	p	– 129.29
含铋杂质	n	– 158.24
含锰杂质	n	– 80.08

表 6 – 15 列出了理想方铅矿表面以及含铜、银、铋、锰杂质的方铅矿表面的吸附能数据,从表可见,含杂质方铅矿表面与理想方铅矿表面相比,铜、银、铋杂质的存在增强了氧分子在方铅矿表面的吸附,而锰杂质的存在削弱了氧分子的吸附。如上所述,含铜、银杂质的方铅矿表面是 p 型半导体,而含铋、锰杂质的方铅矿表面是 n 型半导体,符合 p 型方铅矿表面有利于氧气吸附,n 型半导体表面不利于氧气吸附这一规律,但含铋杂质的方铅矿表面却是个例外,这反常现象可以用氧气在含铋杂质的方铅矿表面的吸附构型来解释。

从图 6 – 40(b)、(d)和(e)可以发现氧原子与铜、锰、银原子都未成键,因此,氧分子在它们表面上的吸附强度取决于氧原子与硫原子的相互作用。对于含铋方铅矿表面,如图 4(c)所示,Bi—O1 和 Bi—O2 的键长分别是 0.2308 nm 和 0.2355 nm,与氧原子与铋原子的共价半径之和(0.227 nm)相近,说明氧原子与铋原子成弱共价键,正是这个共价键的存在增强了氧气与含铋杂质方铅矿表面的作用。需要说明的是 n 型含铋方铅矿表面氧的吸附涉及两种作用,即氧与硫原子以及氧与铋原子的作用,其中氧与硫原子的作用由于 n 型半导体的缘故被削弱了,而氧原子与铋原子的作用增强了氧在含铋方铅矿表面的吸附,因此氧在含铋方铅矿表面总的吸附作用增强了。在下一节的分析中将看到氧原子与铋原子轨道间存在明显杂化作用。

6.7.3 氧分子在含杂质方铅矿表面吸附的态密度分析

杂质原子的存在会影响与其相连的硫原子与氧原子的相互作用。图 6 – 41 显示了含杂质方铅矿表面上的氧—硫键的态密度。一般来说,对于金属和窄禁带半导体，最重要的成键作用发生在费米能级附近，因此只考虑 $-7.5 \sim 2.5$ eV 处电子态密度。理想方铅矿表面氧 2p 轨道和硫 3p 轨道的成键作用 $-5.57 \sim -0.63$ eV，反键作用 $-0.63 \sim 0.48$ eV。含银、含铜和含铋杂质方铅矿表面上氧原子 2p 轨道和硫原子 3p 轨道的成键和反键作用和理想方铅矿表面相似，但含铋杂质方铅矿表面费米能级附近的态密度峰明显向负能量方向移动，含铜和含银杂质方铅矿表面氧 2p 轨道和硫 3p 轨道在费米能级处完全重叠，含锰杂质方铅矿表面费米能级处态密度峰消失，在 $-7.286 \sim -6.384$ eV 和 $-2.004 \sim 0$ eV 处出现两个弱峰。

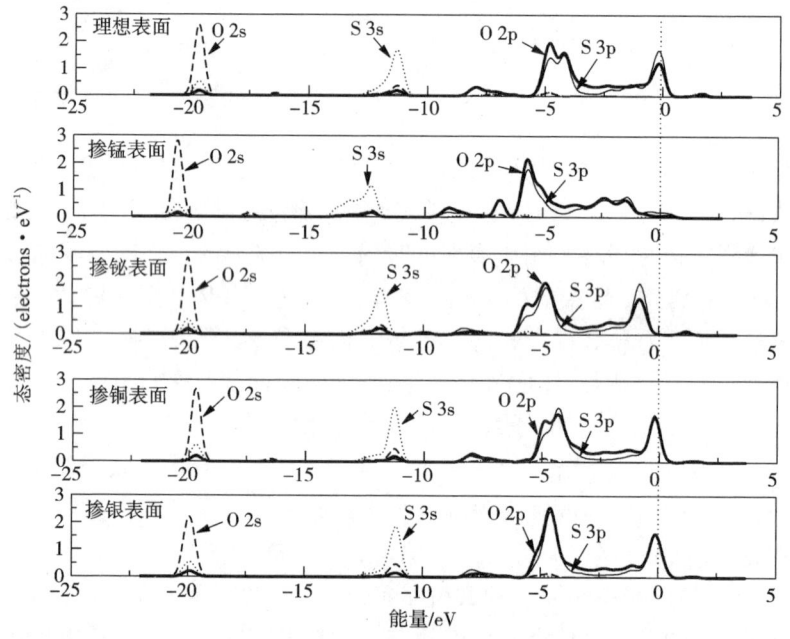

图 6 - 41　杂质的存在对方铅矿表面氧硫键态密度的影响

图 6 - 42 显示了方铅矿表面氧原子与杂质原子作用的态密度结果。由图 6 - 42(a) 可见，氧分子吸附后，Bi 6p 和 O 2p 的态密度峰变得宽化了，说明铋原子和氧原子发生了作用，其中 $-6 \sim -0.5$ eV 是 Bi 6p 和 O 2p 的成键作用，$-0.5 \sim 1.8$ eV 是 Bi 6p 和 O 2p 的反键作用，成键作用明显强于反键作用，表明铋原子与氧原子之间一定强度的成键作用。从图 6 - 42(b)，(c)，(d) 可见，其他几个杂质与氧原子之间的反键作用明显要强于成键作用，说明氧原子没有和银、铜和锰杂质成键。

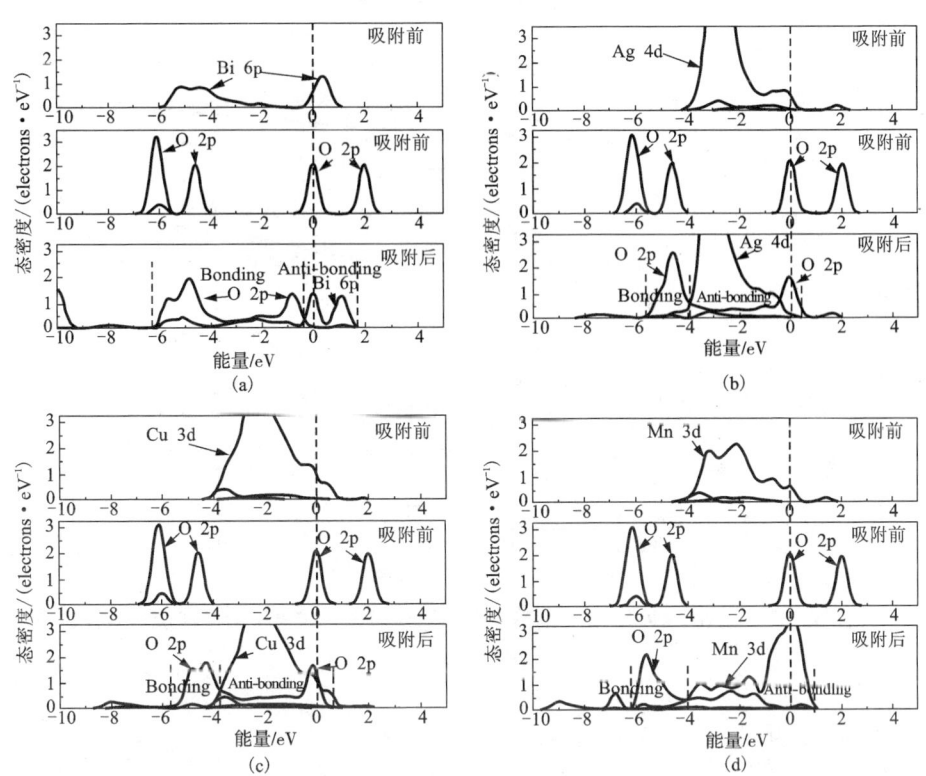

图 6-42　方铅矿表面氧原子与铋杂质(a)，银杂质(b)，铜杂质(c)和锰杂质(d)作用的态密度

6.7.4　含杂质方铅矿表面氧化的电化学行为

采用化学沉淀法合成了不同杂质的方铅矿，在 pH 9.18 的缓冲液中进行电化学测试，结果见图 6-43。由图可见，理想方铅矿在 0.2 V 附近有一个氧化峰，掺杂方铅矿的氧化峰位置则发生了很大变化，说明杂质能够影响方铅矿表面氧化。含锰杂质方铅矿的循环伏安曲线上没有出现氧化峰，说明锰杂质能够抑制方铅矿的氧化；含铋杂质方铅矿的循环伏安曲线和不含杂质方铅矿类似，说明含铋杂质方铅矿的氧化接近理想方铅矿；含铜和含银杂质方铅矿的氧化峰明显强于理想方铅矿，说明银和铜杂质促进了方铅矿的氧化。另外含铜、含银和含铋杂质方铅矿的循环伏安曲线上出现了两个氧化峰，说明杂质有可能作为活性中心参与了氧化反应。

Chernyshova 认为方铅矿的氧化是从空穴与方铅矿作用开始[30]：

$$PbS + 2xh^+ \longrightarrow Pb_{1-x}S + xPb^{2+} \tag{6-1}$$

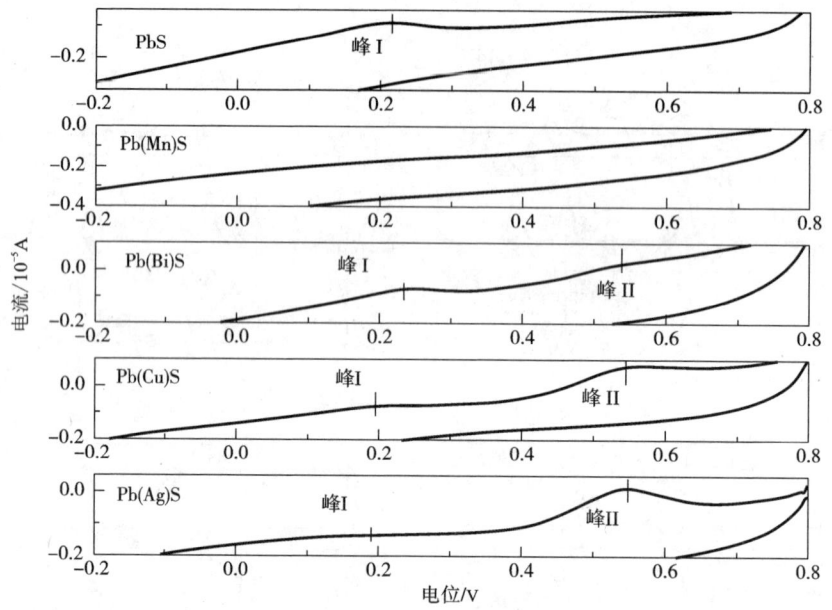

图 6 - 43 在 pH = 9.18 缓冲溶液中含不同杂质方铅矿电极的循环伏安曲线

(扫描速率: 0.1 V/s)

然后方铅矿的 -2 价硫被空穴氧化成元素硫:

$$PbS + 2h^+ \longrightarrow Pb^{2+} + S^0 \tag{6-2}$$

随后方铅矿表面与水和二氧化碳再继续反应,形成方铅矿的深度氧化。从式 (6-1) 和 (6-2) 可以看出较高的空穴浓度有利于方铅矿氧化的初始反应的进行。通常 p 型半导体中载流子以空穴为主,n 型半导体则以电子为主,因此 p 型半导体有利于方铅矿氧化的进行,n 型则不利于方铅矿氧化的进行。前面的计算结果表明含铜和含银杂质方铅矿表面是 p 型半导体,氧分子的吸附能也更负一些,这与在含铜和含银杂质方铅矿的循环伏安曲线上可以观察到明显的氧化峰一致。对于同为 n 型半导体的含锰和含铋杂质方铅矿表面,吸附能计算结果显示铋杂质有利于氧吸附,锰杂质不利于氧吸附,这也与循环伏安曲线的结果完全一致:含铋杂质方铅矿有明显的氧化峰,含锰杂质方铅矿循环伏安曲线上没有任何氧化峰出现。锰杂质完全抑制了方铅矿表面氧化,属于典型的 n 型半导体不利于氧吸附的类型;含铋杂质方铅矿,虽然为 n 型半导体,但由于铋杂质的存在,促进了方铅矿表面的氧化。锰和铋原子之所以出现这么大的区别主要是因为它们的价电子构型不同,锰为 $3d^5 4s^2$,铋为 $6s^2 6p^3$。电子态密度计算结果表明锰 3d 轨道和氧 2p 轨道之间几乎没有相互作用,而铋 6p 轨道和氧 2p 轨道之间存在较强的相互作用,这可能与杂质原子在方铅矿晶体中轨道的取向和能量有关,锰 3d 轨道和氧

2p 轨道之间不匹配,而铋 6p 轨道和氧 2p 轨道容易发生匹配作用。

6.8　含杂质闪锌矿的活化与捕收作用

　　杂质对闪锌矿的半导体性质和浮选行为有显著的影响,不含杂质的理想闪锌矿带宽为 3.6 eV,是一种绝缘体,不能与氧气和黄药发生作用,可浮性很差。含有杂质的闪锌矿(铜活化可看成杂质的一种)能够改变闪锌矿半导体能带结构,提高闪锌矿的导电性,改善闪锌矿的电化学反应活性,同时杂质原子又可作为药剂吸附活性中心,提高了闪锌矿表面吸附活性。本节重点考察了铁、铜、镉几种常见杂质原子对闪锌矿可浮性和吸附活性的影响。

6.8.1　杂质对闪锌矿表面能带结构的影响

　　含杂质闪锌矿表面能带结构如图 6 - 44 所示,理想闪锌矿表面的半导体是 p 型,为空穴导电,铁杂质改变了闪锌矿表面半导体类型,变成了 n 型,为电子导电。另外在费米能级附近出现了铁杂质能级,该杂质能级靠近导带,能够作为空穴捕获中心,向导带激发电子,提高闪锌矿的导电性。杂质能级捕获导带空穴的能带模型见图 6 - 45。

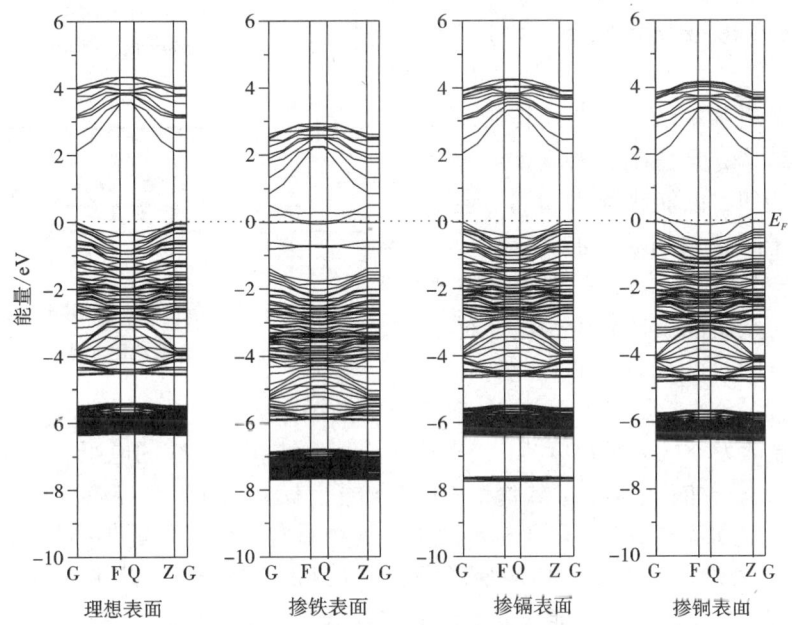

图 6 - 44　含杂质闪锌矿表面带结构

在图 6-45 中，杂质能级用离导带底 E_C 为 ΔE_D 处的短线表示，每一条短线段对应一个施主原子。在杂质能级 E_D 上的黑点表示被杂质束缚的电子，这时杂质电子处于束缚态，在导带中的黑点表示跃迁到导带中的电子，⊕表示杂质电子跃迁后带正电荷，相当于杂质捕获了空穴。由于导电附近的杂质能级成为导带空穴的捕获中心，增加了导带的电子浓度，提高了半导体的电子导电性。闪锌矿铁杂质含量与导电性的关系见图 6-46，由图可见铁杂质越高，闪锌矿的导电率越大[31]。

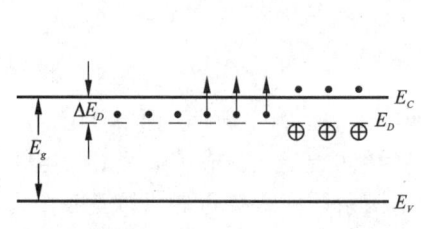

图 6-45　杂质能级作为空穴
捕获中心向导带激发电子模型

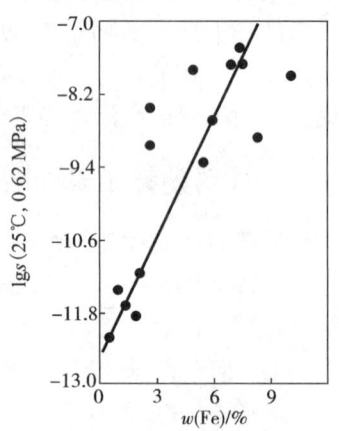

图 6-46　闪锌矿中铁含量
对其导电性的影响

铜杂质基本没有改变闪锌矿表面的能带结构，但是在费米能级处出现了杂质能级，该能级靠近价带，能够作为电子跃迁的捕获中心，有利于提高价带空穴浓度，增强闪锌矿的 p 型导电性。杂质能级捕获价带电子的能带模型见图 6-47。在杂质能级 E_A 上

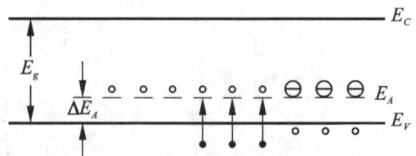

图 6-47　杂质能级作为电子捕获
中心向价带激发电子模型

的圆圈，表示被杂质束缚的空穴，在价带中的圆圈表示跃迁到价带中的空穴，⊖表示杂质激发空穴后带负电荷，或者说杂质能级捕获了价带的电子。由于价带处杂质成为电子捕获中心，导致价带中空穴增多，提高了 p 型半导体导电性。

由于镉和锌的最外层电子构型相同，镉杂质对闪锌矿的能带结构没有影响，态密度上发现在价带 -7.38 eV 处形成了一个新的态密度峰，这主要是由镉的 4d 轨道组成。由于该杂质峰能级处于能级比较深的位置，不容易被激发，电子活性相对较弱，因此镉杂质对闪锌矿的导电性影响不大。

从刚才的讨论中可以知道，铁杂质增强了闪锌矿表面 n 型导电能力，不利于氧的

吸附, 铜杂质增强了闪锌矿表面 p 型导电能力, 有利于氧的吸附。镉杂质没有改变闪锌矿的能带结构, 其对浮选的影响有可能取决于表面镉原子与黄药的反应活性。

6.8.2　杂质对闪锌矿浮选行为的影响

图 6-48 是不同掺杂浓度的铁、铜和镉杂质对闪锌矿浮选回收率的影响。由图 6-48(a)可见, 不加硫酸铜活化时, 含铜闪锌矿和含镉闪锌矿的可浮性随着杂

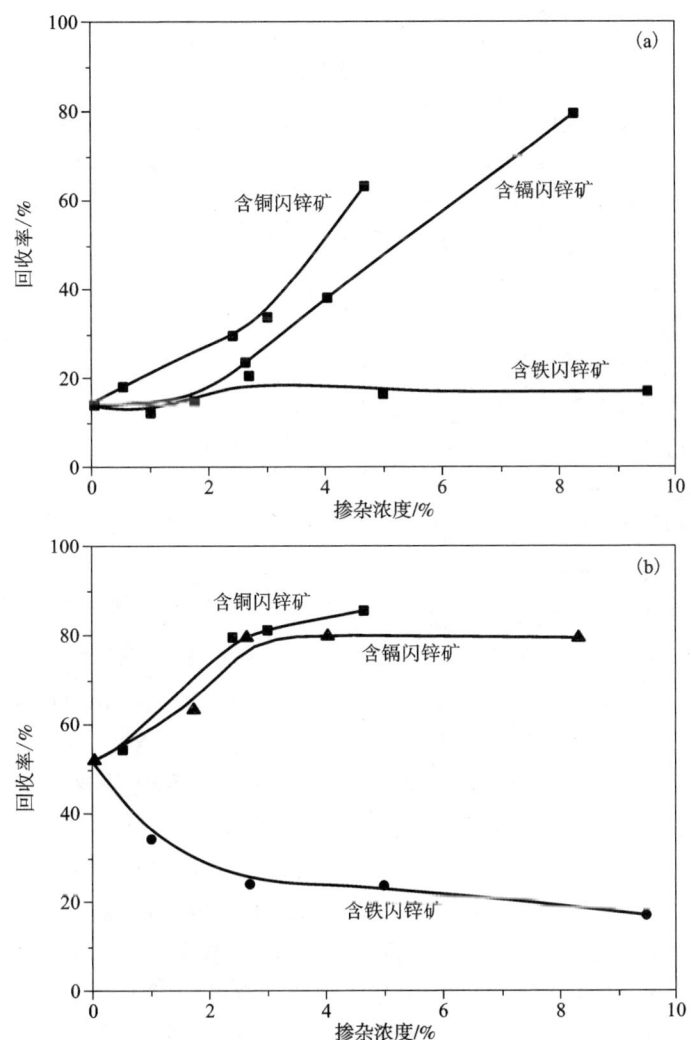

图 6-48　丁黄药为捕收剂时, 杂质对闪锌矿浮选回收率的影响

(a)未活化；(b)铜活化

质含量增加而增加，含锰闪锌矿的可浮性较差。从化学作用来看，丁黄药与铜、镉和铁离子的 K_{sp} 分别为：4.7×10^{-20}、2.08×10^{-16}、8.0×10^{-8}，而丁黄药和锌离子的 K_{sp} 为 3.7×10^{-11}，浮选结果和 K_{sp} 数据基本一致，铜镉杂质增强了黄药和闪锌矿的作用，铁杂质不利于闪锌矿与黄药的作用。从电化学作用来看，铁杂质闪锌矿为 n 型半导体，不利于氧气吸附，从而抑制了黄药在闪锌矿表面的电化学吸附反应；铜杂质闪锌矿为 p 型半导体，有利于氧气吸附，促进了黄药在闪锌矿表面的电化学吸附。

当加入硫酸铜活化后，含杂质闪锌矿的浮选行为都得到改善，特别在杂质浓度比较低的时候，改善效果显著。这是因为在浓度低的时候，闪锌矿表面主要以锌离子为主，铜离子在闪锌矿表面代替了锌离子和少量的杂质离子，闪锌矿表面的活化效果主要由锌离子决定。杂质浓度高的时候，铜镉杂质不受影响，但是含铁闪锌矿浮选回收率明显下降。这是由于在杂质浓度比较高的时候，闪锌矿表面的杂质原子占优势，铜活化效果取决于杂质和铜的反应效果。

采用密度泛函理论模拟含杂质闪锌矿表面的铜活化过程[32]，结果表明铜原子替换闪锌矿表面镉原子的能量为 −217.82 kJ/mol，从能量上是可以发生铜镉替换反应，换句话说闪锌矿表面镉杂质的存在不会阻碍铜活化反应的进行；但是铜替换闪锌矿表面铁原子的能量为 391.21 kJ/mol，从能量上来看闪锌矿表面铁原子不能

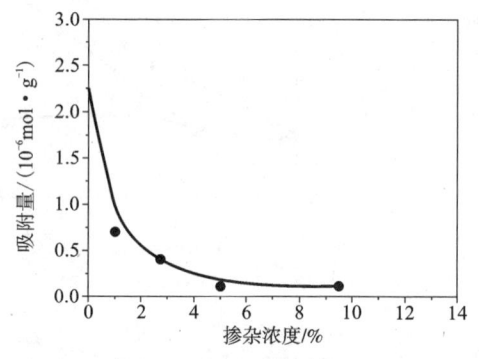

图 6 − 49　闪锌矿铁含量与铜离子吸附量的关系

与铜发生替换反应，即闪锌矿表面铁杂质的存在会阻碍铜活化反应的进行，铁杂质含量越高，闪锌矿表面铜活化越差。图 6 − 49 是不同含铁闪锌矿表面的铜吸附量结果，由图可见随着铁杂质浓度的升高，闪锌矿表面铜吸附量下降。

铁和镉杂质对闪锌矿表面铜活化的影响还可以从电子构型的稳定性来解释，杂质对闪锌矿表面电子态密度的影响见图 6 − 50。由图可见，含铁杂质闪锌矿电子态密度能量最低，其次是铜活化的闪锌矿表面，能量最高的是含镉杂质闪锌矿。电子能量越低，表面电子构型越稳定。从这一结果来看，含铁闪锌矿表面电子构型比铜活化后的闪锌矿表面要稳定，因此闪锌矿表面倾向于形成含铁闪锌矿表面，铜原子不能替换闪锌矿表面铁原子形成活化后闪锌矿表面。含镉闪锌矿表面电子构型较铜活化后的闪锌矿表面不稳定，因此含镉闪锌矿表面倾向于形成铜活化后的闪锌矿，闪锌矿表面镉原子容易被铜替换形成活化闪锌矿表面。

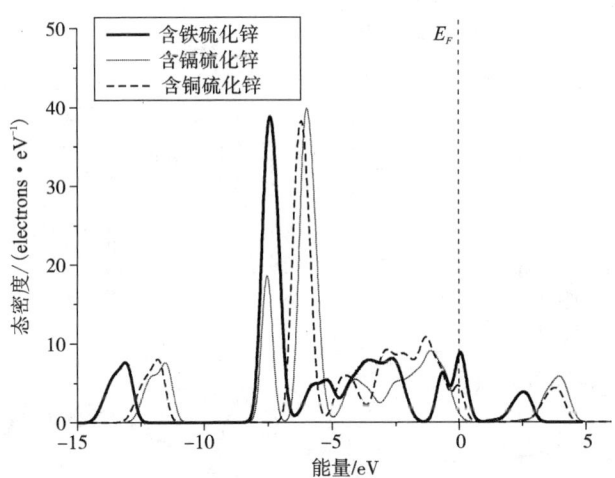

图 6 – 50　杂质原子对闪锌矿表面铜活化态密度的影响

6.8.3　黄药与含杂质闪锌矿表面的作用

图 6 – 50 是人工合成的不同杂质闪锌矿与丁基黄药作用后的红外透射光谱。由图可见，在不同掺杂浓度下的铜和含镉闪锌矿表面都在 $1240 \sim 1257$ cm^{-1} 处出现双黄药的 C—O 键的特征吸收峰，表明黄药离子在含铜和含镉闪锌矿表面形成了双黄药。而在含铁杂质的闪锌矿表面在 $1240 \sim 1265$ cm^{-1} 处都没有发现双黄药的 C—O 伸缩振动峰，表明在含铁闪锌矿表面没有双黄药形成，这也可以解释在浮选实践中含铁闪锌矿往往难以用黄药捕收的现象。

表 6 – 16　黄药的主要官能团吸收特征峰

化合物类别	主要官能团	波数/cm^{-1}
黄药	C=S 伸缩振动	$1020 \sim 1050$
	C—O—C 伸缩振动	$1100 \sim 1120$，$1150 \sim 1265$
双黄药	C—O	$1240 \sim 1265$
黄药	C—O	$1150 \sim 1210$
黄原酸锌	C=S, C—O—C	1030, 1125, 1212
黄原酸铜	C=S, C—O—C	1005, 1245
黄原酸铁	C=S, C—O—C	1035, 1195

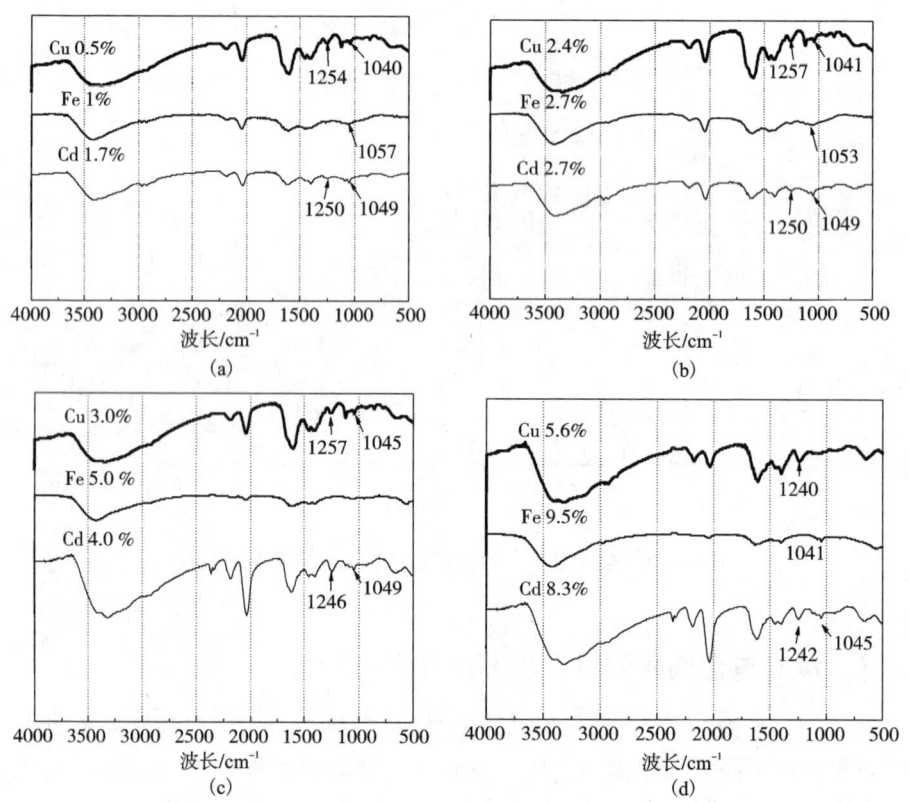

图 6-51　不同杂质含量的闪锌矿与黄药作用后的红外光谱

黄药浓度：1×10^{-4} mol/L

图 6-51 的透射光谱虽然表明含镉和铜的闪锌矿表面有双黄药形成，含铁闪锌矿表面没有双黄药形成，但却不能确定闪锌矿表面是否有金属黄原酸盐的存在。为了进一步考察在闪锌矿表面是否有黄原酸铜、黄原酸镉和黄原酸铁生成，对与黄药作用过的掺杂质闪锌矿进行了傅里叶变换漫反射红外光谱（DRIFT）分析，并与人工合成的黄原酸铜、黄原酸铁和黄原酸镉进行比较，测试结果见图 6-52。由图可见在含铜和含镉杂质闪锌矿表面很明显存在双黄药和黄原酸铜、黄原酸镉的特征峰。而在含铁闪锌矿表面，只有黄原酸铁的特征峰出现，没有发现双黄药的特征峰，这也与红外光谱结果是一致的。

为了进一步确认闪锌矿表面的是否有双黄药形成，对掺杂质闪锌矿表面进行了环己烷萃取，萃取产物的紫外吸收曲线见图 6-53。由图可见在含铜和含镉闪锌矿表面，在 281 nm 处有很明显的双黄药特征吸收峰，表明黄药与含铜和含镉闪锌矿发生作用在表面生成了双黄药，而在含铁闪锌矿表面则没有检测出双黄药特征吸收峰，说明黄药在含铁闪锌矿表面没有形成双黄药。这也与傅里叶变换漫反

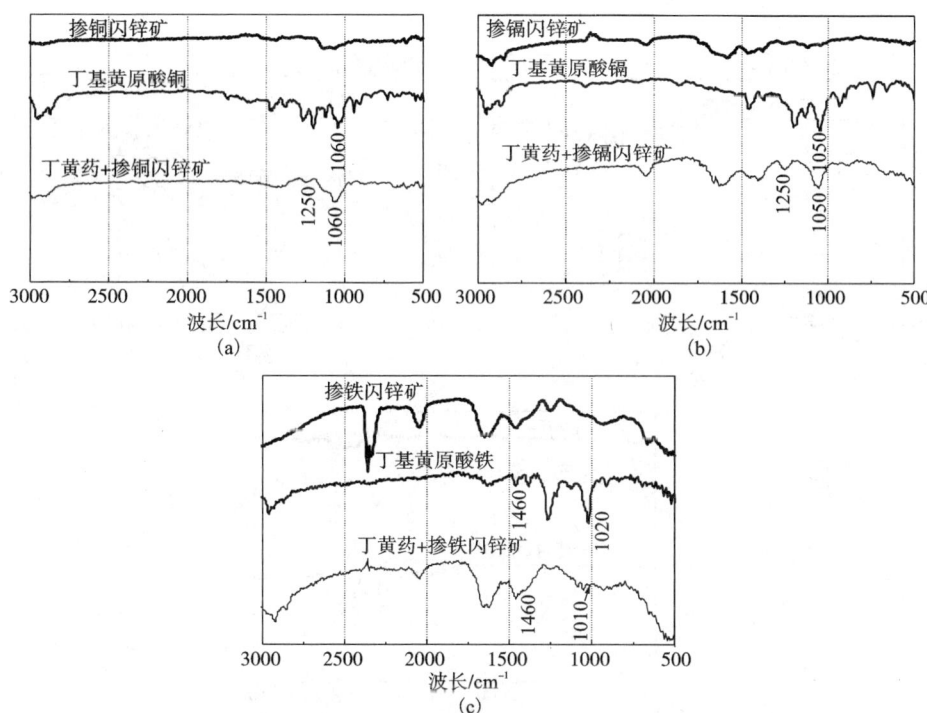

图 6 - 52 无硫酸铜时，含杂质闪锌矿与黄药作用后的 DRIFT 光谱

(a)掺铜闪锌矿；(b)掺镉闪锌矿；(c)掺铁闪锌矿

黄药浓度 1×10^{-4} mol/L

射红外光谱的结果是一致的。

经过硫酸铜活化后的含杂质闪锌矿与黄药作用后的傅里叶变换漫反射红外光谱结果见图 6 - 54。在含铜闪锌矿表面，很明显存在双黄药和黄原酸盐的特征峰（例如，在 1250 cm^{-1}，1130 cm^{-1} 和 1060 cm^{-1} 处）。在含镉闪锌矿表面，在 1250 cm^{-1} 处出现双黄药特征峰，金属黄原酸盐也出现在光谱内。对于含铁闪锌矿表面，在 1250 cm^{-1} 处出现一个微弱的吸收峰，说明有少量双黄药生成。

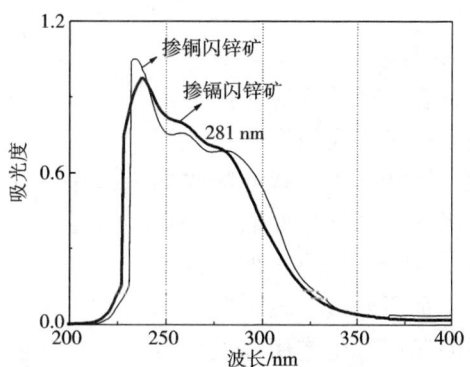

图 6 - 53 无硫酸铜时，含杂质闪锌矿与黄药作用后的紫外吸收光谱

黄药浓度：1×10^{-3} mol/L

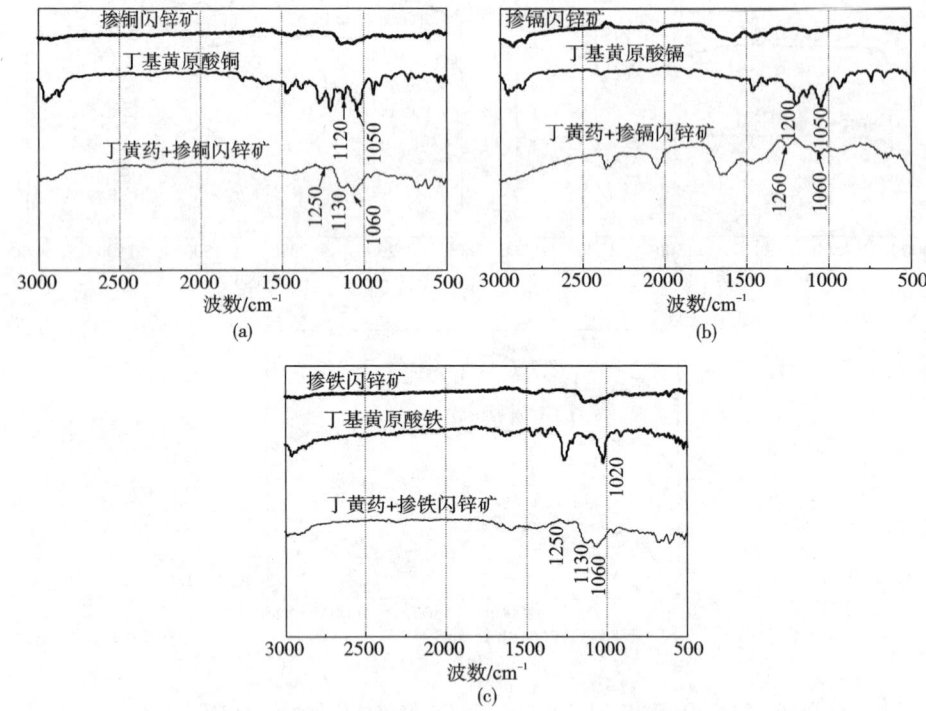

图6-54 有硫酸铜时,含杂质闪锌矿与黄药作用后的 DRIFT 光谱

(a)掺铜闪锌矿;(b)掺镉闪锌矿;(c)掺铁闪锌矿

黄药浓度:1.0×10^{-4} mol/L;$CuSO_4$ 浓度:1.0×10^{-4} mol/L

为了进一步确定双黄药产物的存在,对经黄药作用后的含杂质闪锌矿表面产物进行了萃取,萃取产物的紫外吸收曲线见图6-55。在含铜闪锌矿表面,281 nm 处有很明显的双黄药特征吸收峰,表明黄药与含铜闪锌矿发生作用在表面生成了双黄药,在含镉闪锌矿表面,出现一个很微小的双黄药特征吸收峰在280 nm 处,说明黄药在含镉闪锌矿表面形成少

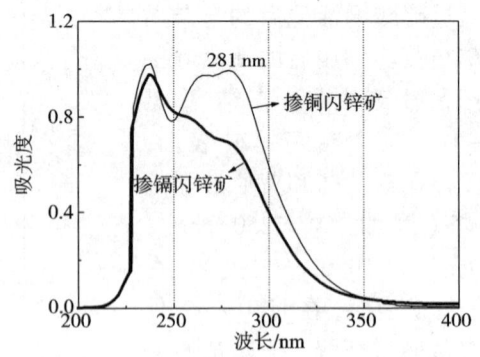

图6-55 有硫酸铜时,含杂质闪锌矿与黄药作用后的紫外吸收光谱

黄药浓度:1.0×10^{-3} mol/L;$CuSO_4$ 浓度:1.0×10^{-3} mol/L

量双黄药,这与 DRIFT 的结果是一致的。尽管 DRIFT 的结果说明在含铁闪锌矿表面有双黄药形成,但在其表面并未有双黄药的特征峰出现,可能的原因是在含铁闪锌矿表面形成的双黄药量过少难以检测出来。

以上光谱测试结果表明,无硫酸铜活化时,黄药在含铜和含镉闪锌矿表面发生作用后,矿物表面既有双黄药形成也有黄原酸盐形成,而在含铁闪锌矿表面则只有黄原酸铁形成,没有双黄药。黄原酸盐(黄原酸铜、黄原酸镉和黄原酸铁)的形成可归因于闪锌矿表面杂质原子的存在(铜、镉、铁杂质)。X 射线能谱测试(EDAX)结果(图 6-56)证实了在合成的闪锌矿表面确实存在铜、镉和铁元素。

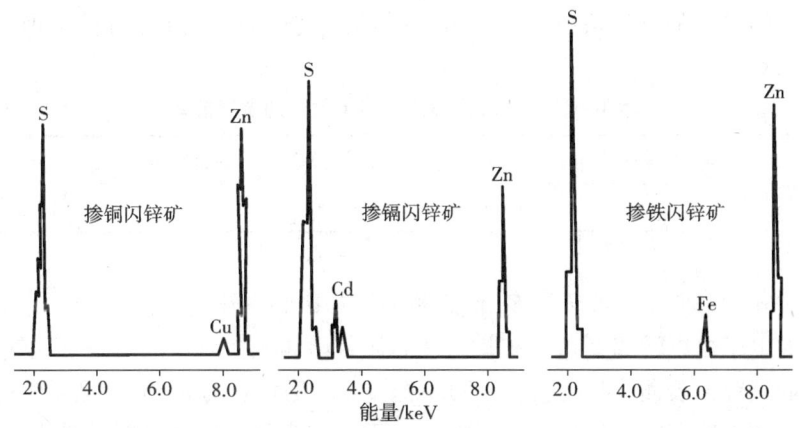

图 6-56　含杂质闪锌矿样品 X 射线能谱图

据报道,黄原酸铜(CuEX)、黄原酸镉($Cd(EX)_2$)和黄原酸铁($Fe(EX)_2$)的溶度积 K_{sp} 分别是 5.3×10^{-20}、2.6×10^{-14} 和 8.0×10^{-8}(Kakovsky,1957)[33]。因此,黄原酸铜和黄原酸镉更易在含铜和镉的闪锌矿表面生成,而黄原酸亚铁则相对较难形成含铁闪锌矿。

双黄药的形成与电化学过程有关。众所周知,黄药的氧化同时伴随着氧气的还原,这个反应可以表达为下面两式:

$$O_2 + e \Longrightarrow (O_2^-)_{ads} \qquad (6-3)$$
$$ROCS2_2^- \Longrightarrow (ROCS_2)_{ads} + e \qquad (6-4)$$

纯的闪锌矿是一种具有宽带隙(3.61 eV)的绝缘体。因此,氧气不能吸附在纯的闪锌矿上(Abramov and Avdohin,1977)[34],黄药的氧化极难发生。这也是用黄药做捕收剂浮选闪锌矿回收率低的原因。虽然铁、铜和镉杂质能提高闪锌矿的导电率并且成为氧气的吸附位置,但是双黄药仅仅出现在铜和镉掺杂过的闪锌矿表面。另外,在铁掺杂的闪锌矿表面,通过紫外吸收光谱的检测,并未发现双黄药。说明氧气的吸附和还原并不能确保双黄药在矿物表面的形成。

由黄药转变为双黄药的电化学过程涉及电子在捕收剂和矿物表面的转移。费米能级(E_F)代表着体系电子的平均化学势，可用下式来表示：

$$E_F = \mu = \left(\frac{\partial F}{\partial N}\right)_T \qquad (6-5)$$

式中：μ 是化学势；F 是吉布斯自由能；N 是体系能量；T 是绝对温度。基于化学势原则，电子通常是由高势能转移到低势能。当黄药的 E_F 高于硫化矿物的 E_F 时，电子就由黄药转移到矿物，从而产生双黄药；当黄药的 E_F 低于硫化矿物的时候，电子便不能由黄药转移到矿物，因此就不能形成双黄药。

纯的闪锌矿和三种杂质掺杂的闪锌矿以及黄药的 E_F 值可由量子理论求得，结果见表 6 - 17。

表 6 - 17　含杂质闪锌矿和丁黄药的费米能级

	理想闪锌矿	掺铜闪锌矿	掺铁闪锌矿	掺镉闪锌矿	丁黄药
E_F/eV	- 4.211	- 4.713	- 3.884	- 4.404	- 3.985

如表 6 - 17 所示，黄药的 E_F 值高于纯闪锌矿和含铜闪锌矿、含镉闪锌矿，说明黄药的电子可以转移到这些矿物上从而使黄药氧化为双黄药。由于氧气不能吸附在纯的闪锌矿表面，即反应(6 - 3)不能发生，尽管它的 E_F 值满足化学势原则，双黄药还是不能在纯闪锌矿表面形成。由于杂质铁可以作为吸附活性点，氧分子能够在含铁闪锌矿表面吸附，然而含铁闪锌矿的 E_F 值却高于黄药，阻碍了电子从黄药转向含铁闪锌矿表面转移，从而不能形成双黄药。

由以上讨论可知，含铜和含镉闪锌矿表面都能产生双黄药，而没有硫酸铜活化的含铁闪锌矿表面则没有双黄药的生成。当闪锌矿被铜离子活化后，费米能级模型仍将可以用于解释含铜和含镉闪锌矿表面双黄药的形成。铜活化过的含铁闪锌矿表面，仍然难以形成双黄药，主要由于铁杂质阻碍了铜活化造成的。

由以上讨论可见杂质的存在影响闪锌矿表面黄药的吸附，黄药吸附在含镉和含铜闪锌矿表面的主要产物是双黄药和金属黄原酸盐，而在含铁闪锌矿表面，主要产物则是金属黄原酸盐。根据电子的电化学规则(或费米能级规则)，黄药在硫化矿物表面形成双黄药需要满足以下两条规则：

1) 共轭电化学反应的电路闭合规则：即矿物表面必须同时存在阳极氧化和阴极还原两个反应，构成电流闭路，即矿物表面氧气还原与黄药的氧化两个共轭电化学反应必须同时存在。

2) 电子传递的电化学规则：即电子只能从费米能级高的地方向低的地方传递，即电子在黄药分子和矿物之间的传递，只能从化学位高的地方向化学位低的地方传递。在黄药氧化形成双黄药过程中，黄药的费米能级必须高于矿物的费米能级。

6.9　含杂质方铅矿与黄药作用的热动力学和电化学行为

6.9.1　杂质对黄药与方铅矿作用吸附热的影响

吸附热是吸附反应过程产生的热效应，是吸附过程的特征参数之一。从吸附热的大小可以了解吸附现象的物理化学本质，即了解吸附作用力的性质、表面均匀性、吸附键的类型和吸附分子之间互相作用的情况。表 6 – 18 是采用微量热计测量的含杂质方铅矿与丁基黄药作用的吸附热。结果表明丁黄药与方铅矿表面的作用都是放热反应，说明黄药与方铅矿表面之间有较强的化学作用，是一个自发的过程。由表数据可见未掺杂的纯方铅矿表面丁黄药的吸附热为 0.28 J/m^2，掺杂银和铋后，方铅矿的吸附热明显提高，达到 0.82 J/m^2 和 0.61 J/m^2，说明银和铋杂质能够促进黄药在方铅矿表面的吸附，而掺杂锰、锑和锌后，方铅矿的吸附热下降，说明这些杂质都不利于黄药在方铅矿表面的吸附。

表 6 – 18　黄药在掺杂方铅矿表面的微量吸附热

矿物	比表面积/$(\text{m}^2 \cdot \text{g}^{-1})$	吸附热 ΔH/$(\text{J} \cdot \text{m}^{-2})$
纯方铅矿	9.35	0.28
含银方铅矿	7.23	0.82
含铋方铅矿	5.24	0.61
含锰方铅矿	5.81	0.19
含锑方铅矿	9.01	0.17
含锌方铅矿	3.56	0.15

图 6 – 57 显示了含杂质方铅矿与丁黄药作用的吸附热与其浮选回收率的关系。由图可以看到含杂质方铅矿的吸附热与浮选回收率成正比关系，即吸附热越大，含杂质方铅矿的回收率就越高。含银方铅矿吸附热值最大，浮选回收率达到 100%，而含锌方铅矿吸附热最小，其回收率也最小，只有 46%。以上结果说明吸附热较好地反映了药剂与矿物表面作用的强弱。

从化学作用来看，黄药与矿物表面金属离子之间的作用与它们的溶度积大小 K_{sp} 有关。表 6 – 19 给出了乙黄药与铅、银、铋、锑和锌离子的溶度积数据（丁黄

药和乙黄药的数据类似）。由表可
见，溶度积和杂质对黄药在方铅
矿表面作用的吸附热规律大体一
致，即 pK_{sp} 越大，黄药的吸附热就
越大，pK_{sp} 越小，黄药的吸附热也
就越小。银和铋离子与黄药作用
的 pK_{sp} 的比较大，黄药在含银方铅
矿和含铋方铅矿表面的吸附热也
比较大，而黄药与锌离子作用的
pK_{sp} 的最小，因此黄药在含锌方
铅矿表面的吸附热也最小。但这里
仍有两个问题不能解释：①黄药

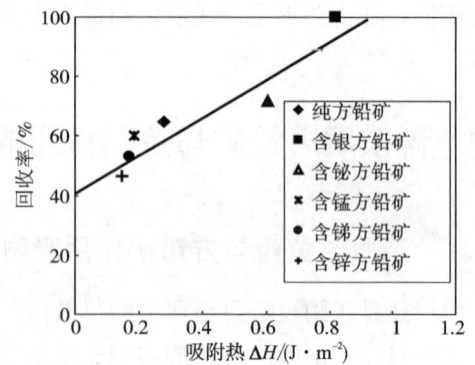

图 6-57　黄药在含杂质方铅矿表面的
吸附热与浮选回收率的关系

与铋离子的 pK_{sp} 大于银离子，但黄药在含铋方铅矿的吸附热小于含银方铅矿；
②黄药与锑离子作用的 pK_{sp} 大于银离子和铅离子，但是含锑方铅矿的吸附热却小
于纯方铅矿和含银方铅矿；因此仅从化学作用来分析不能完全解释杂质对方铅矿
与黄药作用的影响，需要从半导体电化学方面才能给出更全面和合理的解释。

表 6-19　乙黄药金属盐在 25℃ 的水中的溶度积

金属 M^{n+}	pK_{sp}	文献
Pb^{2+}	16.1, 16.77	33, 34
Ag^+	18.1, 18.6	34, 33
Bi^{3+}	约 30.9	34
Zn^{2+}	8.2, 8.31	33, 34
Sb^{3+}	约 24	34

6.9.2　杂质对方铅矿半导体性质的影响

黄药与方铅矿的作用是一个电化学过程，黄药在阳极发生氧化反应[35]：

$$PbS + 2X^- \Longrightarrow PbX_2 + S^0 + 2e \qquad (6-6)$$

氧气在阴极发生还原反应：

$$\frac{1}{2}O_2 + H_2O + 2e \Longrightarrow 2OH^- \qquad (6-7)$$

这两个反应形成电化学共轭反应，如果氧气吸附反应(6-7)被抑制，那么黄
药的阳极反应也会受到抑制。前面 6~7 节已经分析了方铅矿半导体能带结构对

氧吸附的影响，发现 n 型表面不利于氧吸附，p 型表面有利于氧吸附。根据黄药和氧气在方铅矿表面的电化学共轭关系，同样可以得到 n 型表面不利于黄药吸附，p 型表面有利于黄药吸附的一般结论。为了更加清楚的说明杂质对方铅矿半导体性质的影响是如何改变了影响到黄药的作用，图 6 - 58 给出了含杂质方铅矿表面的能带结构。

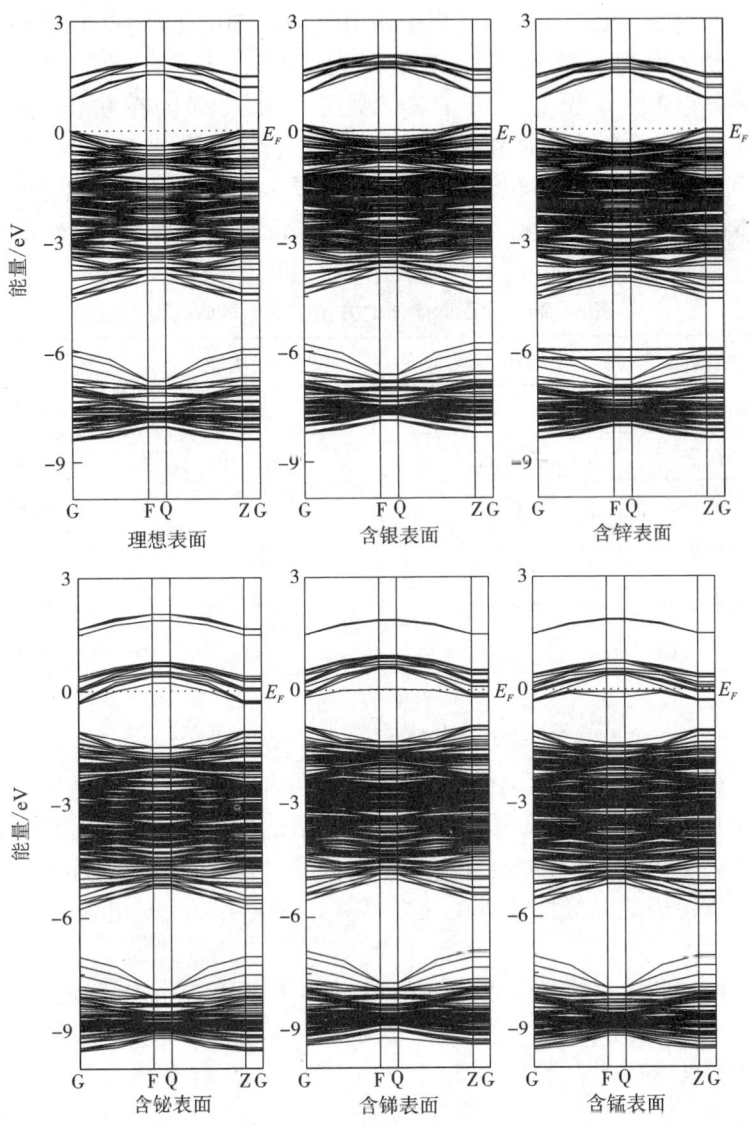

图 6 - 58　含杂质方铅矿表面的能带结构

由图可见，理想方铅矿为 n 型半导体，禁带中没有能级出现，而含有杂质后，方铅矿的半导体能带结构和半导体类型都发生了变化。含银和含锌方铅矿仍是 p 型半导体，二者的区别在于含银方铅矿在费米能级处有杂质能级出现，而含锌方铅矿在禁带中则没有杂质能级出现，含锑、含锌和含铋杂质方铅矿都变成了 n 型半导体，并且在费米能级处都出现了杂质能级。含杂质方铅矿的半导体类型见表 6 - 20。根据含杂质方铅矿的半导体类型很容易解释上一节提出的溶度积和吸附之间的矛盾问题，虽然黄药与铋离子作用的 pK_{sp}(30.9)大于银离子(18.1)，但是含银方铅矿表面为 p 型半导体，有利于氧气吸附，增强了黄药的阳极氧化反应；而含铋方铅矿为 n 型，不利于氧气的吸附，削弱了黄药在方铅矿的阳极氧化反应，因此黄药与含银方铅矿作用的吸附热大于含铋方铅矿。锑离子与黄药作用的 pK_{sp} 达到 24，大于铅离子和银离子，同样也是因为理想方铅矿和含银方铅矿为 p 型半导体，有利于黄药电化学作用，而含锑方铅矿为 n 型半导体，不利于黄药的电化学作用。

表 6 - 20　含不同杂质时方铅矿的半导体类型

表面结构	半导体类型	是否有杂质能级	吸附热/(J·m^{-2})
理想方铅矿表面	p 型	无	0.28
含银方铅矿表面	p 型	有	0.82
含铋方铅矿表面	n 型	有	0.61
含锌方铅矿表面	p 型	无	0.15
含锑方铅矿表面	n 型	有	0.17
含锰方铅矿表面	n 型	有	0.19

图 6 - 59 显示含银、铋、锰、锌及锑 5 种杂质方铅矿电极在 3 mmol/L 铁氰化钾介质中的循环伏安曲线。由图可见含不同杂质方铅矿电极在铁氰化钾溶液中的电化学反应是可逆反应，另外从图中还可以看出，不同杂质方铅矿电极的循环伏安曲线并不完全相同，氧化峰与还原峰出现的峰电势及峰电流值都不一样，表明杂质改变了方铅矿的电极性质和电化学活性，影响了方铅矿电极表面的电化学反应。

还原峰电位和氧化峰电位间的差值对应放电电压和充电电压平台，它们的差值反应了电极电化学反应的可逆程度，越小代表可逆程度越大，库仑效率也就越高，循环性能也越好。结合图 6 - 59 和表 6 - 21 可见，铋杂质的存在对方铅矿的电极活性没有影响，其余五种杂质均会降低方铅矿电极可逆性和循环性能，其中影响较大的是银、锌和锑杂质，锰杂质影响较小。

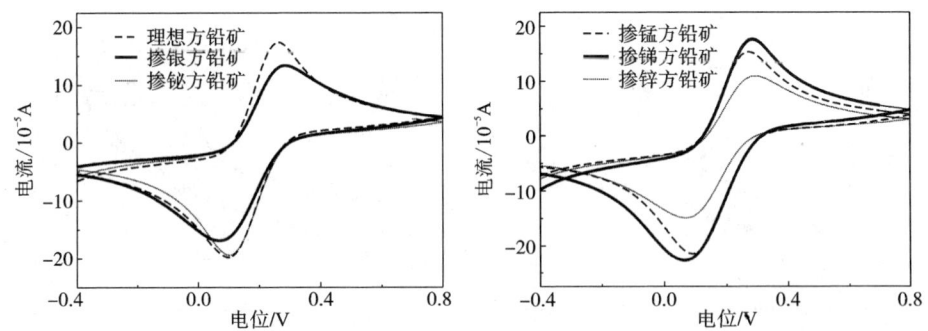

图 6 - 59　铁氰化钾体系中含不同杂质方铅矿的循环伏安曲线

(扫描速度 $v = 100$ mV/s)

表 6 - 21　杂质对方铅矿电极氧化还原电势差值的影响

电极	阳极峰电位 E_{Pa}/V	阴极峰电位 E_{Pc}/V	峰电位差 $-E_P$/V
纯方铅矿	0.265	0.088	0.177
含铋方铅矿	0.264	0.097	0.167
含锰方铅矿	0.277	0.080	0.197
含银方铅矿	0.289	0.070	0.219
含锑方铅矿	0.290	0.060	0.230
含锌方铅矿	0.298	0.059	0.239

6.9.3　杂质对方铅矿与黄药电化学反应的影响

图 6 - 60 显示了含不同杂质方铅矿电极在 25℃下，pH 9.18 及 0.001 mol/L 丁基黄药溶液中的循环伏安曲线。由图可见，在纯方铅矿电极和所有掺杂方铅矿电极的循环伏安曲线上都出现了两个氧化峰，其中峰 I 较平缓，峰 II 较强，并且峰的强弱随杂质种类变化而变化。另外它们的还原峰都不明显，说明黄药在掺杂方铅矿电极上的反应只是轻微可逆反应。

表 6 - 22 列出了不同掺杂方铅矿循环伏安曲线上的氧化峰的起始峰电位、峰电位、峰电流、电子转移数以及黄药吸附量等电化学参数。从表中数据可以看出，铋和银杂质对方铅矿与黄药作用的起始电位影响很小，而锌、锑杂质延缓了方铅矿与黄药作用的起始电位，说明锌、锑杂质对方铅矿与黄药的电化学反应有抑制作用，这与浮选试验结果相吻合。

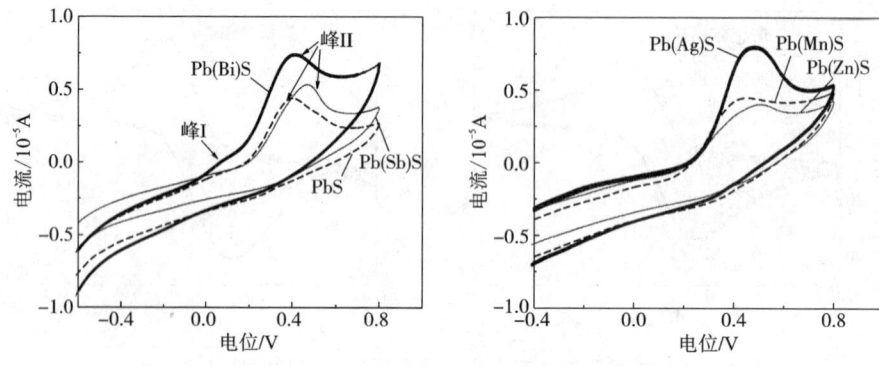

图 6-60　pH 9.18 时，含不同杂质方铅矿电极
在 0.001 mol/L 丁黄药溶液中的循环伏安曲线

循环伏安曲线峰电位的变化反映了电化学机理、电极过程动力学以及吸附的一些变化。由表 6-22 可以看出含铋和铜杂质方铅矿的峰电位与纯方铅矿相比变化不大，所以它们的循环伏安曲线形状类似，说明铋和铜杂质没有改变方铅矿与黄药反应的电化学机理。而含银、锑、铅和锌的峰电位比纯的方铅矿变化较大，说明这几种杂质有可能改变了方铅矿与黄药反应的电化学机理或是影响了黄药在方铅矿表面的吸附量，其中银和锌对方铅矿的阳极峰电位影响最大，这正好与含银方铅矿和含锌方铅矿浮选的最大与最小回收率相对应。

由表 6-22 还可以看出除了含锌杂质方铅矿的峰电流比纯方铅矿小之外，其余五种杂质方铅矿的峰电流都比纯方铅矿要大，其中最大的是掺银方铅矿，说明含银方铅矿表面黄药吸附量最大。

表 6-22　含不同杂质方铅矿电极的循环伏安曲线电化学参数
（pH 9.18，黄药浓度 0.001 mol/L）

电极	氧化起始电位1/V	氧化起始电位2/V	峰电位/V	峰电流/10^{-5}A	峰面积/(10^{-5}A·V)	电极反应电子数/n
纯方铅矿	-0.036	0.175	0.403	0.478	0.090	0.55
含银方铅矿	-0.081	0.167	0.479	0.809	0.135	0.62
含铋方铅矿	-0.079	0.181	0.414	0.788	0.112	0.72
含锰方铅矿	-0.056	0.177	0.453	0.589	0.091	0.66
含锑方铅矿	0.075	0.195	0.468	0.616	0.084	0.75
含锌方铅矿	-0.021	0.167	0.505	0.447	0.059	0.79

研究结果表明[35]，黄药与方铅矿作用的产物可能有如下三种，即电化学吸附的黄药、黄原酸铅和双黄药：

$$X^- \longrightarrow X_{吸附} + e \qquad (6-8)$$

$$2X^- + PbS \longrightarrow PbX_2 + S^0 \qquad (6-9)$$

$$X_{吸附} + X^- \longrightarrow X_2 \qquad (6-10)$$

检测结果表明方铅矿表面与溶液中都没有双黄药形成，因此黄药与方铅矿表面作用的产物主要是电化学吸附的黄药、黄原酸铅。图 6-61 显示了纯方铅矿在 pH 为 9.18 时，0.001 mol/L 丁黄药溶液中的循环伏安曲线。由图可以看到循环伏安曲线上有一个较平缓（峰 I）和一个较强（峰 II）的共两个氧化峰，峰 1 对应式(6-8)，

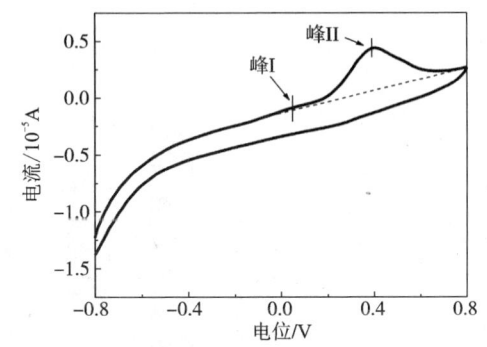

图 6-61　在 pH = 9.18 时和 [BX⁻] = 0.001 mol/L 溶液中纯硫化铅的循环伏安曲线
（扫描速度 $v = 100$ mV/s）

峰 2 对应式(6-9)。另外，根据循环伏安曲线计算出来的方铅矿与丁黄药反应的电极反应电子数 $n = 0.55 \approx 1$（见表 6-22），说明方铅矿与丁黄药电化学反应为单电子反应，符合式(6-9)电化学反应机理。

表 6-22 列出了不同掺杂硫化铅与黄药作用的电化学过程和电极反应电子数，从表中可以看出 n 值均在 0.5~1，约等于 1，都是单电子反应。结合红外光谱结果，可以认为含杂质方铅矿与黄药反应的产物主要是电化学吸附的黄药式(6-9)和属黄原酸铅和杂质黄原酸盐的式(6-11)：

$$4X^- + Pb(M)S \longrightarrow PbX_2 + MX_2 + S^0 + 2e \qquad (6-11)$$

杂质对反应(6-8)的影响主要是通过改变方铅矿的电子结构和导电性能来实现的。从图 6-60 可以看出，含铜、铋与银三种杂质方铅矿的第一个峰明显增强，说明它们增强了黄药在方铅矿表面的电化学吸附。

杂质对反应(6-11)的影响主要是通过形成杂质黄原酸盐实现的，这主要取决于黄药分子与方铅矿表面杂质原子作用能的大小以及方铅矿表面杂质原子活性点的数量。

根据循环伏安曲线可以算出丁黄药在方铅矿表面的电化学吸附量，结果见图 6-62。从图 6-62 可以看出，含不同杂质的方铅矿，其表面黄药吸附量不同，其中含银方铅矿电化学吸附的黄药量最大，含锌方铅矿最小。不同杂质方铅矿表面电化学吸附黄药量的大小顺序为：

含银方铅矿 > 含铋方铅矿 > 纯方铅矿 ≈ 含锰方铅矿 > 含锑方铅矿 > 含锌方铅矿

以上结果与含杂质方铅矿的浮选试验结果完全一致，再一次证明电化学因素是影响方铅矿浮选的主要因素，杂质对方铅矿可浮性的影响也是一个电化学过程。

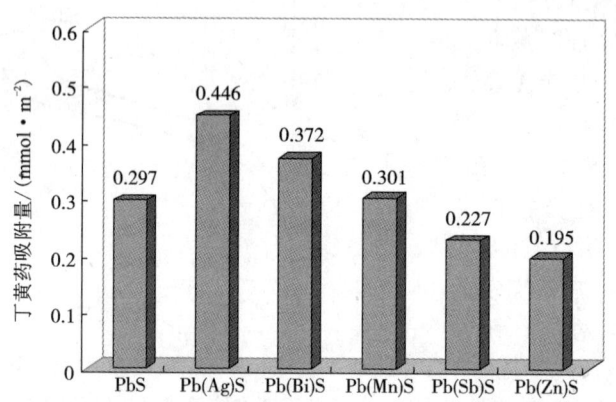

图 6 - 62　黄药在含不同杂质方铅矿表面的电化学吸附量

6.9.4　杂质对方铅矿表面黄药吸附动力学常数的影响

影响矿物浮选行为因素除了热力学参数外，还有另外一个重要因素，那就是动力学参数。热力学从理论上给出一个反应的自发性大小，但不能给出该反应的快慢。动力学则主要是研究影响反应速率的因素和反应机理，描述了反应的实际进程。矿物的可浮性取决于许多因素，药剂在矿物表面吸附速率对矿物浮选具有重要的影响，矿物的性质、粒度以及矿浆碱度等都会影响药剂的吸附速率。晶格杂质明显改变了矿物性质，对药剂在矿物表面的吸附动力学参数也会有影响。

图 6 - 63 是丁黄药在含杂质方铅矿表面吸附的微量热曲线，从图可见黄药在不同杂质方铅矿表面上吸附曲线是不同的，含银和含铋杂质方铅矿吸附黄药的速率最快，含锌方铅矿最慢，由此可见杂质能够影响黄药在方铅矿表面的吸附动力学行为。通过对吸附曲线进行处理，可以获得相应的吸附速率常数和吸附级数，表 6 - 23 列出了黄药在含不同杂质方铅矿表面的吸附速率常数，同时表中还给出了浮选回收率。

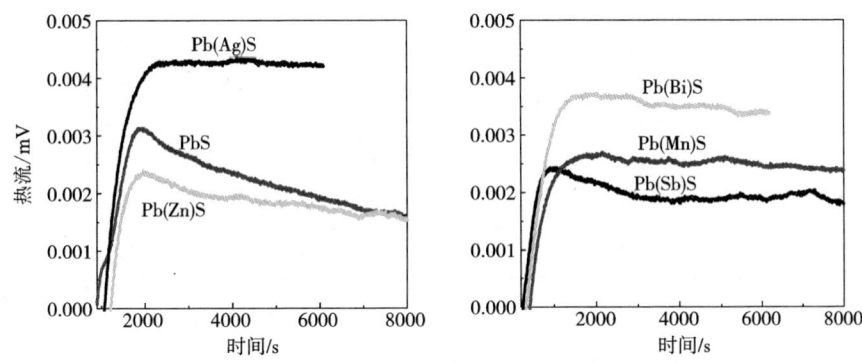

图 6-63　丁黄药在掺杂方铅矿表面吸附反应热动力学曲线

表 6-23　不同杂质方铅矿表面丁基黄药的吸附动力学参数与浮选回收率

矿物样品	回收率 /%	速率常数 k /10^{-3} s^{-1}	反应级数 n	半导体类型
纯方铅矿	65.3	5.22	0.278	p
含银方铅矿	100	5.87	0.93	p
含铋方铅矿	72.4	5.36	0.75	n
含锰方铅矿	64.7	2.92	1.11	n
含锑方铅矿	52.9	0.583	1.24	n
含锌方铅矿	46.6	0.019	1.30	p

　　从表 6-23 中可见，杂质对方铅矿表面吸附黄药的动力学常数有显著的影响，不同的杂质，动力学常数区别非常大。不同方铅矿的吸附反应级数在 0.2~1.3 之间波动，接近一级反应，即丁黄药在方铅矿表面的吸附和其浓度的一次方成正比。从具体的反应级数来看，含杂质方铅矿的反应级数都比理想方铅矿要大，说明杂质能够提高方铅矿的反应级数。不同杂质的速率常数最大的达到 5.87 ×10^{-3} s^{-1}，最小的只有 0.019 ×10^{-3} s^{-1}，差距相当大。从表中数据来看，动力学常数基本可以分为两组，即以纯方铅矿、含银方铅矿和含铋方铅矿为一组的大速率常数，小反应级数；另外以含锰方铅矿、含锑方铅矿和含锌方铅矿为一组的小速率常数，大反应级数。速率常数和反应级数与矿物可浮性的关系见图 6-64。

　　由图 6-64 可以看出，含杂质方铅矿的反应级数和浮选回收率之间没有线性关系，可以认为黄药在方铅矿表面的吸附就是一级反应。杂质对方铅矿可浮性的影响主要是改变了黄药的吸附速率常数，在恒定温度下和相同反应级数情况下，速率系数的大小直接反应了吸附速率的快慢。从表 6-23 中可看出黄药在含银和

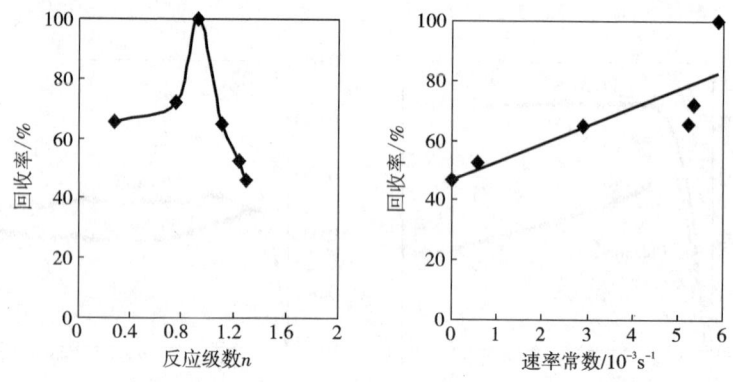

图 6-64　含杂质方铅矿表面黄药吸附的动力学常数与浮选回收率的关系

铋方铅矿表面的反应速率系数比较大，实验发现含铋和银杂质方铅矿浮选速度比较快，它们的浮选回收率也比较高；而黄药在含锑方铅矿和含锌方铅矿表面的吸附速率系数比较小，相对应的浮选回收率也很低，说明黄药在方铅矿表面的吸附速率直接决定了单位时间内矿物的上浮速率。从浮选过程来看，黄药在方铅矿表面的吸附速率越大，方铅矿表面吸附黄药就越多，疏水程度就越大。疏水性大的方铅矿更容易粘附在泡沫上，从而获得更高的回收率。

表 6-23 同时还列出了含杂质方铅矿的半导体类型，比较有意思的是，除了铋和锌杂质例外，p 型半导体的黄药吸附速率大于 n 型半导体，反应级数则是 n 型半导体大于 p 型半导体。半导体催化理论认为，p 型半导体有利于氧吸附，有利于深度氧化反应；n 型半导体不利于氧吸附，有利于部分氧化反应，即选择性氧化反应。黄药在方铅矿阳极氧化和氧气在方铅矿阴极还原是一对相互制约、相互促进的共轭电化学反应。p 型方铅矿有利于氧的吸附，促进了黄药的电化学氧化反应，因此黄药容易在 p 型方铅矿表面发生电化学吸附，从而具有较大的吸附速率；另外 p 型半导体有利于深度氧化反应进行，黄药的氧化反应取决于电子能级，与浓度关系不大，因此黄药在 p 型方铅矿表面的吸附对反应级数不敏感，具有较小的反应级数。n 型方铅矿表面不利于氧的吸附，对黄药的电化学氧化反应具有抑制作用，因此黄药在 n 型方铅矿表面具有较小吸附速率常数；n 型半导体有利于选择性氧化反应，而选择性氧化反应对浓度相对比较敏感，因此 n 型方铅矿表面具有较大反应级数。

对于铋杂质，虽然含铋方铅矿为 n 型表面，但是从 6.7 节的分析中已经知道铋杂质和氧原子之间存在较强的作用，减弱了方铅矿 n 型表面对氧吸附的不利影响，有利于黄药的电化学吸附，因此含铋杂质方铅矿具有较大的吸附速率常数。含锌杂质方铅矿虽然是 p 型表面，但在禁带范围内没有出现杂质能级，对方铅矿的电化学活性贡献很小；另外考虑到锌原子外层 d 电子全满结构，与氧和黄药的作用相对较弱,因此含锌方铅矿的吸附速率常数和反应级数都很小。

参考文献

[1] 原田种臣. 性状不同的黄铁矿可浮性差异比较[J]. 日本矿业会志, 1967, 83(949): 749 – 753.

[2] 陈述文. 八种不同产地黄铁矿的晶体特性与可浮性的关系[D]. 中南工业大学硕士学位论文, 1982.

[3] 今泉常正. 晶格缺陷对黄铁矿浮选特性的影响[J]. 日本矿业会志, 1970, 86(992): 853 – 858.

[4] 选矿手册编委会. 浮选手册(第三卷第二分册)[M]. 北京: 冶金工业出版社, 1993.

[5] 胡熙庚. 有色金属硫化选矿[M]. 北京: 冶金工业出版社, 1987.

[6] 于宏东, 孙传尧. 不同成因黄铁矿的物性差异及浮游性研究[J]. 中国矿业大学学报, 2010, 39(5): 758 – 763.

[7] 陈述文, 胡熙庚. 黄铁矿的温差电动势率与可浮性关系[J]. 矿冶工程, 1990, 10(8): 17 – 21.

[8] 石原透. 黄铁选矿的相关研究[J]. 日本矿业会志, 1967, 83(947): 532 – 534.

[9] 三野英彦. 关于方铅矿的微量成分及晶格结构[J]. 日本矿业会志, 1958, 74(844): 869 – 872.

[10] Chen J H, Ke B L, Lan L H, Li Y Q. Influence of Ag, Sb, Bi and Zn impurities on electrochemical and flotation behaviour of galena[J]. Minerals Engineering, 2015, 72: 10 – 16.

[11] Chen Y, Chen J H, Lan Li H, Yang M J. The influence of the impurities on the flotation behaviors of synthetic ZnS [J]. Minerals Engineering, 2012, 27 – 28: 65 – 71.

[12] Chanturiya V A, Fedorov A A, Matveeva T N. The effect of auroferrous pyrites non-stoichiometry on their flotation and sorption properties [J]. Physicochemical Problems of Mineral Processing, 2000, 34: 163 – 170.

[13] 张庆松, 龚焕高, 陈贵宾. 碱对黄铁矿和含金黄铁矿浮选的影响[J]. 黄金, 1987(5): 19 – 21.

[14] Ferrer I J, Heras C D L, Sanchez C. The effect of Ni impurities on some structural properties of pyrite thin films [J]. Journal of Physics: Condensed Matter, 1995, 7(10): 2115 – 2121.

[15] 三野英彦. 关于闪锌矿选矿基础研究[J]. 日本矿业会志, 1957, 73(824): 93 – 97.

[16] Chen J H, Wang L, Chen Y, Guo J. A DFT study of the effect of natural impurities on the electronic structure of galena[J]. International Journal of Mineral Processing, 2011, 98(3 – 4): 132 – 136.

[17] Chen Y, Chen J H, Guo J. A DFT study on the effect of lattice impurities on the electronic structures and floatability of sphalerite[J]. Minerals Engineering, 2010, 23(14): 1120 – 1130.

[18] 陈晔, 陈建华, 郭进. 天然杂质对闪锌矿电子结构和半导体性质的影响[J]. 物理化学学报, 2010, 26(10): 2851 – 2856.

[19] Li Y Q, Chen J H, Chen Y, Guo J. Density functional theory study of the influence of impurity on electronic properties and reactivity of pyrite[J]. Transactions of Nonferrous Metals Society of China, 2011, 21(8): 1887 – 1895.

[20] 李玉琼, 陈建华, 郭进. 天然杂质对黄铁矿的电子结构及催化活性的影响[J]. 物理学报, 2011, 60(9): 097801 – 1—097801 – 8.

[21] Chen J H, Chen Y, Li Y Q. Effect of vacancy defects on electronic properties and activation of sphalerite (110) surface by first – principles[J]. Transactions of Nonferrous Metals Society of China, 2010, 20(3): 502 – 506.

[22] 兰丽红, 陈建华, 李玉琼, 陈晔, 郭进. 空位缺陷对氧分子在方铅矿(100)表面吸附的影响[J]. 中国有色金属学报, 2012, 22(9): 2626 – 2635.

[23] Li Y Q, Chen J H, Chen Ye., Guo J. DFT study of influences of As, Co and Ni impurities on pyrite(100) surface oxidation by O_2 molecule [J]. Chemical Physics Letters, 2011, 511(4 – 6): 389 – 392.

[24] 陈建华, 陈晔, 曾小钦, 李玉琼. 铁杂质对闪锌矿表面电子结构及活化影响的第一性原理研究[J]. 中国有色金属学报, 2009, 19(8): 1517 – 1523.

[25] Chen J H, Chen Y. A first-principle study of the effect of vacancy defects and impurities on adsorption of O_2 on sphalerite surface [J]. Colloids and Surface A: Physiochemical and Engineering Aspects, 2010, 363(1 – 3): 56 – 63.

[26] Eadington P, Prosser A P. Oxidation of lead sulphide in aqueous suspensions[J]. Transaction of the Institution of Mining and Metallurgy Section C, 1969, 78(751): 74 – 82.

[27] Plaskin I N. Interaction of minerals with gases and reagents in flotation [J]. Mining Engineering, 1959, 214: 319 – 324.

[28] Plaksin I N, Shafeev R. Influence of surface properties of sulfide minerals on adsorption of flotation reagents[J]. Bulletin of the Institute of Mining and Metallurgy, 1963, 72: 715 – 722.

[29] Richardson P E, O'Dell C S. Semiconducting characteristics of galena electrodes: Relationship to mineral flotation[J]. Journal of the Electrochemical Society, 1985, 132(6): 1350 – 1356.

[30] Chernyshova I V. An in situ FTIR study of galena and pyrite oxidation in aqueous solution[J]. Journal of Electroanalytical Chemistry, 2003: 83 – 98.

[31] 熊小勇. 铁成分对硫化锌精矿的半导体性质及化学反应性的影响[J]. 有色金属, 1989, 41(4): 55 – 66.

[32] Chen J H, Chen Y, Li Y Q. Quantum-mechanical study of effect of lattice defects on surface properties and copper activation of sphalerite surface[J]. Transactions of Nonferrous Metals Society of China, 2010, 20(8): 1121 – 1130.

[33] kaovsky l A. Physicochemieal properties of some floration reagents and their salts with ions of heavnon – ferrolls metals//[C] in procedings of 2nd international congress of surface activity. Vol. IV, Sehulman, J. H., ed., Butterworths, London, 1957: 225 – 237.

[34] Abramov A A, Avdohin V M. Oxidation of Sulfide Minerals in Beneficiations Processes[M]. Gordon and Breach Science Publishers, Amsterdam, 1977.

[35] 冯其明, 陈建华. 硫化矿物浮选电化学[M]. 长沙: 中南大学出版社, 2014.

附录 1：晶体的空间群

　　空间群是点对称操作和平移对称操作的对称要素全部可能的组合。点群表示晶体外形上的对称关系，空间群表示晶体结构内部的原子及离子间的对称关系。空间群一共 230 个，它们分别属于 32 个点群。晶体结构的对称性不能超出 230 个空间群的范围，而其外形的对称性和宏观对称性则不能越出 32 个点群的范围。属于同一点群的各种晶体可以隶属于若干个空间群。

附表 1：230 种晶体学空间群的记号

晶系 （Crystal system）	点群 （Point group）		空间群（Space group）							
	国际符号 （HM）	圣佛利斯符号 （Schfl.）								
三斜晶系	1	C_1	P1							
	$\bar{1}$	C_1	P$\bar{1}$							
单斜晶系	2	$C_2^{(1-3)}$	P2	P2$_1$	C2					
	m	$C_3^{(1-4)}$	Pm	Pc	Cm	Cc				
	2/m	$C_{2h}^{(1-6)}$	P2/m	P2$_1$/m	C2/m	P2/c	P2$_1$/C	C2/c		
正交晶系	222	$D_2^{(1-9)}$	P222	P222$_1$	P2$_1$2$_1$2	P2$_1$2$_1$2$_1$	C222$_1$	C222	F222	I222	I2$_1$2$_1$2$_1$
	mm2	$C_{2v}^{(1-22)}$	Pmm2	Pmc2$_1$	Pcc2	Pma2	Pca2$_1$	Pnc2	Pmn2$_1$	Pba2	Pna2$_1$
			Pnn2	Cmm2	Cmc2$_1$	Ccc2	Amm2	Abm2	Ama2	Aba2	Fmm2
			Fdd2	Imm2	Iba2	Ima2					
	mmm	$D_{2h}^{(1-28)}$	Pmmm	Pnnn	Pccm	Pban	Pmma	Pnna	Pmna	Pcca	Pbam
			Pccn	Pbcm	Pnnm	Pmmn	Pbcn	Pbca	Pnma	Cmcm	Cmca
			Cmmm	Cccm	Cmma	Ccca	Fmmm	Fddd	Immm	Ibam	Ibca
			Imma								

续上表

晶系 (Crystal system)	点群 (Point group)		空间群 (Space group)								
	国际符号 (HM)	圣佛利斯符号 (Schfl.)									
四方晶系	4	$C_4^{(1-6)}$	P4	$P4_1$	$P4_2$	$P4_3$	I4	$I4_1$			
	$\bar{4}$	$S_4^{(1-2)}$	$P\bar{4}$	$I\bar{4}$							
	4/m	$C_{4h}^{(1-6)}$	P4/m	$P4_2/m$	P4/n	$P4_2/n$	I4/m	$I4_1/a$			
	422	$D_4^{(1-10)}$	P422	$P42_12$	$P4_122$	$P4_12_12$	$P4_222$	$P4_22_12$	$P4_322$	$P4_32_12$	I422
			$I4_122$								
	4mm	$C_{4V}^{(1-12)}$	P4mm	P4bm	$P4_2cm$	$P4_2nm$	P4cc	P4nc	$P4_2mc$	$P4_2bc$	I4mm
			I4cm	$I4_1md$	$I4_1cd$						
	$\bar{4}2m$	$D_{2d}^{(1-12)}$	$P\bar{4}2m$	$P\bar{4}2c$	$P\bar{4}2_1m$	$P\bar{4}2_1c$	$P\bar{4}m2$	$P\bar{4}c2$	$P\bar{4}b2$	$P\bar{4}n2$	$I\bar{4}m2$
			$I\bar{4}c2$	$I\bar{4}2m$	$I\bar{4}2d$						
	4/mmm	$D_{4h}^{(1-20)}$	P4/mmm	P4/mcc	P4/nbm	P4/nnc	P4/mbm	P4/mnc	P4/nmm	P4/ncc	$P4_2/mmc$
			$P4_2/mcm$	$P4_2/nbc$	$P4_2/nnm$	$P4_2/mbc$	$P4_2/mnm$	$P4_2/nmc$	$P4_2/ncm$	I4/mmm	I4/mcm
			$I4_1/amd$	$I4_1/acd$							
三方晶系	3	$C_3^{(1-4)}$	P3	$P3_1$	$P3_2$	R3					
	$\bar{3}$	$C_{3i}^{(1-2)}$	$P\bar{3}$	$R\bar{3}$							
	32	$D_3^{(1-7)}$	P312	P321	$P3_112$	$P3_121$	$P3_212$	$P3_221$	R32		
	3m	$C_{3v}^{(1-6)}$	P3m1	P31m	P3c1	P31c	R3m	R3c			
	$\bar{3}m$	$D_{3d}^{(1-6)}$	$P\bar{3}1m$	$P\bar{3}1c$	$P\bar{3}m1$	$P\bar{3}c1$	$R\bar{3}m$	$R\bar{3}c$			

续上表

晶系 (Crystal system)	点群 (Point group)		空间群 (Space group)								
	国际符号 (HM)	圣佛利斯符号 (Schfl.)									
六方晶系	6	$C_6^{(1-6)}$	P6	$P6_1$	$P6_5$	$P6_2$	$P6_4$	$P6_3$			
	$\bar{6}$	$C_{3h}^{(1)}$	$P\bar{6}$								
	6/m	$D_{6h}^{(1-2)}$	P6/m	$P6_3/m$							
	622	$D_6^{(1-6)}$	P622	$P6_122$	$P6_522$	$P6_222$	$P6_422$	$P6_322$			
	6mm	$C_{6v}^{(1-4)}$	P6mm	P6cc	$P6_3cm$	$P6_3mc$					
	$\bar{6}m2$	$D_{3h}^{(1-4)}$	$P\bar{6}m2$	$P\bar{6}c2$	$P\bar{6}2m$	$P\bar{6}2c$					
	6/mmm	$D_{6h}^{(1-4)}$	P6/mmm	P6/mcc	$P6_3/mcm$	$P6_3/mmc$					
立方晶系	23	$T^{(1-5)}$	P23	F23	I23	$P2_13$	$I2_13$				
	$m\bar{3}$	$T_h^{(1-7)}$	Pm3	Pn3	Fm3	Fd3	Im3	Pa3	Ia3		
	432	$O^{(1-8)}$	P432	$P4_232$	F432	$F4_132$	I432	$P4_332$	$P4_132$	$I4_132$	
	$\bar{4}3m$	$T_d^{(1-6)}$	$P\bar{4}3m$	$F\bar{4}3m$	$I\bar{4}3m$	$P\bar{4}3n$	$F\bar{4}3c$	$I\bar{4}3d$			
	$m\bar{3}m$	$O_h^{(1-10)}$	$Pm\bar{3}m$	$Pn\bar{3}n$	$Pm\bar{3}n$	$Pn\bar{3}m$	$Fm\bar{3}m$	$Fm\bar{3}c$	$Fd\bar{3}m$	$Fd\bar{3}c$	$Im\bar{3}m$
			$Ia\bar{3}d$								

附录2：常见硫化矿物晶体的第一布里渊区

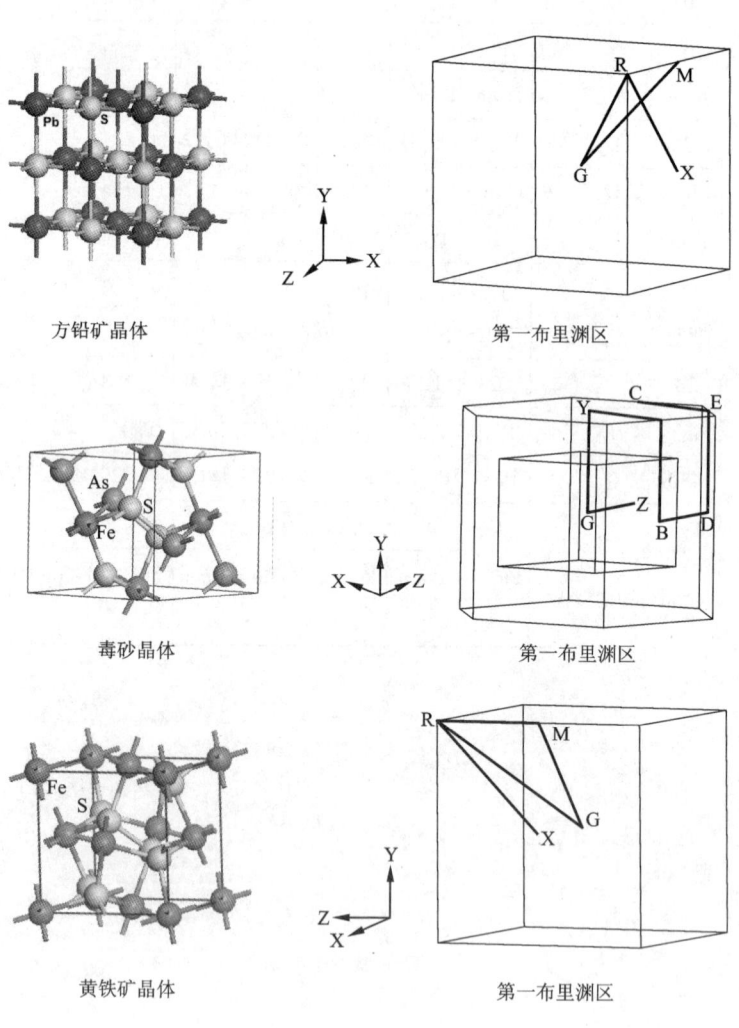

方铅矿晶体　　　　　　　　　　　　　第一布里渊区

毒砂晶体　　　　　　　　　　　　　　第一布里渊区

黄铁矿晶体　　　　　　　　　　　　　第一布里渊区

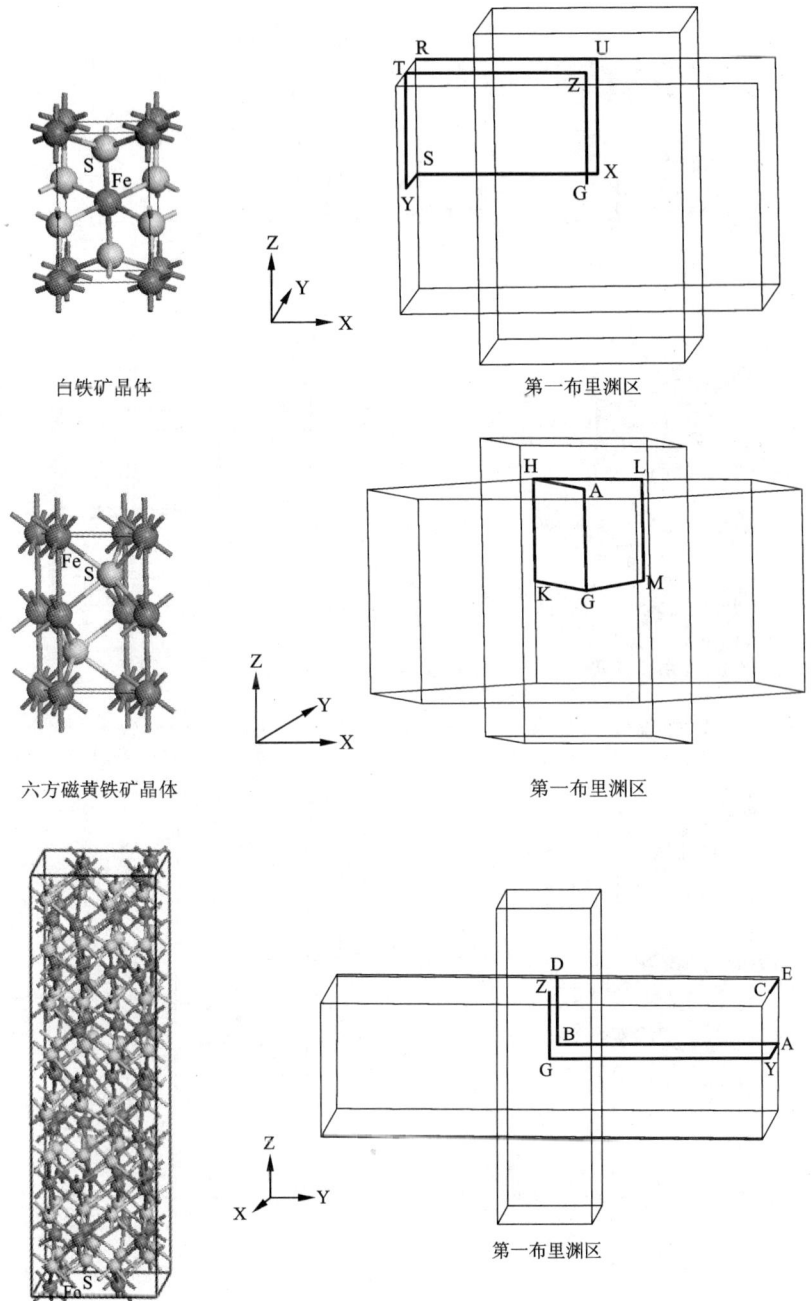

白铁矿晶体

第一布里渊区

六方磁黄铁矿晶体

第一布里渊区

单斜磁黄铁矿晶体

第一布里渊区

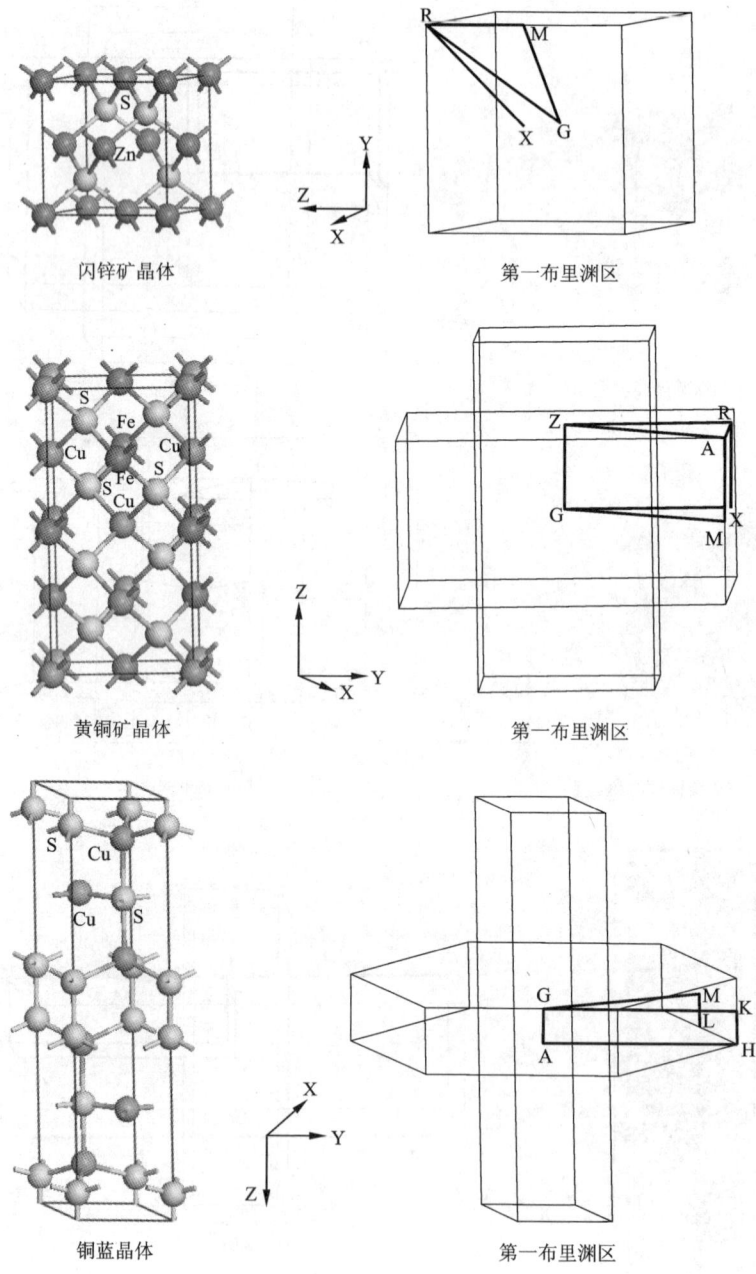

闪锌矿晶体

第一布里渊区

黄铜矿晶体

第一布里渊区

铜蓝晶体

第一布里渊区

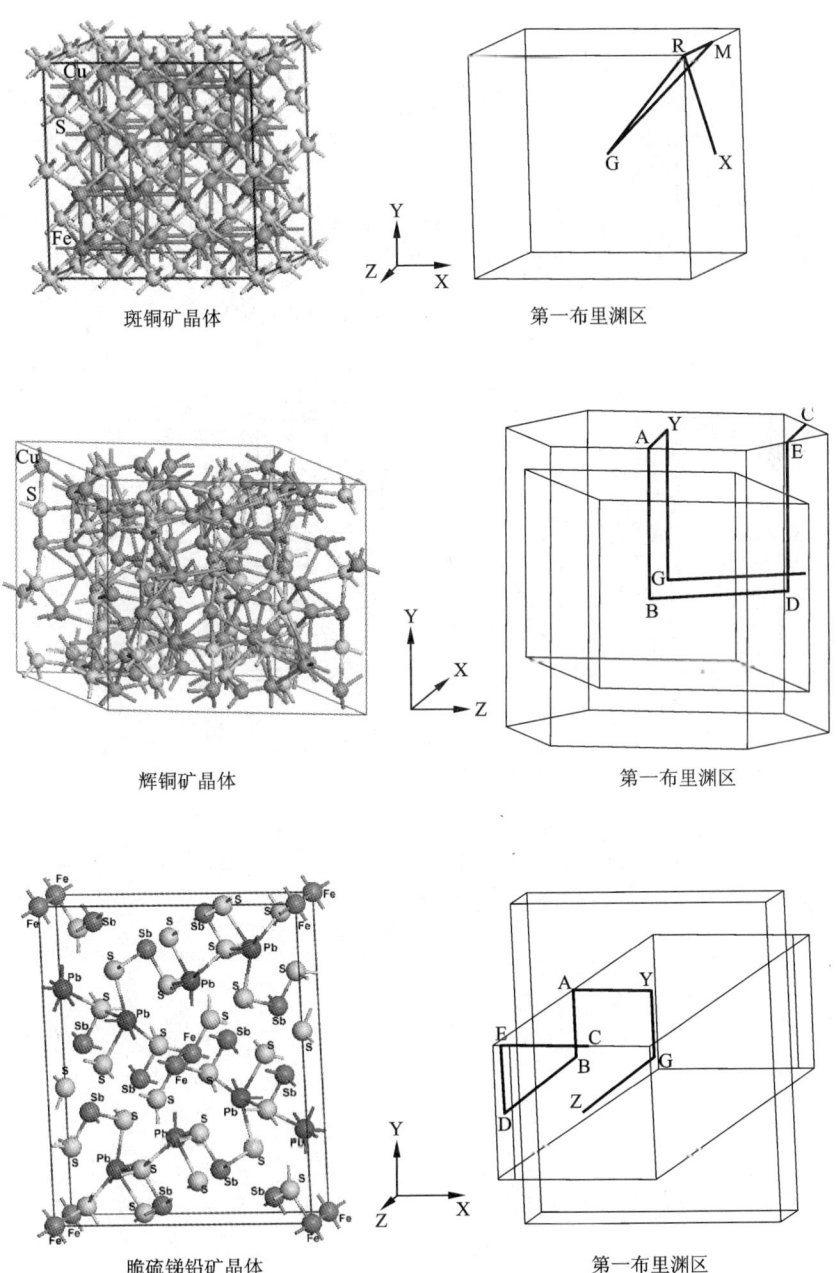

斑铜矿晶体   第一布里渊区

辉铜矿晶体   第一布里渊区

脆硫锑铅矿晶体   第一布里渊区

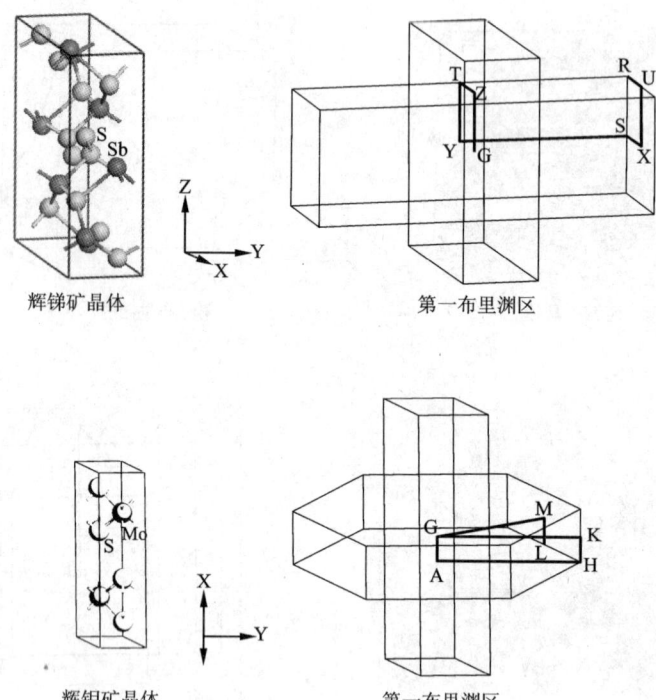

辉锑矿晶体

第一布里渊区

辉钼矿晶体

第一布里渊区

附录 3：常见元素的外层电子结构和原子半径

单位：Å

元素名称	元素符号	电子构型	原子半径	元素名称	元素符号	电子构型	原子半径
氢	H	$1s^1$	0.3	氪	Kr	$4s^2 4p^6$	1.69
氦	He	$1s^2$	0.93	铷	Rb	$5s^1$	2.44
锂	Li	$2s^1$	1.52	锶	Sr	$5s^2$	2.15
铍	Be	$2s^2$	1.12	钇	Y	$4d^1 5s^2$	1.80
硼	B	$2s^2 2p^1$	0.88	锆	Zr	$4d^2 5s^2$	1.57
碳	C	$2s^2 2p^2$	0.77	铌	Nb	$4d^4 5s^1$	1.36
氮	N	$2s^2 2p^3$	0.70	钼	Mo	$4d^5 5s^1$	1.41
氧	O	$2s^2 2p^4$	0.66	锝	Tc	$4d^5 5s^2$	1.3
氟	F	$2s^2 2p^5$	0.64	钌	Ru	$4d^7 5s^1$	1.33
氖	Ne	$2s^2 2p^6$	1.12	铑	Rh	$4d^8 5s^1$	1.31
钠	Na	$3s^1$	1.86	钯	Pd	$4d^{10}$	1.38
镁	Mg	$3s^2$	1.60	银	Ag	$4d^{10} 5s^1$	1.44
铝	Al	$3s^2 3p^1$	1.43	镉	Cd	$4d^{10} 5s^2$	1.49
硅	Si	$3s^2 3p^2$	1.17	铟	In	$5s^2 5p^1$	1.62
磷	P	$3s^2 3p^3$	1.10	锡	Sn	$5s^2 5p^2$	1.4
硫	S	$3s^2 3p^4$	1.04	锑	Sb	$5s^2 5p^3$	1.41
氯	Cl	$3s^2 3p^5$	0.99	碲	Te	$5s^2 5p^4$	1.37
氩	Ar	$3s^2 3p^6$	1.54	碘	I	$5s^2 5p^5$	1.33
钾	K	$4s^1$	2.31	氙	Xe	$5s^2 5p^6$	1.90
钙	Ca	$4s^2$	1.97	铯	Cs	$6s^1$	2.62
钪	Sc	$3d^1 4s^2$	1.60	钡	Ba	$6s^2$	2.17
钛	Ti	$3d^2 4s^2$	1.46	镧	La	$5d^1 6s^2$	1.88
钒	V	$3d^3 4s^2$	1.31	铈	Ce	$4f^1 5d^1 6s^2$	—

续上表

元素名称	元素符号	电子构型	原子半径	元素名称	元素符号	电子构型	原子半径
铬	Cr	$3d^5 4s^1$	1.26	镨	Pr	$4f^3 6s^2$	—
锰	Mn	$3d^5 4s^2$	1.29	钕	Nd	$4f^4 6s^2$	—
铁	Fe	$3d^6 4s^2$	1.26	钷	Pm	$4f^5 6s^2$	—
钴	Co	$3d^7 4s^2$	1.25	钐	Sm	$4f^6 6s^2$	—
镍	Ni	$3d^8 4s^2$	1.24	铕	Eu	$4f^7 6s^2$	—
铜	Cu	$3d^{10} 4s^1$	1.28	钆	Gd	$4f^7 5d^1 6s^2$	—
锌	Zn	$3d^{10} 4s^2$	1.33	铽	Tb	$4f^9 6s^2$	—
镓	Ga	$4s^2 4p^1$	1.22	铂	Pt	$5d^9 6s^1$	1.38
锗	Ge	$4s^2 4p^2$	1.22	金	Au	$5d^{10} 6s^1$	1.44
砷	As	$4s^2 4p^3$	1.21	汞	Hg	$5d^{10} 6s^2$	1.52
硒	Se	$4s^2 4p^4$	1.17	铊	Tl	$6s^2 6p^1$	1.71
溴	Br	$4s^2 4p^5$	1.14	铅	Pb	$6s^2 6p^2$	1.75

图书在版编目(CIP)数据

硫化矿物浮选固体物理研究/陈建华著. —长沙:中南大学出版社,
2015. 10

ISBN 978 – 7 – 5487 – 1977 – 9

Ⅰ. 硫... Ⅱ. 陈... Ⅲ. 硫化矿物 – 浮游选矿 – 固体物理学 – 研究
Ⅳ. TD923

中国版本图书馆 CIP 数据核字(2015)第 256708 号

硫化矿物浮选固体物理研究

陈建华　著

□责任编辑	胡业民　史海燕	
□责任印制	易红卫	
□出版发行	中南大学出版社	
	社址:长沙市麓山南路	邮编:410083
	发行科电话:0731-88876770	传真:0731-88710482
□印　　装	长沙市宏发印刷有限公司	

□开　　本	720×1000　1/16	□印张 16.25	□字数 311 千字
□版　　次	2015 年 10 月第 1 版	□印次　2015 年 10 月第 1 次印刷	
□书　　号	ISBN 978 – 7 – 5487 – 1977 – 9		
□定　　价	80.00 元		

图书出现印装问题,请与经销商调换